普通高等教育"十二五"规划教材

无机及分析化学实验

李运涛　主编

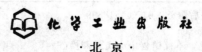
·北京·

本书是为高等院校轻化工大类专业开设无机及分析化学实验课程而编写的教材。全书共分3章和附录：第1章绪论；第2章无机及分析化学实验的基本操作；第3章实验，共选编了43个实验，内容包括基本操作训练实验、常数测定实验、重要元素及其化合物性质实验、定性和定量分析实验、光度分析实验和综合性实验；附录提供了实验中需要的有关数据、无机及分析化学实验中用到的化学药品名称及部分溶液浓度的配制和酸度计、分光光度计的使用方法。

本书可供高等院校制浆造纸工程、皮革工程、材料工程、硅酸盐工程、食品工程、生物工程、制剂制药工程、化学工程、应用化学、高分子材料、石油工程等专业使用，也可供工科类高职高专院校师生参考。

图书在版编目（CIP）数据

无机及分析化学实验/李运涛主编． —北京：化学工业出版社，2011.7（2024.8重印）
普通高等教育"十二五"规划教材
ISBN 978-7-122-11214-9

Ⅰ.无… Ⅱ.李… Ⅲ.①无机化学-化学实验-高等学校-教材②分析化学-化学实验-高等学校-教材 Ⅳ.①O61-33②O65-33

中国版本图书馆CIP数据核字（2011）第080693号

责任编辑：刘俊之　　　　　　　　　文字编辑：王　琪
责任校对：陶燕华　　　　　　　　　装帧设计：刘丽华

出版发行：化学工业出版社（北京市东城区青年湖南街13号　邮政编码100011）
印　　装：大厂聚鑫印刷有限责任公司
787mm×1092mm　1/16　印张10¼　字数248千字　2024年8月北京第1版第12次印刷

购书咨询：010-64518888　　　售后服务：010-64518899
网　　址：http://www.cip.com.cn
凡购买本书，如有缺损质量问题，本社销售中心负责调换。

定　　价：19.80元　　　　　　　　　　　　　　　　版权所有　违者必究

前　言

本实验教材是以高等工科院校无机及分析化学课程教学基本要求为依据进行编写的。总结了我校多年来"无机化学实验"和"分析化学实验"的教学实践经验及陕西科技大学各专业（制浆造纸、皮革工程、材料工程、硅酸盐工程、食品工程、生物工程、化学工程、应用化学、高分子材料等）对无机及分析化学实验的要求，并参考国内诸家教材的基础上编写了《无机及分析化学实验》。可供高等工科类院校及高职高专院校师生使用。

教材内容主要包括绪论、无机及分析化学实验的基本操作、实验、附录四个部分。其中实验包括：基本操作和技能训练、制备和提纯、常数测定、定性和定量分析、元素性质等共计 43 个实验。实验内容较多，可根据具体情况选用。

在教材编写的过程中，我们对实验进行精心选编，注意了以下几点。

(1) 加强基本操作训练和技能训练，将基本操作设计成具体实验，让学生在实验中熟练掌握基本操作的技巧，达到学练结合的目的。

(2) 加强基础实验。实验内容取材上力争做到少而精，突出重点，同时注意和理论教学的有机结合。

(3) 注重培养学生独立思考、分析问题和解决问题的能力。学生可根据实验中的思考题在实验过程中进行积极思考、分析，努力克服实验过程中的"照方抓药"，为学生学习后续课程打下良好的基础。

本书由李运涛主编，参加编写的还有杨秀芳、苏秀霞、黄良仙、刘存海。其中，第 1 章，第 2 章，附录，实验 1、2、3、5、6、7、12、25、33、36、40、41、42、43 由李运涛执笔；实验 4、8、9、10、11、16、17、18、37、39 由杨秀芳执笔；实验 19、24、28、29、30、31、32、38 由苏秀霞执笔；实验 15、20、21、22、23、26 由黄良仙执笔；实验 13、14、27、34、35 由刘存海执笔。全书由李运涛统稿。本书在编写的过程中，得到了陕西科技大学教务处、无机及分析教研室同志们的大力支持，在此表示衷心感谢。

由于编者水平所限，书中疏漏之处在所难免，恳请读者批评指正。

编　者
2011 年 4 月

目 录

第1章 绪论 ·· 1
  1.1 无机及分析化学实验目的 ·· 1
  1.2 无机及分析化学实验的学习方法 ·· 1
  1.3 实验室工作规则 ·· 2
  1.4 实验室工作中的安全操作 ·· 3
  1.5 实验室意外事故处理 ·· 3
  1.6 实验室消防常识 ·· 5
  1.7 实验室三废处理 ·· 6
  1.8 实验报告格式示例 ··· 7

第2章 无机及分析化学实验的基本操作 ··· 10
  2.1 化学实验常用玻璃仪器介绍 ··· 10
  2.2 常用仪器的洗涤和干燥 ··· 16
    2.2.1 玻璃仪器的洗涤 ·· 16
    2.2.2 洗涤液的配制 ·· 17
    2.2.3 玻璃仪器的干燥 ·· 17
  2.3 加热方法 ·· 18
    2.3.1 加热装置 ·· 18
    2.3.2 加热方法 ·· 20
  2.4 称量 ··· 21
    2.4.1 天平的种类 ··· 21
    2.4.2 称量方法 ·· 23
  2.5 化学试剂的取用 ··· 23
    2.5.1 化学试剂的纯度等级 ··· 23
    2.5.2 固体试剂的取用 ·· 24
    2.5.3 液体试剂的取用 ·· 24
  2.6 溶液的配制 ··· 25
    2.6.1 一般溶液的配制 ·· 25
    2.6.2 标准溶液的配制 ·· 26
  2.7 无机制备实验中常用的基本操作 ··· 30
    2.7.1 溶解与熔融 ··· 30
    2.7.2 蒸发与浓缩 ··· 30
    2.7.3 蒸干和灼烧 ··· 31
    2.7.4 结晶与重结晶 ·· 31
  2.8 试纸和滤纸的使用方法 ··· 31

  2.8.1 试纸的种类及使用 ………………………………………………………… 31
  2.8.2 滤纸的选用 ……………………………………………………………… 32
 2.9 重量分析基本操作 …………………………………………………………… 33
  2.9.1 沉淀的生成 ……………………………………………………………… 33
  2.9.2 沉淀与溶液的分离和洗涤 ……………………………………………… 33
  2.9.3 沉淀的干燥和灼烧 ……………………………………………………… 37
 2.10 纯水的制备和检验 …………………………………………………………… 39
  2.10.1 纯水的制备 ……………………………………………………………… 40
  2.10.2 纯水的检验 ……………………………………………………………… 41
  2.10.3 纯水的合理利用 ………………………………………………………… 41
 2.11 实验数据的记录 ……………………………………………………………… 42
  2.11.1 有效数字 ………………………………………………………………… 42
  2.11.2 数字修约规则 …………………………………………………………… 42
  2.11.3 有效数字的运算 ………………………………………………………… 43

第3章 实验 …………………………………………………………………………… 45
 实验1 玻璃仪器的洗涤及基本操作训练 ………………………………………… 45
 实验2 玻璃管加工 ………………………………………………………………… 46
 实验3 氯化钠的提纯 ……………………………………………………………… 47
 实验4 粗硫酸铜的提纯 …………………………………………………………… 49
 实验5 硫酸亚铁铵的制备 ………………………………………………………… 50
 实验6 非水溶剂重结晶法提纯硫化钠 …………………………………………… 52
 实验7 胶体溶液 …………………………………………………………………… 53
 实验8 解离平衡 …………………………………………………………………… 56
 实验9 沉淀反应 …………………………………………………………………… 58
 实验10 氧化还原反应 ……………………………………………………………… 60
 实验11 醋酸电离常数的测定 ……………………………………………………… 62
 实验12 离子交换法测定$CaSO_4$的溶度积 ……………………………………… 63
 实验13 酸碱标准溶液的配制和体积的比较 ……………………………………… 65
 实验14 酸碱标准溶液浓度的标定 ………………………………………………… 67
 实验15 混合碱的分析（双指示剂法）…………………………………………… 69
 实验16 氯、溴、碘 ………………………………………………………………… 70
 实验17 过氧化氢、硫的化合物 …………………………………………………… 72
 实验18 氮、磷 ……………………………………………………………………… 74
 实验19 锡、铅、锑、铋 …………………………………………………………… 76
 实验20 硫代硫酸钠标准溶液的配制和标定 ……………………………………… 79
 实验21 高锰酸钾标准溶液的配制和标定 ………………………………………… 81
 实验22 胆矾中铜含量的测定 ……………………………………………………… 83
 实验23 废水中化学耗氧量的测定（高锰酸钾法）……………………………… 85
 实验24 结晶氯化钡中水分的测定 ………………………………………………… 87
 实验25 可溶性氯化物中氯的测定（莫尔法）…………………………………… 89

实验 26	铬、锰	90
实验 27	铁、钴、镍	94
实验 28	EDTA 标准溶液的配制和标定	96
实验 29	水硬度的测定	99
实验 30	铅铋混合液中铅、铋含量的连续测定	101
实验 31	铜、银	102
实验 32	锌、镉、汞	105
实验 33	化学平衡常数的测定（光电比色法）	107
实验 34	磺基水杨酸分光光度法测定铁含量	110
实验 35	邻菲咯啉铁配合物组成及稳定常数的测定	112
实验 36	钢中铬和锰的测定	114
实验 37	常见阳离子的分离和鉴定	116
实验 38	电势滴定法测定醋酸的含量和解离常数	120
实验 39	食品总酸度的测定	123
实验 40	石灰石中钙、镁含量的测定	124
实验 41	氟离子选择性电极测定水中的氟	126
实验 42	磷酸钠、磷酸氢二钠和磷酸二氢钠的制备	127
实验 43	废定影液中金属银的回收	128

附录 ··· 130

附录 1	酸度计使用方法	130
附录 2	分光光度计使用方法	134
附录 3	常用试剂溶液的配制	138
附录 4	常用酸碱溶液的相对密度、质量分数、质量浓度和物质的量浓度	139
附录 5	实验室常用洗液	140
附录 6	常用指示剂的配制	140
附录 7	常用基准试剂的准备	141
附录 8	常用缓冲溶液的配制	142
附录 9	常见离子的检出方法	142
附录 10	主要干燥剂与可用来干燥的气体	144
附录 11	我国高压气体钢瓶常用的标记	144
附录 12	我国化学试剂（通用）的等级标志	145
附录 13	危险药品的分类、性质和管理	145
附录 14	相对分子质量	146
附录 15	国际相对原子质量表	147

参考文献 ··· 149

补充实验 1　主族元素化合物的性质 ··· 149

补充实验 2　过渡元素化合物的性质 ··· 153

第1章 绪 论

1.1 无机及分析化学实验目的

化学是一门以实验为基础的学科,许多化学的理论和规律是对大量实验资料进行分析、概括、归纳和总结而形成的。实验又为理论的完善和发展提供了依据。

无机及分析化学实验在无机及分析化学教学中占有极其重要的地位。实验的目的不仅是传授化学知识,更重要的是培养学生的动手能力和优良素质。化学实验课中,学生可通过仔细观察实验现象,直接获得化学感性知识,巩固和扩大课堂中所获得的知识,为理论联系实际提供具体的条件;熟练地掌握实验操作的基本技术,正确使用无机和分析化学实验中的各种常见仪器;学会测定实验数据并加以正确的处理和概括;培养严谨的科学态度和良好的工作作风,以及独立思考、分析问题、解决问题的能力;逐步地掌握科学研究的方法,将相互协作的精神和勇于开拓的创新意识始终贯穿于整个实验教学中,为学习后续课程以及将来参加生产、科研工作打好基础。

1.2 无机及分析化学实验的学习方法

要达到上述目的,学生必须有正确的学习态度和学习方法。无机及分析化学实验的学习方法,大致可从预习、实验、实验报告三个方面来掌握。

(1) 预习 实验前的预习,是保证做好实验的一个重要环节。预习的内容包括以下几点。

① 阅读实验教材和教科书中的有关内容。
② 明确实验的目的及实验原理。
③ 了解实验内容及步骤、操作过程和实验时应当注意的事项。
④ 认真思考实验前应准备的问题,并从理论上能加以解决。
⑤ 通过自己对实验的理解,在记录本上简要地写好实验预习报告。

(2) 实验 学生应遵守实验室规则,接受教师指导,根据实验教材上所规定的方法、步骤和试剂用量进行操作,并应做到下列几点。

① 认真操作,细心观察。对每一步操作的目的及作用,以及可能出现的问题进行认真的探究,并把观察到的现象如实地详细记录下来。实验数据应及时真实地记录在实验记录本上,不得转移,不得涂改,也不得记录在纸片上。如果发现观察到的实验现象和理论不符合,先要尊重实验事实,然后加以分析,认真检查其原因,并细心地重做实验。必要时可做对照实验、空白实验或自行设计的实验来核对,直到从中得出正确的结论。

② 实验中遇到疑难问题和异常现象而自己难以解释时,可提请实验指导老师解答。

③ 在实验过程中要勤于思考，注意培养自己严谨的科学态度和实事求是的科学作风，绝对不能弄虚作假，随意修改数据。若定量实验失败或产生的误差较大，应努力寻找原因，并经实验指导老师同意，重做实验。

④ 在实验过程中应保持严谨的态度，严格遵守实验室工作规则。实验后做好结束工作，包括清洗、整理仪器、药品，清理实验台面，清扫实验室，检查电源开关，关好门窗。

(3) 实验报告　做完实验后，应解释实验现象并做出结论，或根据实验数据进行计算，完成实验报告并及时交指导老师审阅。

实验报告是实验的总结，应该写得简明扼要，结论明确，字迹端正，整齐洁净。实验报告一般应包括下列几个部分。

① 实验名称、实验日期。若有的实验是几人合作完成，应注明合作者。
② 实验目的和实验原理。
③ 实验步骤。尽量用简图、表格、化学式、符号等表示。
④ 实验现象或数据记录。
⑤ 实验解释、实验结论或实验数据的处理和计算。根据实验的现象进行分析、解释，得出正确的结论，写出反应方程式；或根据记录的数据进行计算，并将计算结果与理论值比较，分析产生误差的原因。
⑥ 实验总结。对自己在本次实验中出现的问题进行认真的讨论，从中得出有益的结论，指导自己今后更好地完成实验。

1.3　实验室工作规则

进入实验室后，一切都要遵照实验室工作规则，应做到以下几点。

(1) 遵守纪律，保持肃静，认真操作。

(2) 仔细观察各种现象，并如实地详细记录在实验报告中。现象与数据记录要实事求是，严禁弄虚作假、随意涂改数据或拼凑结果。

(3) 实验时应保持实验室和桌面清洁整齐，废纸、火柴梗和废液等应倒入废物缸内，严禁倒入水槽内，以防水槽淤塞和腐蚀，碎玻璃应放在废玻璃箱内回收。

(4) 小心使用仪器和实验室设备，注意节约水和电。

(5) 使用药品时应注意下列几点。

① 药品应按规定量取用，注意节约，尽量少用。
② 取用固体药品时，注意勿使其撒落在实验台上。
③ 药品自瓶中取出后，不应倒回原瓶中，以免带入杂质而引起瓶中药品变质。
④ 试剂瓶用过后，应立即盖上塞子，并放回原处，以免和其它瓶上的塞子搞错，混入杂质。
⑤ 同一滴管在未洗净时，不应在不同的试剂瓶中吸取溶液。
⑥ 实验教材中规定在实验做完后要回收的药品，都应倒入回收瓶中。

(6) 使用精密仪器时，必须严格按照操作规程进行操作，须细心谨慎，避免粗枝大叶而损坏仪器。如发现仪器有故障，应立即停止使用并报告指导教师，及时排除故障。

(7) 实验后，应将仪器洗刷干净，放回规定的位置、整理好桌面，把实验台擦净，并打扫地面，最后检查水龙头是否关紧。电插头或闸刀是否断开。实验室内一切物品（仪器、药品和产物等)不得带离实验室。得到实验指导老师许可后,方可离开实验室。

(8) 实验课程开始和期末结束前都要按实验室开列的实验仪器清单认真清点自己使用的一套仪器。在实验过程中损坏或丢失的仪器要及时去仪器室登记领取,并按仪器室的有关规定进行赔偿。

1.4 实验室工作中的安全操作

在实验过程中,应注意安全,具体做到以下几点。

(1) 一切有毒气体或有恶臭物质的实验,都应在通风橱中进行。

(2) 一切易挥发或易燃物质的实验,都应在离火较远的地方进行,并应尽可能在通风橱中进行。

(3) 使用酒精灯,应随用随点,不用时盖上灯罩。不要用已点燃的酒精灯去点燃别的酒精灯,以免酒精溢出而失火。

(4) 加热试管时,不要将试管口指向自己或别人,也不要俯视正在加热的液体,以免溅出的液体把人烫伤。

(5) 在闻瓶中气体的气味时,鼻子不能直接对着瓶口(或管口),而应用手把少量气体轻轻扇向自己的鼻孔。

(6) 浓酸、浓碱具有强腐蚀性,切勿溅在衣服、皮肤,尤其是眼睛上。稀释浓硫酸时,应将浓硫酸慢慢地注入水中,并不断搅动,切勿将水注入浓硫酸中,以免产生局部过热,使浓硫酸溅出,引起灼伤。

(7) 有毒药品(如重铬酸钾、钡盐、铅盐、砷的化合物、汞的化合物等,特别是氰化物)不能随便倒入下水道,要回收或加以特殊处理。

(8) 实验室内严禁饮食、吸烟,切勿以实验用容器代替水杯、餐具使用,防止化学试剂入口。每次实验后,应把手洗净。

1.5 实验室意外事故处理

在实验中如果不慎发生意外事故,不要慌张,应沉着、冷静,迅速处理。

(1) 烫伤 在现场,Ⅰ°烫伤者,用凉水冲洗后,在烫伤处擦上苦味酸溶液或用弱碱性溶液涂擦,再涂上烫伤膏、万花油、凡士林油等;Ⅱ°烫伤水疱较大者,首先用凉水冲洗后立即用1:2000新洁尔灭溶液消毒,在无菌条件下抽液,如果水疱已破者,也要用上述方法消毒,然后覆盖较厚的棉纱布加以包扎即可。Ⅰ°烫伤者,伤及表皮发红疼痛,但不起水疱;Ⅱ°烫伤者,伤及真皮可起水疱;Ⅱ°以上烫伤或烫伤面积较大者,除现场急救外,应立即送医院治疗。

(2) 强酸腐蚀性烧伤 立即擦去酸液,用大量水冲洗,并用 $20g \cdot L^{-1}$ 的碳酸氢钠溶液中和清洗,若酸液溅入眼内,先用大量水冲洗,再立即送医院治疗。

(3) 石炭酸腐蚀性烧伤 立即用低浓度酒精中和冲洗。

(4) 强碱腐蚀性烧伤 强碱腐蚀性烧伤远比强酸腐蚀性烧伤严重,其特点是:烧伤组织边腐蚀边渗透,伤口很深,日后瘢痕较重,易发生残疾。现场急救:立即用水较长时间冲洗,并用 $20g \cdot L^{-1}$ 醋酸、2%饱和硼酸溶液中和冲洗。若眼睛受伤或碱液溅入眼内,则应在冲洗后立即送医院治疗。

(5) 溴腐蚀伤 先用苯或甘油洗涤伤口,再用大量水冲洗。

(6) 磷腐蚀伤 特点是:主要因高热作用于组织,伤处出现剧痛、水疱等症状。磷伤在夜间可见创面发光。在急救现场:立即去除在表皮上的磷质,并用清水冲洗,然后用4%碳酸氢钠溶液清洗,最后用1%~5%硫酸铜溶液涂擦局部,再用该溶液浸泡纱布包扎伤口,使其与空气隔绝。注意事项:禁忌使用含油类药物,因为含油类药物容易造成磷的加快吸收而引起磷中毒。

(7) 吸入有毒或刺激性气体 如吸入氯气、氯化氢气体时,可吸入少量酒精和乙醚的混合蒸气使之解毒。如吸入硫化氢气体而感到不适时,立即到室外呼吸新鲜空气(有条件者,给氧或高压氧舱治疗)。毒物若进入口内,将5~10mL 2%稀硫酸铜加入一杯温水中,内服后,用手指伸入咽喉部,催吐。然后立即送医院。

(8) 触电 立即切断电源,对呼吸、心跳骤停者,立即进行人工呼吸和心脏按压。

(9) 起火 根据起火原因立即灭火。一般的小火可用湿布或细沙土覆盖灭火;火势大时使用泡沫灭火器;如果是电气设备起火,应立即切断电源,并用四氯化碳、干粉灭火器灭火,选择灭火器要适宜;如果是有机试剂着火,切不可用水灭火;实验人员衣服着火,切勿乱跑,赶快脱下衣服或就地卧倒打滚,也可起到灭火的作用;反应器皿内着火,可用石棉板盖住瓶口,火即熄灭;油类物质着火,要用沙或使用适宜的灭火器灭火。

(10) 创伤 实验室内发生创伤多为玻璃割伤造成。若伤口比较浅,用生理盐水冲洗后加以消毒,然后贴上创可贴即可。若伤口比较深、出血比较多者,先行包扎止血,然后清理创口,伤口内若有玻璃碎片,尽量清理干净,然后消毒,再在伤口上部约10cm处用纱布扎紧,减慢流血,压迫止血,并随即到医院就诊。

(11) 苯中毒 主要是由呼吸吸入苯蒸气所造成的。苯对中枢神经系统、造血器官有较强的毒性作用,主要表现为全身无力、头晕、眼花、恶心、呕吐、鼻出血,严重者呼吸困难、血压下降、昏迷抽搐。急救:迅速将患者移到空气新鲜、通风良好环境,脱去污染的衣服,给予氧气的吸入,必要时进行人工呼吸。

(12) 有机磷中毒 有机磷毒物是目前已知毒物中毒性最强的一类,通常经呼吸道、皮肤黏膜和消化道等途径迅速引起中毒。因此,必须争分夺秒地进行急救。急救原则如下。

① 消除毒物,防止吸收。对呼吸道吸入中毒者,立即将病人移到空气新鲜处,必要时吸入氧气。

② 经皮肤黏膜中毒者,脱去污染的衣服和鞋帽、手套等,皮肤黏膜污染的部位用肥皂水或1%~2%的碱性液体清洗(敌百虫中毒者禁用碱性液体)。眼睛被污染者,首先用1%~2%的碱性液体冲洗,然后点一滴1%的阿托品。

③ 经口中毒者,立即催吐、洗胃、导泻,应用解毒剂阿托品和解磷定。

(13) 使用汞时应避免泼洒在实验台或地面上,使用后的汞应收集在专用的回收容器中,切不可倒入下水道或污物箱内。万一发生少量汞洒落,应尽量收集干净,然后在可能洒落的地方撒一些硫黄粉,最后清扫干净,并集中作为固体废弃物处理。

附：实验室备用急救药箱

为了对实验室内意外事故进行紧急处理，每个实验室内都应准备一个急救药箱。药箱内常备药品如下：

红药水	獾油或烫伤膏
碘酒(3%)或碘酊	饱和碳酸钠溶液
饱和硼酸溶液	高锰酸钾晶体（用时再配成溶液）
消炎粉	甘油
醋酸溶液(2%)	氨水(5%)
硫酸铜(1%～5%)	三氯化铁（止血剂）
创可贴	新洁尔灭
医用酒精(70%～75%)	解磷定

药箱内常备器具如下：

消毒纱布、消毒棉（均放在磨口玻璃瓶中）；剪刀；氧化锌；橡皮膏；棉签儿；止血带；绷带。

1.6 实验室消防常识

在实验室中，经常要使用许多易燃物质，如乙醇、甲醇、苯、甲苯、丙酮、煤油等。这些易燃物质挥发性强，着火点低，在明火、电火花、静电放电、雷击因素的影响下极易引燃起火，造成严重损失，因此使用易燃物品时应严格遵守操作规程。在发生火灾的情况下，应针对起火原因及周围环境情况采取适宜的灭火方法进行处理。一般灭火方法主要遵循两条原则：降低燃烧物温度；将燃烧物与空气隔绝。常用的灭火器材有水、水蒸气、酸碱灭火器、泡沫灭火器、二氧化碳灭火器、四氯化碳灭火器等。

（1）水　水是常用的灭火物质。在常用的固体和液体物质中，水的比热容（使1g物质温度升高1℃所吸收的热量）最大，水的汽化热（液体在一定温度下转化为气体时所吸收的热量）也很大，超过其它目前已知液体的相应数值。因此，水有优良的冷却能力，可以有效地降低燃烧区域的温度，而使火焰熄灭。其次，水蒸发成水蒸气时体积大为膨胀，可增加至原体积的1500倍以上，可以大大降低燃烧区域内可燃气体及助燃气体的含量，有利于扑灭火焰。

但是在下列情况下，严禁以水灭火。

① 比水密度小并与水不相溶的液体燃烧而引起的火灾，如石油、汽油、煤油、苯等。这些可燃性液体比水密度小，能浮在水面上继续燃烧，并且随着水的流散，使燃烧面积扩展。

② 由电气设备引起的火灾。消防用水中含有各种盐类，是良好的电解质。因此，在电气设备区域（特别是高压区）使用可能造成更大的损失。

③ 火灾地区存有钾、钠等金属。钾、钠与水发生剧烈作用并放出氢气，氢气逸散于空气中即成为燃爆性的混合物，极易爆炸。

④ 火灾地区存有电石时，水与电石反应放出乙炔，同时放出大量热，且能使乙炔着火爆炸。

有时在用水灭火时，也可以在水中溶入一定量的氯化钙（$CaCl_2$）、硫酸钠（Na_2SO_4），水蒸发后这些盐附着在燃烧物表面，对熄灭火焰也有一定作用。在一般情况下，所用溶液的浓度$CaCl_2$为30%～35%，Na_2SO_4为25%。

大气中的水蒸气含量高于35%时即可遏止燃烧，因此在装有锅炉设备的场所应用过热蒸汽灭火具有显著的效果。但使用时必须注意安全，小心烫伤。

（2）灭火器　实验室常用灭火器及其适用范围见表1-1。

（3）灭火药粉　灭火药粉的主要成分为碳酸氢钠，再加入滑石粉、硅藻土、石棉粉等掺和而成。灭火药粉撒于燃烧物表面就分解出二氧化碳而起灭火作用。一般灭火药粉装在钢筒

表1-1　实验室常用灭火器及其适用范围

灭火器类型	药液成分	使用范围
酸碱灭火器	H_2SO_4 和 $NaHCO_3$	非油类和电器起火引起的一般初期火灾
泡沫灭火器	$Al_2(SO_4)_3$ 和 $NaHCO_3$	油类起火
二氧化碳灭火器	液态 CO_2	电气设备、小范围油类及忌水化学物品的失火
四氯化碳灭火器	液态 CCl_4	电气设备、小范围汽油、丙酮等失火，不能用于活泼金属钾、钠的失火（否则会因强烈分解发生爆炸）
干粉灭火器	$NaHCO_3$、硬脂酸铝、云母粉、滑石粉等	油类、可燃性气体、电气设备、精密仪器、图书、文件盒遇水易燃物品的初期火灾
1211灭火器	CF_2ClBr 液化气体	特别适用于油类、有机溶剂、精密仪器、高压设备的失火

中以压缩二氧化碳形式喷射。

（4）黄沙　黄沙也是常用的灭火材料，向燃烧区域撒盖黄沙使燃烧物与空气隔绝而使燃烧遏止。

（5）湿棉毯　这是一种常用的有效灭火用具，将湿棉毯覆盖在燃烧物表面，既可隔绝空气又可迅速降低燃烧区域的温度而使燃烧遏止。

1.7　实验室三废处理

在化学实验中会产生各种有毒的废气、废液和废渣。三废不仅污染环境，造成公害，而且其中的贵重和有用的成分没能回收，在经济上也是损失。在崇尚"绿色"的21世纪，必须重视、关注废弃物的处理，树立环境保护和绿色化学的实验观念。因此，化学实验室三废的处理是很重要且又有意义的问题。

教师应要求学生按照国家要求的排放标准进行处理，把用过的酸类、碱类、盐类等各种废液、废渣分别倒入各自的回收容器内，再根据各类废弃物的特性，采取中和、吸收、燃烧、回收循环利用等方法进行处理。

（1）废气的处理　对于产生少量有毒气体的实验，可在通风橱内进行，通过排风设备将少量有毒气体排到室外，以免污染室内空气。而对于产生少量有毒气体的实验，必须备有吸收和处理装置。有害气体可采用液体或固体吸收法处理。其中，以溶液吸收法成本最低，操作也简便，如 CO_2、SO_2、Cl_2、H_2S、HF 等可用碱液吸收；CO 可直接点燃使其转化为 CO_2。固体吸收法则是用固体吸附剂将污染物分离，常用的吸附剂有活性炭、硅胶、分子筛等。

（2）废液的处理　实验室产生的废液种类繁多，组成变化大，应根据溶液的性质分别

处理。

① 废酸和废碱溶液经过中和处理，使 pH 在 6～8 范围内，并用大量水稀释后方可排放。

② 废洗液可用高锰酸钾氧化法使其再生后使用。少量的废洗液可用废碱液或石灰使其生成沉淀，将沉淀埋于地下即可。

③ 含镉废液可加入消石灰等碱性试剂，使所含的金属离子形成氢氧化物沉淀而除去。

④ 氰化物是剧毒物质，对于含氰化物的废液，可用氯碱法，即将废液调节成碱性后，通入 Cl_2 或 NaClO，使氰化物分解成 CO_2 或 N_2 而除去；或用铁蓝法，将含有氰化物的废液中加入 $FeSO_4$，使其变成氰化亚铁沉淀除去。

⑤ 在铬酸废液（含 Cr^{6+}）中，加入 $FeSO_4$、Na_2SO_4，使其变成 Cr^{3+} 后再加入 NaOH 或 Na_2CO_3 等碱性试剂，调 pH 至 6～8 时，使 Cr^{3+} 形成 $Cr(OH)_3$ 沉淀而除去。

⑥ 处理少量含汞废液时，常采用化学沉淀法，先调 pH 至 8～10，加入过量的 Na_2S，使其生成难溶的 HgS 沉淀而除去。少量残渣可埋于地下，大量残渣可用焙烧法回收汞，但注意一定要在通风橱中进行。

⑦ 在含铅及重金属的废液中，加入 Na_2S 或 NaOH，使铅盐及重金属离子生成难溶性的硫化物或氢氧化物而除去。

⑧ 含砷及其化合物的废液，鼓入空气的同时加入 $FeSO_4$，然后用 NaOH 调 pH 至 9，这时砷化合物就和 $Fe(OH)_3$ 及难溶性的亚砷酸钠共沉淀，经过滤除去。

（3）废渣的处理 固体废弃物一般采用土地填埋的方法。要求被填埋的废弃物应是惰性物质或经微生物可分解为无害物质。对少量（如放射性废弃物等）高危险性物质，可将其通过物理或化学的方法进行（玻璃、水泥、岩石的）固化，再进行深地填埋。填埋场地应远离水源，场地底土不透水，不能穿入地下水层。

1.8 实验报告格式示例

无机及分析化学实验大致可分为以下几种类型：制备或提纯实验、测定实验、性质验证实验。现将几种不同类型的实验报告格式介绍如下，以供参考。

（1）制备或提纯实验示例

无机及分析化学实验报告

实验名称：粗硫酸铜的提纯

学院_____ 专业_____ 姓名_____ 学号_____ 日期_____

一、实验目的
1. 学习提纯硫酸铜。
2. 学习溶解、加热、过滤、蒸发、结晶、干燥等无机制备中的基本操作。
二、实验原理（略）
三、实验步骤

称量硫酸铜 7.0g —溶解→ 加水 30mL 加热搅拌

氧化 Fe^{2+} → 滴加 H_2O_2 溶液 1mL → 除 Fe^{3+} → 逐滴加入 NaOH 调节 pH=4，至 Fe^{3+} 沉淀完全，过滤

抑制水解 → 滤液滴加硫酸，调节 pH=2 → 蒸发结晶 → 溶液蒸发浓缩至表面出现晶膜

抽滤，干燥 → 冷却后，抽滤、结晶放入蒸发皿用小火烘干 → 称量 → 精硫酸铜 5.4g

四、实验结果

产率：$5.4/7.0 \times 100\% = 80\%$

五、问题与讨论（根据产品产率和质量讨论做好实验的关键所在）

(2) 测定实验示例

无机及分析化学实验报告

实验名称：醋酸电离常数的测定

学院_____ 专业_____ 姓名_____ 学号_____ 日期_____

一、实验目的
1. 学习使用酸度计。
2. 学习利用测定弱酸和缓冲溶液 pH 的方法测定弱酸的解离常数。
二、实验原理（略）
三、实验步骤
1. 不同浓度 HAc 溶液的配制。
2. 缓冲溶液的配制。
3. 溶液 pH 的测定。
四、数据记录与处理
五、注意事项（略）
六、问题与讨论（略）

(3) 分析实验

无机及分析化学实验报告

实验名称：酸碱标准溶液的配制和体积比较

学院_____ 专业_____ 姓名_____ 学号_____ 日期_____

一、实验目的
1. 练习酸碱滴定管的使用方法和初步了解滴定操作。
2. 练习酸碱标准溶液的配制和体积的比较。
3. 熟悉甲基橙和酚酞指示剂的使用和终点的颜色变化。
二、实验原理（略）
三、实验步骤
1. 酸、碱溶液的配制
(1) 配制 $0.1 mol \cdot L^{-1}$ HCl 溶液（1000mL）。
(2) 配制 $0.1 mol \cdot L^{-1}$ NaOH 溶液（1000mL）。
2. 酸碱标准溶液的体积比较
(1) 准备滴定管。
(2) 酸碱标准溶液的体积比较。

四、数据记录与处理

滴定次数	I	II	III	IV	V	VI
HCl 终读数						
HCl 初读数						
V_{HCl}/mL						
NaOH 终读数						
NaOH 初读数						
V_{NaOH}/mL						
V_{HCl}/V_{NaOH}						
体积平均值						
相对平均偏差						

五、问题与讨论

(4) 性质验证实验示例

无机及分析化学实验报告

实验名称：铜、银化合物的性质

学院_____ 专业_____ 姓名_____ 学号_____ 日期_____

一、实验目的（略）

二、实验方法、现象、反应及解释

实验方法	实验现象	反应方程式	结论
			（略）
Cu^{2+}、Hg^{2+}、Hg_2^{2+} 与 KI 的反应如下。			
(1) Cu^{2+} 的氧化性和 Cu^+ 的配合物　取 5 滴 $0.1mol \cdot L^{-1}$ $CuSO_4$ + 15 滴 $0.1mol \cdot L^{-1}$ KI，慢慢滴加 4 滴 $0.2mol \cdot L^{-1}$ $Na_2S_2O_3$，不宜过多。	黄色沉淀→橘黄色沉淀	$2Cu^{2+}+4I^- = Cu_2I_2\downarrow +I_2\downarrow$ $2S_2O_3^{2-}+I_2 = 2I^-+S_4O_6^{2-}$	
(2) 取 2 滴 $0.1mol \cdot L^{-1}$ $Hg(NO_3)_2$ + 1 滴 $0.1mol \cdot L^{-1}$ KI，继续滴加 $0.1mol \cdot L^{-1}$ KI。	渐渐白色沉淀 橘红色（金红色）沉淀 沉淀溶解，无色溶液	$Hg^{2+}+2I^- = HgI_2\downarrow$ $HgI_2+2I^- = [HgI_4]^{2-}\downarrow$	
(3) 小试管中+1/3 体积去离子水+2 滴 $0.1mol \cdot L^{-1}$ KI + 1 滴 $0.1mol \cdot L^{-1}$ $Hg_2(NO_3)_2$，继续滴加 $0.1mol \cdot L^{-1}$ KI。	瞬间可看到黄绿色或灰绿色沉淀 沉淀溶解，无色溶液，无黑色 Hg 沉淀。	$Hg_2^{2+}+2I^- = Hg_2I_2\downarrow$ $Hg_2I_2+2I^- = [HgI_4]^{2-}+Hg\downarrow$ （歧化反应）	

第 2 章 无机及分析化学实验的基本操作

2.1 化学实验常用玻璃仪器介绍

玻璃仪器按玻璃的性质不同可以简单地分为软质玻璃仪器和硬质玻璃仪器两类。软质玻璃承受温差的性能、硬度和耐腐蚀性都比较差，但透明度比较好，一般用来制造不需要加热的仪器，如试剂瓶、漏斗、量筒、吸管等。硬质玻璃具有良好的耐受温差变化的性能，用它制造的仪器可以直接用火加热，这类仪器耐腐蚀性强、耐热性以及耐冲击性都比较好，常见的烧杯、烧瓶、试管、蒸馏器和冷凝管等都用硬质玻璃来制作。

玻璃仪器按用途分，可以分为容器类、量器类和其它常用器皿三大类。

(1) 烧杯 烧杯主要用于配制溶液，煮沸、蒸发、浓缩溶液，进行化学反应以及少量物质的制备等。烧杯用硬质玻璃制造，它可承受 500℃ 以下的温度，在火焰上可直接或隔石棉网加热，也可选用水浴、油浴或砂浴等加热方式。烧杯的规格从 25~5000mL 不等。

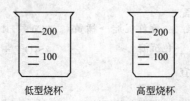

低型烧杯　　高型烧杯

(2) 试管、离心管和比色管 试管主要用作少量试剂的反应容器，常用于定性实验。试管可直接用灯火加热，加热后不能骤冷。试管内盛放的液体量，如果不需要加热，不要超过 1/2；如果需要加热，不要超过 1/3。加热试管内的固体物质时，管口应略向下倾斜，以防凝结水回流至试管底部而使试管破裂。离心试管用于定性分析中的沉淀分离。常见的试管有普通试管、具支试管、刻度试管、具塞试管、尖底离心管、尖底刻度离心管和圆底刻度离心管等。试管的主要规格从 10~50mL 不等。

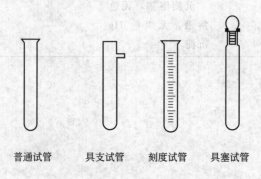

普通试管　　具支试管　　刻度试管　　具塞试管

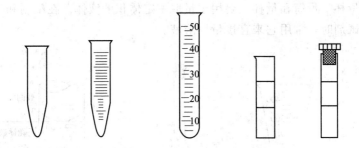

尖底离心管　　尖底刻度离心管　　圆底刻度离心管　　开口比色管　　具塞比色管

比色管主要用于比较溶液颜色的深浅，用于快速定量分析中的目视比色。比色管有开口和具塞两种。

（3）试剂瓶　试剂瓶用于盛装各种试剂。常见的试剂瓶有小口试剂瓶、大口试剂瓶和滴瓶（表2-1）；附有磨砂玻璃片的大口试剂瓶常作集气瓶。试剂瓶有无色和棕色之分，棕色瓶用于盛装应避光的试剂。小口试剂瓶和滴瓶常用于盛放液体药品，大口试剂瓶常用于盛放固体药品。试剂瓶又有磨口和非磨口之分，一般非磨口试剂瓶用于盛装碱性溶液或浓盐溶液，使用橡皮塞或软木塞；磨口的试剂瓶盛装酸、非强碱性试剂或有机试剂，瓶塞不能调换，以防漏气。若长期不用，应在瓶口和瓶塞之间加放纸条，便于开启。试剂瓶不能用火直接加热，不能在瓶内久储浓碱、浓盐溶液。

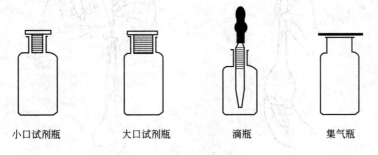

小口试剂瓶　　　　大口试剂瓶　　　　滴瓶　　　　　集气瓶

表 2-1　试剂瓶的主要规格

名　　称	容量/mL	瓶高/mm	瓶外径/mm	瓶口外径/mm
小口试剂瓶	30	76	40	18
	125	110	57	24
	250	135	70	27
	500	172	85	33
	1000	202	106	38
大口试剂瓶	30	72	40	25
	125	108	57	38
	250	130	70	50
	500	165	85	58
	1000	188	106	65
滴瓶（附胶头）	30	76	40	
	60	85	46	
	125	110	57	
集气瓶（附磨砂玻璃片）	125	108	57	38
	250	130	70	50
	500	160	86	58

（4）量筒和量杯　量筒和量杯主要用于量取一定体积的液体。在配制和量取浓度和体积不要求很精确的试剂时，常用它来直接量取溶液。

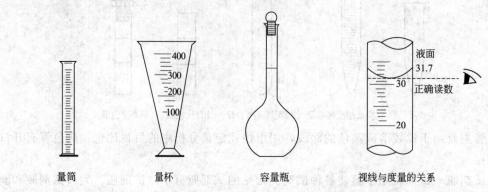

量筒　　　　量杯　　　　容量瓶　　　视线与度量的关系

量筒的主要规格有 5mL、10mL、25mL、50mL、100mL、500mL、1000mL。

量杯的主要规格有 10mL、50mL、100mL、500mL、1000mL。

（5）容量瓶　容量瓶用于配制体积要求准确的溶液，或作溶液的定量稀释。容量瓶不能加热，瓶塞是磨口的，不能互换，以防漏水。容量瓶有无色和棕色之分，棕色瓶用于配制需要避光的溶液。

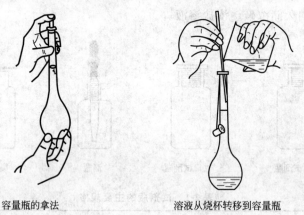

容量瓶的拿法　　　　溶液从烧杯转移到容量瓶

容量瓶的主要规格有 10mL、25mL、50mL、100mL、250mL、500mL、1000mL。

（6）移液管　移液管也称吸量管，用于准确移取一定体积的液体。常见的有刻度移液管和单标记移液管。

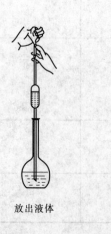 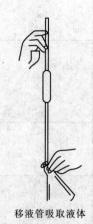

放出液体　　　　　　移液管吸取液体

刻度移液管的主要规格有 0.1mL、0.25mL、0.5mL、1mL、2mL、5mL、10mL。

单标记移液管的主要规格有 5mL、10mL、20mL、25mL、50mL、100mL。

(7) 滴定管 滴定管是滴定时使用的精密仪器，用来测量自管内流出溶液的体积，有常量和微量之分。常量滴定管有酸式和碱式两种，酸式滴定管用来盛盐酸、氧化剂、还原剂等溶液；碱式滴定管用来盛碱溶液。滴定管有无色和棕色之分，无色的滴定管又有带蓝线和不带蓝线两种。

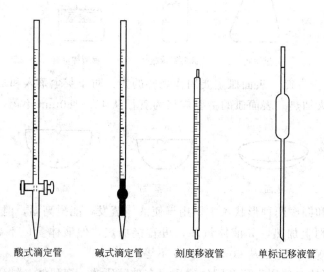

酸式滴定管　　碱式滴定管　　刻度移液管　　单标记移液管

滴定管的主要规格有 10mL、25mL、50mL、100mL。

(8) 酒精灯 酒精灯是常用的加热器具，带一磨口的玻璃罩或塑料罩。酒精灯主要规格有 150mL、250mL。

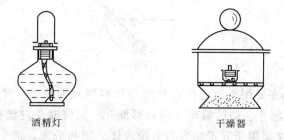

酒精灯　　　　　　　　　　干燥器

(9) 干燥器 干燥器的中下部口径略小，上面放置带孔的瓷板，瓷板上放置待干燥的物品，瓷板下面放有干燥剂。常用的干燥剂有 P_2O_5、碱石灰、硅胶、$CaSO_4$、CaO、$CaCl_2$、$CuSO_4$、浓硫酸等。固态干燥剂可直接放在瓷板下面，液态干燥剂放在小烧杯中，再放到瓷板下面。

干燥器主要用于保持固态、液态样品或产物的干燥，也用来存放防潮的小型贵重仪器和已经烘干的称量瓶、坩埚等。使用干燥器时，要沿边口涂抹一薄层凡士林研合均匀至透明，使顶盖与干燥器本身保持密合，不致漏气。开启顶盖时，应稍稍用力使干燥器顶盖向水平方向缓缓错开，取下的顶盖应翻过来放稳。热的物体应冷却到略高于室温时，再移入干燥器内。干燥器洗涤过后，要吹干或风干，切勿用加热或烘干的方法去除水汽。久存的干燥器或室温低，顶盖打不开时，可用热毛巾或暖风吹化开启。

干燥器口内径从 100～300mm 不等，高度从 160～450mm 不等。

(10) 过滤瓶 过滤瓶也称抽滤瓶，主要供晶体或沉淀进行减压过滤用。过滤瓶的主要

(11) 称量瓶 称量瓶主要用于使用分析天平时称取一定量的试样,不能用火直接加热,瓶盖是磨口的,不能互换。称量瓶有高型和扁型两种。

过滤瓶　　高型称量瓶　　扁型称量瓶

(12) 表面皿和蒸发皿 表面皿主要用作烧杯的盖,防止灰尘落入和加热时液体迸溅等。表面皿不能直接用火加热。表面皿的主要规格为直径从45～180mm不等。

表面皿　　平底蒸发皿　　圆底蒸发皿

蒸发皿有平底和圆底两种形状,主要用于使液体蒸发,能耐高温,但不宜骤冷。蒸发溶液时一般放在石棉网上加热,如液体量多,可直接加热,但液体量以不超过深度的2/3为宜。蒸发皿的主要规格为直径从60～150mm不等。

(13) 研钵 研钵主要用于研磨固体物质,有玻璃研钵、瓷研钵、铁研钵和玛瑙研钵等。玻璃研钵、瓷研钵适用于研磨硬度较低的物料,硬度大的物料应用玛瑙研钵。研钵不能用火直接加热。玻璃研钵的主要规格为直径从75～120mm不等。

研钵

(14) 漏斗 漏斗主要用于过滤操作和向小口容器倾倒液体。常见的有60°角短管标准漏斗、60°角长管标准漏斗、筋纹漏斗和圆筒形漏斗。筋纹漏斗内壁有若干凹筋,可以提高过滤速度。分液漏斗主要用于互不相溶的两种液体分层和分离,常见的有厚料球形、球形、梨形、梨形刻度、筒形和筒形刻度等。球形分液漏斗适用于萃取分离操作;梨形分液漏斗除用于分离互不相溶的液体外,在合成反应中常用来随时加入反应试液。有刻度梨形和筒形漏斗常用于控制加液速度。

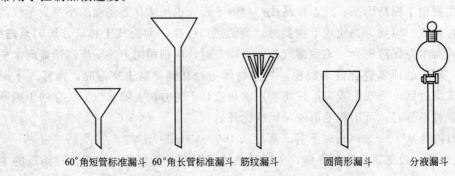

60°角短管标准漏斗　60°角长管标准漏斗　筋纹漏斗　　圆筒形漏斗　　分液漏斗

(15) 标准磨口仪器 所谓标准磨口仪器,是指标准磨塞和标准磨口的直径都采用国际通用的统一尺寸,其锥度比例均为 1/10,由硬质玻璃制成。同类规格的标准磨口仪器可任意互换。这类仪器的品种有烧瓶、过滤瓶、冷凝管、接管、蒸馏头、分液漏斗等,使用时可查阅有关资料。

使用标准磨口仪器,口与塞对合后,不要在干态下转动摩擦,以免损伤磨面。

(16) 烧瓶 烧瓶用于加热煮沸,以及物质间的化学反应,主要有平底烧瓶、圆底烧瓶、三角烧瓶和定碘烧瓶。平底烧瓶不能直接用火加热,圆底烧瓶可以直接用火加热,但两者都不能骤冷,通常在热源与烧瓶之间加隔石棉网。三角烧瓶也称锥形瓶,加热时可避免液体大量蒸发,反应时便于摇动,在滴定操作中经常用它作容器。定碘烧瓶主要用于碘法的测定中,也用于须严防液体蒸发和固体升华的实验,但加热或冷却瓶内溶液时应将瓶塞打开,以免因气体膨胀或冷却,使塞子冲出或难取下。烧瓶规格从 50~1000mL 不等。

蒸馏烧瓶是供蒸馏使用的,蒸馏常用的还有三口烧瓶和四口烧瓶。蒸馏烧瓶规格从 50~1000mL 不等。三口烧瓶和四口烧瓶规格从 250~2000mL 不等。

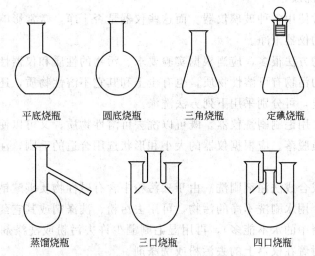

平底烧瓶　　　圆底烧瓶　　　三角烧瓶　　　定碘烧瓶

蒸馏烧瓶　　　三口烧瓶　　　四口烧瓶

(17) 分馏管、冷凝管和接管 分馏管也称分馏柱或分凝器,主要用于分馏操作。常见的分馏管有无球分馏管、一球分馏管、二球分馏管、三球分馏管、四球分馏管和刺形分馏管。分馏管长度从 200~450mm 不等。冷凝管也称冷凝器,供蒸馏操作中冷凝用。常见的冷凝管有空气冷凝管、直形冷凝管、球形冷凝管、蛇形冷凝管、直形回流冷凝管和蛇形回流冷凝管。冷凝管长度从 360~1250mm 不等。接管是蒸馏时连接冷凝管用的,常见的有直形接管和弯形接管。接管长度从 150~200mm 不等。

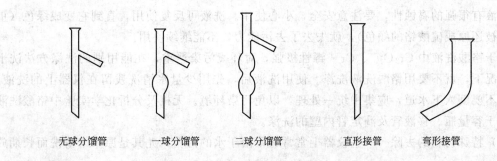

无球分馏管　　一球分馏管　　二球分馏管　　直形接管　　弯形接管

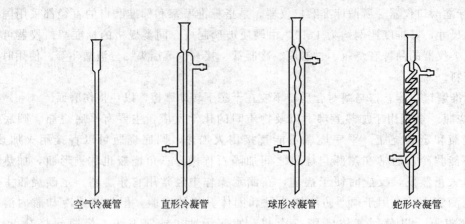

空气冷凝管　　直形冷凝管　　球形冷凝管　　蛇形冷凝管

2.2 常用仪器的洗涤和干燥

2.2.1 玻璃仪器的洗涤

化学实验中经常使用各种玻璃仪器。而这些仪器是否干净，常常影响结果的准确性，所以应该保持所使用的仪器干净。

洗涤玻璃仪器的方法很多，应当根据实验要求、污物的性质和仪器性能来选用。一般来说，附着在仪器上的污物有可溶性物质，也有尘土和其它不溶性物质，还有油污和某些化学物质。针对具体情况，可分别采用下列方法洗涤。

(1) 用水刷洗　用毛刷刷洗仪器，既可以洗去可溶性物质，又可以使附着在仪器上的尘土和其它不溶性物质脱落。应根据仪器的大小和形状选用合适的毛刷，注意避免毛刷的铁丝触破或损伤仪器。

(2) 用去污粉或合成洗涤剂刷洗　由于去污粉中含有碱性物质碳酸钠，它和洗涤剂都能除去仪器上的油污。用水刷洗不净的污物，可用去污粉、洗涤剂或其它药剂洗涤。先把仪器用水湿润（留在仪器中的水不能多），再用湿毛刷蘸少许去污粉或洗涤剂进行刷洗，最后用自来水冲洗，除去附着在仪器上的去污粉或洗涤剂。

(3) 用浓硫酸-重铬酸钾洗液洗　在进行精确的定量实验时，对仪器的洁净程度要求更高，所用仪器容积精确、形状特殊，不能用刷子刷洗，可用铬酸洗液清洗。这种洗液具有很强的氧化性和去污能力。用洗液洗涤仪器时，往仪器内加入少量洗液（用量约为仪器总容量的 1/5），将仪器倾斜并慢慢转动，使仪器内壁全部为洗液润湿。再转动仪器，使洗液在仪器内壁流动，洗液流动几圈后，把洗液倒回原瓶，最后用水把仪器冲洗干净。如果用洗液浸泡仪器一段时间，或者使用热的洗液，洗涤效果更好。

洗液有很强的腐蚀性，要注意安全，小心使用。洗液可反复使用，直到它变成绿色（重铬酸钾被还原成硫酸铬的颜色），就失去了去污能力，不能继续使用。

由于铬酸洗液中 $Cr_2O_7^{2-}$、Cr^{3+} 毒性极强，对环境污染严重，在能用别的洗涤方法洗干净的情况下，就不要用铬酸洗液洗涤。使用洗液后，先用少量水清洗残留在仪器上的洗液。洗涤水不要倒入下水道，应集中统一处理，以免污染环境。无机及分析化学实验中铬酸洗液主要用于容量瓶、移液管及滴定管内壁的洗涤。

(4) 特殊污物的去除　一些仪器上常常有不溶于水的污垢，尤其是原来未清洗而长期放置后的仪器。这时就需要视污垢的性质选用合适的试剂，使其经化学作用而除去。几种常见污垢的处理方法见表 2-2。

表 2-2 常见污垢的处理方法

污 垢	处 理 方 法
碱土金属的碳酸盐、Fe(OH)$_3$、一些氧化剂如 MnO$_2$ 等	用稀 HCl 处理，MnO$_2$ 需要用 6mol·L^{-1} 的 HCl 处理
沉积的难溶性银盐	用 Na$_2$S$_2$O$_3$ 洗涤，Ag$_2$S 则用热、浓 HNO$_3$ 处理
高锰酸钾污垢	草酸溶液(黏附在手上也用此法)
残留的 Na$_2$SO$_4$、NaHSO$_4$ 固体	用沸水使其溶解后趁热倒掉
沾有碘迹	可用 KI 溶液浸泡；用温热的稀 NaOH 或 Na$_2$S$_2$O$_3$ 溶液处理
瓷研钵内的污迹	用少量食盐在研钵内研磨后倒掉，再用水洗
有机反应残留的胶状或焦油状有机物	视情况用低规格或回收的有机溶剂(如乙醇、丙酮、苯、乙醚等)浸泡或用稀 NaOH、浓 HNO$_3$ 煮沸处理
一般油污及有机物	用含 KMnO$_4$ 的 NaOH 溶液或有机溶剂处理
被有机试剂染色的比色皿	可用体积比为 1:2 的盐酸-乙醇液处理

除了上述清洗方法外，现在还有先进的超声波清洗器。只要把用过的仪器，放在配有合适洗涤剂溶液的超声波洗涤器中，接通电源，利用声波的能量和振动，就可将仪器清洗干净，既省时又方便。

用上述各种方法洗涤后的仪器，经自来水多次、反复冲洗后，往往还留有 Ca^{2+}、Mg^{2+}、Cl^- 等离子。如果实验中不允许这些离子存在，应该再用蒸馏水或去离子水把它们洗去，洗涤时应遵循"少量多次"的原则，淋洗 3 次即可。

已洗净的仪器的器壁上，不应附着有不溶物或油污，器壁可以被水润湿。如果把水加到仪器上，再把仪器倒转过来，水会顺着器壁流下，器壁上只留下一层既薄又均匀的水膜，并无水珠附着在上面，这样的仪器才算洗得干净。

凡是已洗净的仪器内壁，绝对不能再用布或纸去擦拭，否则，布或纸的纤维将会留在仪器壁上反而沾污了仪器。毛细管、玻璃棒等洗净后，应插在储有清洁去离子水的烧杯中，绝对不允许放在实验台上。

为了避免有些污染难以洗去，要求当实验完毕后立即将所用仪器洗涤干净，养成一种用完即洗净的习惯。

2.2.2 洗涤液的配制

(1) 铬酸洗涤液（简称洗液） 将 25g K$_2$Cr$_2$O$_7$ 溶于 50mL 水中，冷却后向此溶液中慢慢加入浓硫酸至 1000mL。

(2) 碱性高锰酸钾洗涤液 将 4g 高锰酸钾溶于 5mL 水中，再加入 95mL、10% 的氢氧化钠溶液混合即得。

2.2.3 玻璃仪器的干燥

洗净的玻璃仪器如需干燥可选用以下方法。

(1) 晾干 干燥程度要求不高又不急等用的仪器，可倒放在干净的仪器架或实验柜内，任其自然晾干。倒放还可以避免灰尘落入，但必须注意放稳仪器。

(2) 吹干 急需干燥的仪器，可采用吹风机或"玻璃仪器气流烘干器"等吹干。使用时，一般先用热风吹玻璃仪器的内壁，干燥后，吹冷风使仪器冷却。

如果先加少许易挥发又易与水混溶的有机溶剂（常用的是酒精或丙酮）到仪器里，倾斜并转动仪器，使器壁上的水与有机溶剂混溶，然后将其倾出再吹风，则干得更快。

(3) 烘干　能经受较高温度烘烤的仪器可以放在电热或红外干燥箱（简称烘箱）内烘干。如果要求干燥程度较高或需干燥的仪器数量较多，使用烘箱就很方便。

烘箱附有自动控温装置，烘干仪器上的水分时，应将温度控制在 105~110℃。先将洗净的仪器尽量沥干。放在托盘里，然后将托盘放在烘箱的隔板上。一般烘 1h 左右，就可达到干燥目的。等温度降到 50℃ 以下时，才可取出仪器。

应注意，带有刻度的计量仪器不能用加热的方法进行干燥，因为热胀冷缩会影响它们的精密度。

(4) 用有机溶剂干燥　带有刻度的容量仪器不能用加热的方法进行干燥，因为加热会影响这些仪器的精密度，可以用某些有机溶剂干燥。在仪器内加入少量酒精或丙酮等易挥发的水溶性有机溶剂，把仪器倾斜，转动仪器，器壁上的水即与酒精或丙酮混合，然后倾出酒精或丙酮和水的混合液（应回收）。最后让留在仪器内的酒精或丙酮挥发，仪器得以干燥。

2.3 加热方法

2.3.1 加热装置

加热是化学实验中常用的实验手段。实验室中常用的加热装置有酒精灯、酒精喷灯、电炉和马弗炉等。

(1) 酒精灯　酒精灯用酒精作燃料，由灯罩、灯芯和灯壶三部分组成，如图 2-1 所示。其火焰温度为 400~500℃。多数化学实验都可用酒精灯加热。

使用酒精灯时应注意以下几点。

① 向酒精灯内添加酒精时应先熄灭火焰，用漏斗把酒精加入灯内，灯内酒精量一般不应超过酒精灯容积的 2/3，不可装得太满。

② 点燃酒精灯时要用火柴引燃，切不能用另一个燃着的酒精灯引燃，否则灯内酒精会洒出，引起燃烧而发生火灾。熄灭酒精灯时要用灯罩盖熄灭，切不能用嘴吹灭。

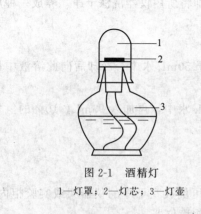

图 2-1　酒精灯
1—灯罩；2—灯芯；3—灯壶

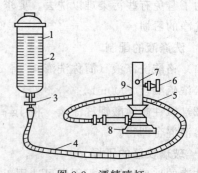

图 2-2　酒精喷灯
1—酒精；2—酒精储罐；3—活塞；4—橡皮管；
5—预热盆；6—开关；7—气孔；8—灯座；9—灯管

(2) 酒精喷灯　酒精喷灯也用酒精作燃料，但它是将酒精气化并与空气混合后才燃烧的。酒精喷灯的火焰温度高而稳定，可达 900℃ 左右。常用的挂式酒精喷灯构造如图 2-2 所示,由金属制成。

使用时,先打开活塞3,在预热盆5中装满酒精并点燃。待盆内酒精近燃烧完时,灯管已被灼热,将划着的火柴移至灯口,开启开关6。从酒精储罐2流进热灯管9中的酒精立即气化,并与由气孔7进来的空气混合,即被点燃。调节开关6可控制火焰大小。使用完毕,关闭开关6,火焰即熄灭。

必须注意,在点燃酒精喷灯前灯管9必须充分预热,一定要使喷出的酒精全部气化,不能让酒精呈液态喷出,否则燃烧的酒精由管口喷出,形成"火雨",四处散落,易酿成事故。不用时,应关闭储罐下的活塞开关3,以免酒精漏失,造成后患。

酒精喷灯的正常火焰分成三层,如图2-3(a)所示。内层为焰心,由未燃烧的酒精蒸气与空气的混合物组成;中层为还原焰,酒精蒸气不完全燃烧并分解为含碳的产物,所以这部分火焰具有还原性,温度较高,火焰呈淡蓝色;外层为氧化焰,酒精蒸气完全燃烧,过剩的空气使这部分火焰具有氧化性。最高温度处在还原焰顶端上部的氧化焰,温度约为900℃。

当酒精蒸气和空气的进入量都很大时,气流冲出管外,火焰在灯管上空燃烧,称为"凌空火焰",如图2-3(b)所示。当酒精蒸气进入量很小,而空气进入量很大时,火焰在灯管内燃烧,火焰呈绿色,并发出特殊的"嘶嘶"声,这种火焰称为"侵入火焰",如图2-3(c)所示。遇到凌空火焰或侵入火焰产生时,应重新调节空气的进入量。

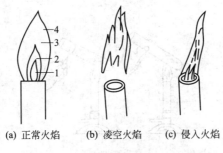

(a) 正常火焰　　(b) 凌空火焰　　(c) 侵入火焰

图 2-3　各种火焰

1—焰心;2—还原焰;3—最高温处;4—氧化焰

(3) 电热设备　电热设备(图2-4)包括电炉、电热板、高温炉等。

① 电炉温度的高低可以通过调节调压变压器来控制。容器(如烧杯或蒸发皿等)和电炉之间要隔一块石棉网,使之受热均匀。

(a) 电炉　　　　(b) 电热板　　　　(c) 高温炉

图 2-4　电热设备

② 电热板的加热面积比电炉大,用于加热体积较大或数量较多的试样。

③ 高温炉也称马弗炉,也用电热丝或硅碳棒来加热,最高使用温度有950℃和1300℃等。其炉膛为长方体,打开炉门可以放入要加热的坩埚或其它他耐高温的容器。高温炉均可以自动调温和控温。

2.3.2 加热方法

(1) 直接加热 实验室中常用的烧杯、烧瓶、瓷蒸发皿、试管等器皿能承受一定的温度，可以直接加热，但不能骤热或骤冷。加热烧杯、烧瓶等玻璃容器中液体时，容器必须放在石棉网上，否则容器易因受热不均匀而破裂（图2-5）。在加热时应适当搅动内容物，使加热均匀，特别是在加热含有较多不溶的固体物质的溶液时。

当加热液体时，所盛液体一般不宜超过试管容量的1/3，烧杯容量的1/2或烧瓶容量的1/3。试管中的液体一般可直接在火焰上加热（图2-6）。但离心试管不得直接在火上加热。在火焰上加热试管时，应注意以下几点。

① 应该用试管夹夹在试管的中上部（微热时，可用拇指、食指和中指拿住试管）。

② 试管应稍微倾斜，管口向上，以免烧坏试管夹或烤痛手指。

③ 应使液体各部分受热均匀，先加热液体的中上部，再慢慢往下移动，然后上下移动。不要集中加热某一部分，否则液体将局部受热，骤然产生蒸气而使液体冲出管外。

④ 不要将试管口对着人，以免溶液在煮沸时溅出把人烫伤。

加热试管中的固体时，必须使试管稍微向下倾斜，试管口略低于管底（图2-7），以免凝结在试管壁上的水珠流到灼热的管底，而炸裂试管。

如溶液需蒸发浓缩时，应将溶液放在瓷坩埚中置于石棉网上用小火加热。

图 2-5 加热烧杯中的液体

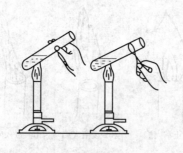
图 2-6 加热试管中的液体

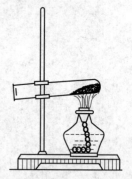
图 2-7 加热试管中的固体

(2) 用热浴间接加热

① 水浴加热 当被加热物质要求受热均匀，而温度又不能超过100℃时，可用水浴加热，如图2-8(a)所示。水浴锅盛水量一般不超过其容量的2/3。用大烧杯代替水浴锅加热。离心试管应在水浴中加热，如图2-8(b)所示。

(a)

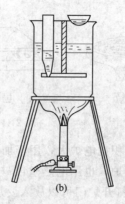
(b)

图 2-8 水浴加热

② 油浴和砂浴加热 油浴以油代替水浴锅中的水,油浴所能达到的最高温度取决于所使用油的沸点。常用的油有甘油(适用于150℃以下的加热)、液体石蜡(适用于200℃以下的加热)等。使用油浴要小心,防止着火。

砂浴是将细砂盛在铁盘内,被加热的器皿埋在砂子中,用煤气灯加热。砂浴加热升温比较缓慢,停止加热后散热也较慢。

2.4 称　量

2.4.1 天平的种类

化学实验要经常进行称量,重要的称量仪器是天平,常用的有托盘天平(又称台秤,用于精确度要求不高的称量,可以称准至0.1g)、扭力天平(可称准至0.01g)和分析天平(可以准确至0.0001g甚至更精确)等。在称量时,应根据实验对于称量准确度的不同要求,选取不同类型的天平。

(1) 台秤　台秤又称托盘天平(图2-9),常用于精确度不高的称量,一般称量能称准到0.1g。

使用步骤如下:

① 调零点。称量前,先将游码拨到游码标尺的"0"位处,检查天平的指针是否停在刻度盘的中间位置,若不在中间位置,可调节天平托盘下侧的螺旋钮,使指针指到零点。

② 称量时,左托盘放被称物,右托盘放砝码。药品不能直接放在托盘上,可放在称量纸或表面皿上。加砝码时,砝码用镊子夹取,应先加质量大的,后加质量小的,10g或5g以下可移动游码。当添加砝码到天平的指针停在刻度盘的中间位置时,台秤处于平衡状态,此时指针所停的位置称为停点,零点与停点相符时(允许偏差1小格以内),记录所加砝码和游码的质量。

③ 称量完毕,应将砝码放回砝码盒中,游码移至刻度"0"处,天平的两个托盘重叠后,放在天平的一侧,使天平休止,以免天平摆动,保护天平的刀口。注意:不能称量热的物品!

如果要准确地称量(分析),可根据要求的精确度选用扭力天平、阻尼天平、光电天平、电子天平。

(2) 半自动光电分析天平　半自动光电分析天平(图2-10)由天平梁、天平柱、蹬、空气阻

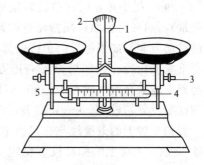

图2-9　台秤
1—指针;2—标尺;3—平衡螺旋钮;
4—游码标尺;5—游码

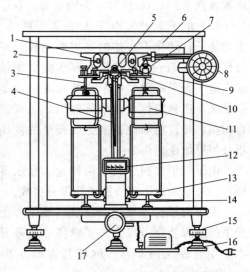

图2-10　半自动光电分析天平
1—天平梁;2—平衡调节螺丝;3—蹬(吊耳);
4—指针;5—支点;6—框罩;7—环码;
8—指数盘;9—支柱;10—托叶;11—阻尼器;
12—投影屏;13—天平盘;14—托盘;
15—天平足;16—垫脚;17—升降旋钮

尼器、天平盘、指针和标尺等组成。每一台分析天平都备有一套砝码，放在砝码盒中的固定位置上。

分析天平是精密仪器，称量时必须认真、细致，并严格按操作规程操作。使用步骤如下。

① 检查　称量前应先检查一遍：圈码是否挂好；天平是否处于水平位置；圈码指数盘是否指在 0.00 位置；两盘是否空着；天平盘上有没有被污染等。

② 调节零点　接通电源，打开升降旋钮，这时可以看到微分标尺的投影在光标上移动，当投影稳定后，如果光屏上的刻度线不与标尺的 0.00 重合，可以通过调节拉杆，移动光屏位置使刻度线正好与标尺 0.00 重合。如果将光屏移动到尽头后刻度线仍不能与标尺的 0.00 重合，则需要调解天平架梁上的平衡螺丝（向指导教师报告，由指导教师进行调节）。

③ 称量　把要称量的样品轻轻地放置在天平左盘的中央（在此之前，应先用台秤粗称样品质量），然后将比粗称质量略重的砝码放入右盘中央，缓慢开动升降旋钮，观察光屏上标尺的移动方向，如果标尺向负方向移动，表明砝码比样品重，应先关闭升降旋钮，减少砝码后再重复上次操作；如果标尺向正方向移动，则有两种情况：第一种情况是，标尺稳定后，与刻度线重合的位置在 10.0mg 以内，即可读数；第二种情况是，标尺迅速向正方向移动，刻度线位置超过 10.0mg，则表示砝码太轻，应关闭升降旋钮，添加砝码后再重复上述操作，直到光屏上的刻度线与标尺投影上的某一读数重合为止。

④ 读数　光屏上的标尺投影稳定后，就可以从标尺上读出 10mg 以下的质量，例如光屏上的刻度线与标尺投影的 +2.2mg 重合，表明所加砝码和圈码比样品轻 2.2mg，则样品的质量应等于砝码质量加上圈码质量再加上 2.2mg。读完数后应立即关上升降旋钮。

⑤ 还原　称量完毕后，将样品取出，砝码放回砝码盒原来的位置，关好边门，将圈码指数盘恢复到 0.00 位置，关闭电源，罩好天平箱外的罩子，并做好使用记录。

(3) 电子天平　电子天平是集精确、稳定、多功能及自动化于一体的先进的分析天平，大多可称准至 0.1mg，能满足所有实验室质量分析要求。电子天平一般采用单片微处理机控制，有些电子天平还具有标准的信号输出口，可直接连接打印机、计算机等设备来扩展天平的使用，使称量分析更加现代化。

电子天平（图 2-11）由秤盘、显示屏、操作键、防风罩和水平调节螺丝等部分组成。

电子天平称量快速、准确，操作方便。电子天平的品牌及型号很多，其操作存在差异，但基本使用规程大同小异。称量基本操作步骤如下（加重法）。

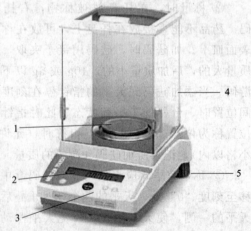

图 2-11　电子天平
1—秤盘；2—显示屏；3—操作键；
4—防风罩；5—水平调节螺丝

① 调整水平调节螺丝，使天平后部的水平仪内空气泡位于圆环中央（以使天平保持水平位置）。

② 接通电源，预热约 10min，按 on/off 键开机，天平自检，显示回零时，即可开始称量。

③ 将称量容器置于托盘上，显示容器质量，按 on/off 键调零（去皮）。

④ 往称量容器中加入样品，再次置于托盘上称量，待显示屏左下方"。"符号消失，读数稳定，所示数值即为样品净重，记录结果。

⑤ 称量结束，按 on/off 键至显示屏出现"OFF"字样，关闭天平，关好天平拉门，断开电源，盖上防尘罩，并做好使用登记。

在实际工作中，还常用减量法进行称量。减量法称量与加重法称量操作的主要区别在于上述步骤中的第3步和第4步。将加重法称量操作的第3步改为称量并记录称量瓶及样品的总质量，第4步改为称量并记录取出所需样品后的容量瓶及剩余样品的总质量（取出样品并称重通常要反复多次），前后读数的差值即为所取样品的质量。其余步骤与加重法一致。

天平控制面板上的每个按键均有多种功能，如 on/off 键除可用于开机和关机外，还有清零、去皮以及取消功能。此外，还可调节菜单方式进行操作，需要时应参阅说明书。

2.4.2 称量方法

在称量样品时，根据样品的性质不同，有直接法和差减法等不同的称量方法。

(1) 直接法 若固体样品无吸湿性，在空气中性质稳定，可用直接法，即直接将被称量物或容器放在天平左盘上进行称量。称量样品时，可用表面皿、烧杯、称量纸作称量器皿，先准确称出称量器皿的质量，然后在右边秤盘上加相当于试样质量的砝码，再在左盘的称量器皿中加入略少于称量质量的试样，再用药匙轻轻振动，逐渐往称量器皿中增加试样，使平衡点达到所需数值。这种方法要求试样性质稳定，操作者要技术熟练，尽量减少增减试样的次数，才能保证称量准确、快速。称量完毕，须将所称取的试样完全转移至实验容器中。

(2) 差减法 易吸潮或在空气中性质不稳定的样品，最好用差减法来称量。将试样放在称量瓶中，先称量试样和称量瓶的总质量（设所称的质量为 m_1），然后按需要量倒出一部分试样，再称试样和称量瓶质量（设此次所称的质量为 m_2），两次称量的质量相减 m_1-m_2 就是倒出试样的质量 m。

拿称量瓶的方法是：称量瓶不得直接用手拿，要用干净纸带套住称量瓶，手持纸带两头拿起，要防止称量瓶从纸带中滑下。称量瓶用后要放回干燥器中。

倒试样的方法是（图 2-12）：左手用纸带套住称量瓶，放在接受试样的容器上方，右手用一干净纸片包住称量瓶盖的顶部，打开瓶盖，倾斜瓶身，用瓶盖轻轻敲打瓶口上方，使试样慢慢落在容器中。注意不要让试样撒落在容器外。当试样量接近要求时，将称量瓶缓缓竖起，用瓶盖敲动瓶口，使瓶口部分的试样落回称量瓶，盖好瓶盖，再次称量。

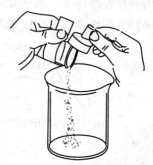

图 2-12 从称量瓶中倒出试样

2.5 化学试剂的取用

2.5.1 化学试剂的纯度等级

化学试剂是纯度较高的化学制品，通常按所含杂质含量的多少分为四种类型，即优质纯、分析纯、化学纯和实验试剂（表 2-3）。

表 2-3　化学试剂的分级

等级	一级试剂 优质纯	二级试剂 分析纯	三级试剂 化学纯	四级试剂 实验试剂
符号	G.R.	A.R.	C.P.	L.R.
标签颜色	绿色	红色	蓝色	黄色
应用范围	精密分析及科学研究	一般化学分析及科学研究	一般定性分析及化学制备	化学制备

在化学实验过程中，应根据具体要求合理选择不同纯度的试剂，级别不同的试剂价格相差很大，在要求不高的实验中使用纯度较高的试剂会造成很大的浪费。

一般为了取用方便，固体试剂应装在广口瓶中，液体试剂放在细口瓶或者滴瓶中，见光易分解的试剂应装在棕色瓶中，盛碱液的试剂瓶不能用玻璃塞而要用橡皮塞。每一个试剂瓶上都要贴上标签，标明试剂的名称、浓度、纯度及配制时间，在使用时应仔细观察。

化学试剂的取用应注意不弄脏试剂，不用手接触试剂，已取出的试剂不得倒回原试剂瓶。固体用干净的药匙或镊子取用，试剂瓶盖不能张冠李戴，胡乱取放。实验中应力求节约，试剂用量应按规定量取，如未注明用量时，应尽可能少取，取多时将多余试剂分给同学们使用。

2.5.2　固体试剂的取用

（1）固体试剂要使用干净的药匙取用，药匙的两端分别有大小两个匙，取较多试剂时用大匙，取较少试剂时用小匙。如果是将固体试剂放进试管时，可将药匙伸入试管 2/3 处，直立试管将试剂放入，或者取出试剂放置于一张对折的纸条上，再伸入试管中，块状固体则应沿管壁慢慢滑下（图 2-13）。取出试剂后，先将瓶塞盖严并将试剂瓶放回原处，用过的药匙必须立即洗净擦干，以备取用其它试剂。

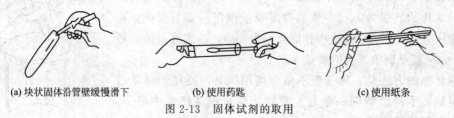

(a) 块状固体沿管壁缓慢滑下　　　(b) 使用药匙　　　(c) 使用纸条

图 2-13　固体试剂的取用

（2）要求取用一定质量的固体样品时，可将固体放置于洁净的称量纸或表面皿上再进行称量，具有腐蚀性或易吸潮的样品，应放置在玻璃容器内进行称量。

2.5.3　液体试剂的取用

（1）用倾注法取液体试剂时，将瓶盖拧开取下倒放在桌面上，右手拿起试剂瓶，使标签朝上（若是双面标签时，无标签处向下），使瓶口靠在容器壁上，缓缓倾出所需液体，使其沿容器内壁流下（如向量筒中倾倒液体试剂），若所用的容器为烧杯，则用一根玻璃棒紧靠瓶口，使液体沿玻璃棒流入容器（玻璃棒引流）。倒出所需的液体后，将试剂瓶口在玻璃棒或容器上靠一下，再将试剂瓶竖直（这样可避免留在瓶口的试剂流到试剂瓶外壁），然后立即将瓶盖盖上，再将试剂瓶放回原处，并使试剂瓶上的标签朝外。

（2）从滴瓶中取液体试剂时，用拇指和食指提起滴管，取走试剂。并注意保持滴管垂直，避免倾斜，尤忌倒立，防止将试剂流入橡皮头而污染试剂。用滴管向容器中滴加试剂

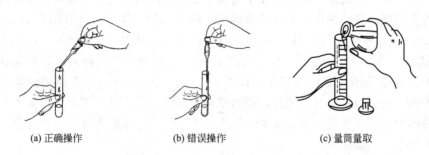

(a) 正确操作　　　　　(b) 错误操作　　　　　(c) 量筒量取

图 2-14　液体试剂的取用

时,滴管的尖端不要接触试管内壁,也不得将滴管放置在原滴瓶以外的任何地方,以免杂质污染。在大瓶的液体试剂旁边应附置专用滴管供取用少量试剂,如用自备滴管取用时,使用前必须洗涤干净(图 2-14)。

2.6　溶液的配制

在实验过程中经常要将化学试剂配制成不同浓度的溶液,不同的实验对溶液浓度的准确度要求不尽相同:一般性质的实验,反应实验(如定性检测和无机制备实验)对溶液浓度的准确度要求不高,只需配制一般溶液就行了。定量测定实验,对溶液浓度的准确度要求较高,则需配制准确浓度的溶液(标准溶液),应该根据不同实验的具体要求,选择配制合适的溶液。

2.6.1　一般溶液的配制

常见的溶液浓度包括物质的量浓度和百分含量,见表 2-4。

表 2-4　常见的溶液浓度表示方法

浓　　度	符　号	定　　义	单　　位
百分含量	$c\%$	100 份溶液中所含溶质的份数	g/100g(质量分数) g/100mL(体积质量) mL/100mL(体积分数)
物质的量浓度	c	每立方米溶液中所含溶质的摩尔数	mol/m^3,mol/L

溶液配制的方法基本上可分为两种。

① 对于一定质量的溶剂中所含溶质质量的浓度(如质量分数,质量摩尔浓度)来说,只需将定量的溶质和溶剂混合均匀即得,如配制 10% NaCl 水溶液,只要将干燥的 NaCl 10g 溶于 90g 水中混合均匀即成。

② 对于以一定体积的溶液中所含溶质的浓度(如体积分数,物质的量浓度等)来说,溶质与溶剂的混合,其溶液的体积往往会发生变化。因此,配制这一类溶液时,先将一定量的溶质和适量的溶剂混合,使溶质完全溶解,然后再添加溶剂至所需要的体积,最后混合均匀即得。例如,配制 10%(体积质量)NaCl 水溶液,将 10g 干燥的 NaCl 放在烧杯中加适量水溶解后,再精确加水至 100mL,搅拌均匀即得。由上可知,一般溶液的配制操作涉及托盘天平、量筒、比重计等仪器的使用。

(1) 量筒、量杯的使用 量筒是化学实验室中最常用的度量液体体积的玻璃仪器,它是一种厚壁的有刻度的玻璃圆筒,刻度线旁标明溶液至该线的体积,其容积有 10mL、25mL、100mL、500mL、1000mL 等数种,在实验中应根据所取液体体积的大小来选用,如要取 8.0mL 液体时,最好选用 10mL 量筒,若用 100mL 量筒时其误差较大;如果量取 80mL 液体,应选用 100mL 量筒,而不要用 50mL 或 10mL 及 500mL 量筒。在使用量筒时首先了解量筒的刻度值。在读取量筒刻度值时,用拇指和食指拿着量筒的上部,让量筒垂直,使视线与量筒内液体的弯月面最低处保持水平,然后读出量筒上的刻度值即可。注意量筒不能作反应器皿,不能装热的液体。

(2) 比重计的使用 比重计是用来测定液体密度的仪器,它是一支中空的玻璃浮柱,上部有标线,下部内装有铅粒,形成一个重锤(图 2-15)。

根据测定液体密度大小不同,将比重计分为两类:轻表专门用来测定相对密度小于 1 的液体;重表用来测定相对密度大于 1 的液体。

测定液体的密度时,将待测液体导入大量筒中,然后将选择好的比重计擦干净,轻轻放入液体中,等到比重计稳定地浮在液体中时才能放手,待比重计稳定且不与容器器壁相接触时即可读数。比重计(重表)的刻度自上而下依次增大,一般可读准到小数点

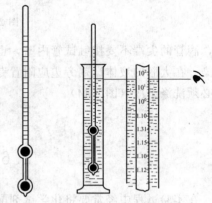

图 2-15 比重计及其读数

后三位,读数时应注意视线要与液体凹面最低处处于同一水平(图 2-15)。

有些比重计有两行刻度,一行为密度(d),另一行为波美度($°Bé$),二者的换算公式为:

重表 $d=\dfrac{145}{145-°Bé}$ $°Bé=145-\dfrac{145}{d}$

轻表 $d=\dfrac{145}{145+°Bé}$ $°Bé=\dfrac{145}{d}-145$

使用比重计时应注意:①待测液体的深度要够;②放平稳后再松手;③根据所测液体的密度不同,选取量程不同的比重计;④不要甩动比重计;⑤液体的密度与温度有关,精密测定时,必须同时测定液体的温度,再由换算表求出其准确的密度;⑥测量完毕后必须将比重计洗净、擦干后放回盒内。

2.6.2 标准溶液的配制

标准溶液要用蒸馏水(或去离子水)在容量瓶中配制,其浓度可由容器的体积与试剂量计算出来,也可以由基准试剂或基准溶液通过标定而得到。因此,为了配制标准溶液,需准确称量固体试剂和准确量取液体的体积,所以一般用分析天平称量,用容量瓶、移液管(或吸量管)等量取液体体积,用滴定管来标定所得溶液的浓度。

(1) 容量瓶 容量瓶是一种细颈梨形平底玻璃瓶,带有磨口塞子,颈上有标线圈,表明在指定温度(一般为 20℃)下,当液体充满到标线时,液体体积正好与瓶上所注明的体积相等,用于配制标准溶液或稀释溶液。

使用容量瓶前,应首先检查其是否漏水。具体做法是:先将容量瓶中加入 1/2 体积的水,盖上塞子,左手按瓶塞,右手拿瓶底,倒置容量瓶观察有无漏水现象,再转动瓶塞

180°仍不漏水即可使用，否则需更换。

若欲将固体物质准确配制成一定体积的溶液时，需先在洁净的小烧杯中将已准确称量的固体溶解，待溶液冷却至室温后，再将溶液转移到容量瓶中。转移时，要用玻璃棒引流，玻璃棒的顶端靠近容量瓶的瓶颈内壁，使溶液顺壁流下（图2-16）。溶液全部流完后，将烧杯轻轻上提，同时直立，使附着在玻璃棒和烧杯嘴之间的一滴溶液收回到烧杯中。用洗瓶洗涤烧杯壁三次，并分别将洗液全部转移到容量瓶中，再缓慢加蒸馏水至接近标线1.0cm处，稍等，使黏附在瓶颈上的水流下，再用滴管加水至标线。加水时，视线平视标线，将滴管伸入瓶颈，但稍向旁侧倾

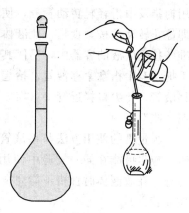

图2-16 容量瓶及其操作

斜，使水沿壁流下，直至液体凹液面最低点与标线相切为止。盖好瓶塞，左手大拇指在前，中指及无名指、小指在后，拿着瓶颈标线以上部位，食指压住瓶塞上部，用右手指尖顶住瓶底边缘，将容量瓶倒转，气泡上升至顶端，然后慢慢摇动。再倒转使气泡上升到顶，如此反复数次即可。

如稀释溶液时，则用吸量管或移液管吸取一定体积的溶液，放入瓶中，再按上述方法稀释至标线，再摇匀。

容量瓶上的塞子是配套的，应用皮筋捆在瓶颈上，以防沾污、打碎或丢失。

（2）移液管 移液管有两种。一种是中间为一球体的玻璃管，管颈上部刻有一标线环。移液管的容量是按吸入液体的弯月面下沿与标线相切后，液体自然流出的总体积确定的，有50mL、25mL、20mL、10mL、5mL、2mL、1mL等数种。还有一种刻有分度的内径均匀的玻璃管所构成的移液管，又称吸量管（图2-17），吸量管有10mL、5mL、2mL、1mL等数种，有些吸量管的分度一直刻到吸量管的下口，还有一种分度只刻到距下管口1～2cm处，使用时应注意。

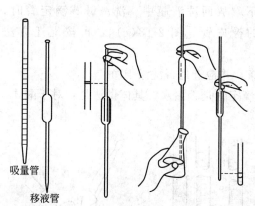

吸量管

移液管

图2-17 移液管及移液管操作

使用移液管前应依次用洗液、自来水、蒸馏水洗涤至内壁不挂水珠为止，最后用欲移取的溶液洗涤三次，具体做法是：用滤纸将移液管外壁水珠除去，将移液管尖端插入液体中，用洗耳球在移液管上端慢慢吸取液体到球部，立即用右手食指按住管口，注意勿使溶液流回，取出后将管横过来，用左右两手的拇指和食指分别拿住移液管球体上下两端，一边旋转一边降低上口，使溶液布满全管，当溶液流到距上口2～3cm处时，将其直立放出溶液并弃去。

吸取液体时，用右手拇指和中指拿住移液管上端管口2～3cm处，将管下口深入液体中（不可太浅，也不应将管口抵住容器底部），左手将洗耳球中空气赶走后，将洗耳球的小口对准移液管口并慢慢放松，使液体缓缓吸入移液管。随时注意液面情况，降低移液管高度，使移液管口始终在液面以下。当移液管中液面上升到标线以上1～2cm处时，移开洗耳球，并迅速用右手食指堵住上端管口，轻轻提起移液管，将其下端靠在容器壁上，稍松食指，同时

用拇指及中指轻轻转动管身，使液面缓慢平稳下降。直到溶液弯月面的下部与标线相切，立即停止转动并按紧食指，使液体不再流出，取出移液管并用滤纸擦去下管口外部液体后移至准备接受溶液的容器中，仍使其尖端接触容器器壁，并使接受容器倾斜而使移液管直立，右手拇指与中指拿紧移液管，抬起食指，使溶液沿器壁自由流下，待溶液全部流尽后，再转动移液管，使尖口接近管壁（靠5～15s）。注意不要将留在管尖的液体吹出（除非移液管上注明"吹"字）。

吸量管的使用方法与移液管基本相同，只是其可以取不同体积的溶液，即使用吸量管时，应尽可能在同一实验中使用同一吸量管，尽可能从最上端标线（即0.00刻度）开始。另外，在放液体时食指不能完全抬起，一直要轻轻地按住管口，以免到要求的刻度时来不及按住管口。

（3）滴定管　滴定管有两种形式：一种是下端有玻璃活塞的酸式滴定管［图2-18(a)］；另一种是由下端填有玻璃珠的橡皮管代替活塞的碱式滴定管［图2-18(b)］。

滴定管的选择与处理如下。

① 滴定管的选择　若是用来盛放酸液，具有氧化性的溶液（如高锰酸钾溶液），则选用酸式滴定管；若用来盛放碱液，则选用碱式滴定管。

② 洗涤　当滴定管无明显污染时，可直接用自来水冲洗，或用滴定管刷蘸肥皂水刷洗，不能用去污粉洗。如果用肥皂洗不干净，则可用洗液浸泡清洗。具体做法是：洗涤酸式滴定管时，应预先关闭活塞，倒入5～10mL洗液后，一手拿住滴定管上部无刻度部分，另一手拿住活塞上部无刻度部分，边转动边将管口倾斜，使洗液流经浸润全管内壁，然后将管竖起，打开活塞使洗液从下端放回洗液瓶中。洗涤碱式滴定管时，先去掉下端橡皮管，接上一小段塞有玻璃棒的橡皮管［图2-18(c)］，再按上述方法洗涤。

用肥皂或用洗液洗涤后都须用自来水充分洗涤，并检查是否洗涤干净。

③ 检查是否漏水　经自来水洗涤后，应检查滴定管是否漏水，具体做法是：对于酸式滴定管，关闭活塞装水至"0"标线，直立约2min，仔细观察是否有水珠滴下，然后转动活塞180°，再直立2min，观察有无水滴。对于碱式滴定管，装水后直立2min，观察是否漏水即可。如发现漏水或酸式滴定管活塞转动不灵活的现象，酸式滴定管应将活塞拆下重涂凡士林，碱式滴定管需要更换玻璃珠或橡皮管。活塞涂凡士林的方法是：将滴定管平放在台面上，取下活塞，用滤纸将活塞及活塞槽擦干净。用手指取少量凡士林，在活塞孔两边沿圆周涂一薄层，将活塞插入槽中，向同一方向转动活塞，直到外边观察全部透明为止。如果

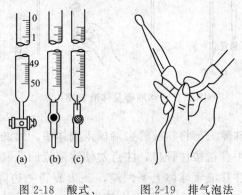

图2-18　酸式、碱式滴定管　　图2-19　排气泡法

转动不灵活或出现纹路，表明涂得过少，若有凡士林从活塞隙缝中溢出，表明涂得过多，二者均须重新涂凡士林，然后再检查活塞是否漏水。

④ 润洗　滴定管用自来水冲洗后，再用蒸馏水洗涤三次，每次约用5mL，方法同前，最后用待用溶液润洗三次，每次约5mL，方法同前。

滴定管装液与读数如下。

① 装液及调零　将相应溶液加入洗干净并润洗过的滴定管中刻度为"0"以上的地方，开启活塞或挤压玻璃球，使液体流出。若下端留有气泡或未充满的部分，用右手拿住酸式滴定管的无刻度处，将滴定管倾斜 30°，左手迅速打开活塞让溶液快速冲出，从而使溶液布满滴定管下端。若是碱式滴定管，则将橡皮管向上弯曲，用食指和拇指挤压玻璃球上端部位，将橡皮与玻璃球之间挤开一个小的空隙，使溶液从管尖喷出，直到玻璃珠下气泡全部排出，液体充满为止（图 2-19）（注意：挤压玻璃球时，手指应放在球的上部，若放在下部，松手时仍会有气泡产生）。气泡排完后，再看一看滴定管上部液面是否位于"0"处，如不在"0"处，可再添加或排出使液面在"0"处。

② 读数　读数应根据滴定管的具体情况确定，对于常量滴定管，一般应读至小数点后第二位，为了减少读数误差应注意下述几个问题：a. 将滴定管夹在滴定管架上并保持垂直，把一个小烧杯放置在滴定管下方，按操作方法以左手轻轻打开酸式滴定管的活塞，使液面下降到 0.00mL，1min 左右以后检查液面有无变化，若无改变，则记下读数（初读数）。每次滴定前都应调节液面在"0"刻度，并检查管内有无气泡，滴定后观察管内壁是否挂有液珠，有无气泡等。b. 读数时视线应与所读的液面处于同一水平面（图 2-20）。对于无色（或浅色）的溶液应读取溶液弯月面最低点所对应的刻度，而对于弯月面看不清楚的有色溶液，可读液面两侧的最高点处，初读数和终读数必须按同一方法读取。对于乳白色底板蓝线衬背的滴定管，即使无色溶液也应读取两个弯月面相交的最尖部分（山尖），深色溶液还是读取液面两侧的最高点。c. 读数时最好将滴定管从滴定管架上取下，移至与眼睛相平的位置再按上述方法读数。

滴定操作如下。

滴定前应先去掉滴定管尖端悬挂的残余液滴，读取初读数后，将滴定管尖端插入烧杯或锥形瓶瓶内约 1cm 处，管口放在烧杯的左后方，但不要靠着杯壁（或锥形瓶瓶颈壁）。使用酸式滴定管时，必须用左手拇指、食指和中指控制活塞，旋转活塞的同时应稍向里用力，以使玻璃塞始终保持与塞槽的密合，防止溶液泄漏。必须学会慢慢旋开活塞以控制溶液的流速。使用碱式滴定管时，必须用左手拇指、食指捏住橡皮管中的玻璃珠所在部位稍上一些的位置，向右方挤橡皮管，使橡皮管与玻璃珠之间形成一条缝隙，使溶液流出。通过缝隙的大小控制溶液的流出速度。在滴定的同时，右手的拇指、食指和中指拿住锥形瓶瓶颈，沿同一方向按圆周摇动锥形瓶，使溶液在锥形瓶中作圆周运动（若利用烧杯滴定，可用玻璃棒顺着一个方向充分搅拌溶液，但勿使玻璃棒碰击杯底和杯壁）。特别要注意滴定速度，开始滴定时，滴定速度可稍快一些，但应注意要成滴不成线。随着滴定反应的进行，滴落点周围出现暂时性的颜色变化，但随着锥形瓶的摇动，颜色迅速消失；接近终点时颜色消失较慢，此时应该逐滴加入，每加一滴后将溶液摇匀，观察颜色变化情况，最后每次加半滴后即摇匀，反复操作直到溶液颜色改变，即可认为到达终点（图 2-21）。

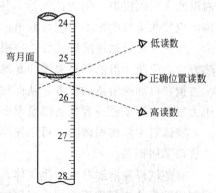

图 2-20　滴定管正确读数

实验完毕后，倒出滴定管内剩余的液体，用自来水将滴定管冲洗干净，再用蒸馏水冲洗，放置备用。

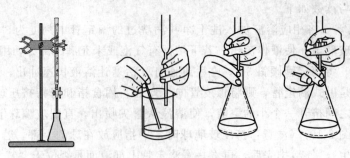

图 2-21 滴定操作

2.7 无机制备实验中常用的基本操作

2.7.1 溶解与熔融

将固体物质转化为液体，通常采用溶解与熔融两种方法。

(1) 溶解 溶解是指把固体物质溶于水、酸、碱等试剂中制备成溶液。

如果固体颗粒较大不易溶解时，应先在洁净干燥的研钵中将固体研细，研钵中盛放固体的量不要超过其容量的 1/3。溶解固体时，要根据固体物质的性质选择适当的试剂，并用加热、搅拌等方法促使溶解。用试剂溶解试样时，试剂的加入应先把烧杯适当倾斜，将量杯嘴靠近烧杯壁，让试剂沿杯壁慢慢流入，也可通过玻璃棒让试剂沿玻璃棒慢慢流入，以防止杯内溶液溅出而损失。加入试剂后，用玻璃棒搅拌使试样完全溶解。溶解过程中使用的玻璃棒，应放在烧杯中，不要随意取出，以免溶液损失。

加热一般可加速溶解过程，应根据物质对热的稳定性选用直接用火加热或水浴等间接加热方法。应防止溶液剧烈沸腾和暴沸、迸溅，并于加热后用蒸馏水冲洗表面皿和烧杯内壁。

搅拌可加速溶质的扩散，从而加快溶解速度。搅拌时注意手持搅拌棒，轻轻搅动，不能用力过猛，不要触及容器底部及器壁。

在试管中溶解固体时，可用振荡的方法加速溶解，振荡时不能上下振荡，也不能用手堵住管口来回振荡。

有些试样在溶解时会产生气体，应事先用少量蒸馏水将其润湿成糊状，盖上表面皿，将试剂用滴管从烧杯嘴逐滴加入，以防止溶解试样时产生的气体将粉状的试样带出损失，用蒸馏水冲洗表面皿和烧杯内壁。

(2) 熔融 熔融是将固体物质和固体熔剂混合，在高温下加热，使固体物质转化为可溶于水或酸的化合物。

根据所用熔剂性质可分为酸熔法和碱熔法。酸熔法是用酸性熔剂（如 $K_2S_2O_7$ 或 $KHSO_4$）分解碱性物质；碱熔法是用碱性熔剂（如 Na_2CO_3、$NaOH$、Na_2O_2）分解酸性物质。熔融一般在很高的温度下进行，因此，需根据熔剂的性质选择合适的坩埚（如铁坩埚、镍坩埚、铂金坩埚等）。将固体物质与熔剂在坩埚中混匀后，送入高温炉中灼烧熔融，冷却后用水或酸浸取溶解。

2.7.2 蒸发与浓缩

当溶液很稀而欲制备的无机物的溶解度又较大时，为了能从溶液中析出该物质的晶体，就需对溶液进行蒸发、浓缩。

在无机制备实验中，蒸发、浓缩一般在水浴中进行。若溶液很稀，物质对热的稳定性又较好时，可先放在石棉网上用煤气灯直接加热蒸发。蒸发中应用小火，以防溶液暴沸、迸溅，然后再放在水浴上加热蒸发。常用的蒸发容器是蒸发皿，进行蒸发操作时应注意以下几点。

（1）在蒸发皿内所盛放的液体不应超过其容量的 2/3，如果液体量较多，蒸发皿一次盛不下，可随水分的不断蒸发而继续添加液体。当水分不断蒸发，溶液就不断浓缩，蒸发到一定程度后冷却，就可析出晶体。

（2）加热过程中不搅拌，慢慢冷却则可得到较大颗粒的晶体，但纯度不高。这是因为大颗粒晶体的间隙中包存着母液或杂质。如果溶液迅速冷却或搅拌，则得到颗粒较小的晶体，但纯度较高。颗粒太小的晶体不易洗涤和过滤。

（3）蒸发、浓缩的程度取决于溶质溶解度的大小及对晶粒大小的要求。若物质的溶解度随温度的变化很大，不必蒸发到液面出现晶膜就可以冷却。

2.7.3 蒸干和灼烧

为了除去有机物和铵盐，需将溶液蒸干后进行灼烧。此时应将溶液放在瓷坩埚中加热蒸干，然后再在泥三角上从小火至大火逐步升温灼烧。重量分析中沉淀的干燥与灼烧操作方法见下节。

2.7.4 结晶与重结晶

溶质从溶液中析出晶体的过程称为结晶。

结晶时要求物质溶液的浓度达到饱和程度。物质在溶液中的饱和程度与物质的溶解度和温度有关。当物质的溶解度随温度变化不大时，则要求蒸发至稀粥状后冷却结晶。

如果希望得到较大颗粒状的晶体，则不宜蒸发至太浓。此时溶液的饱和程度较低，结晶的晶核少，晶体易长大。反之，溶液饱和程度较高，结晶的晶核多，晶体快速形成，得到的是细小的晶体。

如果第一次结晶所得物质的纯度不符合要求时，可进行重结晶。其方法是在加热的情况下使被纯化的物质溶于尽可能少的溶剂中，形成饱和溶液，趁热过滤，除去不溶性杂质。然后使滤液冷却，被纯化物质即结晶析出，而杂质则留在母液中，过滤便得到较纯净的物质。重结晶是提纯固体物质常用的重要方法之一，它适用于溶解度随温度有显著变化的化合物的提纯。

2.8 试纸和滤纸的使用方法

2.8.1 试纸的种类及使用

（1）试纸的种类及使用　在实验室经常使用试纸来定性检验一些溶液的性质（酸碱性）或某些物质（气体）是否存在，操作简单，使用方便。

试纸的种类很多，实验室中常用的有石蕊试纸、pH 试纸、醋酸铅试纸和碘化钾-淀粉试纸等。

① 石蕊试纸　用于检验溶液的酸碱性，有红色石蕊试纸和蓝色石蕊试纸两种。红色石蕊试纸用于检验碱（遇碱变成蓝色），蓝色石蕊试纸用于检验酸（遇酸变成红色）。

② pH 试纸　用以检验溶液的 pH 值，一般有两类：一类是广泛 pH 试纸，变色范围为

pH=1~14，用来粗略检验溶液的 pH 值；另一类是精密 pH 试纸，这种试纸在 pH 值变化较小时就有颜色的变化，它可用来较精密地检验溶液的 pH 值，它有很多种，如变色范围为 pH=2.7~4.7、3.8~5.4、5.4~7.0、6.9~8.4、8.2~10.0、9.5~13.0 等。

③ **醋酸铅试纸** 用以定性地检验反应中是否有 H_2S 气体产生（即溶液中是否有 S^{2-} 离子存在）。试纸曾在醋酸铅溶液中浸泡过，使用时要先用蒸馏水润湿试纸。将待测溶液酸化，如有 S^{2-} 离子，则生成 H_2S 气体逸出，遇到试纸，即溶于试纸上的水中，然后与试纸上的醋酸铅反应，生成黑色的 PbS 沉淀，使试纸呈黑褐色并有金属光泽。有时试纸颜色较浅，但一定有金属光泽。

$$Pb(Ac)_2 + H_2S = PbS\downarrow + 2HAc$$

若溶液中 S^{2-} 的浓度较小，用此试纸就不易检出。这种试纸在实验室中可以自制，用滤纸条滴上数滴醋酸铅溶液，晾干后即成。

④ **碘化钾-淀粉试纸** 用以定性地检验氧化性气体（如 Cl_2、Br_2 等），试纸曾在碘化钾-淀粉溶液中浸泡过。使用时要先用蒸馏水将试纸润湿，氧化性气体溶于试纸上的水后，将 I^- 氧化为 I_2，其反应为：

$$2I^- + Cl_2 = I_2 + 2Cl^-$$

I_2 立即与试纸上的淀粉作用，使试纸变为蓝紫色。

要注意的是，如果氧化性气体的氧化性很强且气体又很浓，则有可能将 I_2 继续氧化成 IO_3^-，而使试纸又褪色，这时不要误认为试纸没有变色，以致得出错误的结论。

(2) **试纸的使用方法** 使用 pH 试纸和石蕊试纸时，将一小块试纸放在干燥清洁的点滴板或表面皿上，用蘸有待测溶液的玻璃棒点试纸的中部，试纸即被待测溶液润湿而变色。不要将待测溶液滴在试纸上，更不要将试纸泡在溶液中。pH 试纸变色后，要与标准色阶板比较，方能得出 pH 值或 pH 值范围。

使用醋酸铅试纸和碘化钾-淀粉试纸时，将用蒸馏水润湿的一小块试纸粘在玻璃棒的一端，然后用此玻璃棒将试纸放到管口，如有待测气体逸出则试纸变色。有时逸出气体较少，可将试纸伸进试管，但要注意，勿使试纸接触溶液。取出试纸后，应将装试纸的容器盖严，以免被实验室内的一些气体污染，致使试纸变质失效。

2.8.2 滤纸的选用

实验中常用的滤纸分为定量滤纸和定性滤纸两种，按过滤速度和分离性能的不同又可分为快速、中速和慢速三类，见表 2-5。

滤纸的特点是灰分很低，以直径 125mm 定量滤纸为例，每张纸的质量均匀，灼烧后其灰分的质量不超过 0.1mg（小于分析天平的感量），在重量分析实验中，可以忽略不计，所以通常又称无灰滤纸。定量滤纸中其它杂质的含量也比定性滤纸低，其价格则比定性滤纸高。在实验工作中应根据实际需要，合理地选用滤纸。

表 2-5 几种滤纸及其适用情况

滤纸类型	纤维组织	色带标志	适 用 范 围
快速	疏松	蓝	过滤无定形沉淀，如 $Fe(OH)_3$、$Al(OH)_3$ 等
中速	中等多孔性	白	大多数晶形沉淀，如 CaC_2O_4、H_2SiO_3 等
慢速	最紧密	红	过滤微细晶形沉淀，如 $BaSO_4$ 等

2.9 重量分析基本操作

2.9.1 沉淀的生成

应根据沉淀性质采取不同的操作方法。

(1) 定性分析中沉淀的生成　定性分析常在离心管中进行沉淀。将试液放入离心试管中，滴加试剂，每加一滴试剂要用玻璃棒充分搅拌，直到沉淀完全。检验沉淀完全的方法是将沉淀离心沉降，在上层清液中沿管壁再加一滴沉淀剂，如不发生浑浊，则表示沉淀已经完全，否则应继续滴加沉淀剂，直到沉淀完全。

(2) 定量分析中沉淀的生成　准备好干净的烧杯，配上合适的玻璃棒与表面皿，按下列规程进行沉淀操作。

首先准确称取一定量的试样，处理成为溶液后适当地稀释或加热。沉淀剂的用量可按照被测组分的含量和性质，计算出理论值，然后根据过量 10%～50% 计算出实际用量。用量筒量取沉淀剂，倒入一小烧杯中，必要时稀释或加热，但被测溶液或沉淀剂都不可以煮沸，否则会因溅溢而造成损失。

沉淀时，左手拿滴管慢慢地滴加沉淀剂，滴管口要接近液面，勿使溶液溅出。右手拿玻璃棒，边滴边充分地搅拌，不使沉淀剂局部过浓，但勿使玻璃棒碰击杯壁或杯底，以免划伤烧杯而使沉淀黏附在烧杯上。沉淀剂溶液应连续一次加完。

沉淀剂加完后，必须检查其沉淀是否完全。为此，将溶液放置片刻，使沉淀下沉，待溶液完全清晰透明时，用滴管滴加一滴沉淀剂，观察滴落处是否出现浑浊。如出现浑浊，再补加沉淀剂，直到再加一滴不出现浑浊为止。然后盖上表面皿。玻璃棒要一直放在烧杯内，直至沉淀、过滤、洗涤结束后才能取出。

沉淀操作结束后，对晶形沉淀可放置过夜，或将沉淀连同溶液加热一定时间，进行陈化，再过滤。对非晶形沉淀，只需静置数分钟，让沉淀下沉即可过滤，不必放置陈化。如果是胶状沉淀，最好用浓的沉淀剂，快速加入热的试液中，同时搅拌，这样就容易得到紧密的沉淀。

定量分析中有时采用均相沉淀法，具体方法可见有关实验内容。

2.9.2 沉淀与溶液的分离和洗涤

固液分离一般有三种方法：倾泻法、离心分离法和过滤法。

(1) 倾泻法　物质制备或重结晶等过程中，若沉淀（晶体）的相对密度较大或结晶颗粒较大，静置后容易沉降至容器的底部，可用倾泻法进行沉淀的分离或洗涤。

倾泻法的操作是：先把烧杯倾斜地静置，待沉淀沉降至烧杯底角时，将玻璃棒横搁在烧杯嘴上，将沉淀上部的清液沿玻璃棒缓慢地倾入另一只烧杯中（图 2-22），使沉淀与溶液分离。洗涤时，可在沉淀上加少量洗涤剂，充分搅拌后静置，沉降，再用倾泻法倾出洗液。如此重复操作可将沉淀洗净。

倾泻法进行沉淀分离，操作简单、方便，但沉淀的效果较差，只适用于定性实验。

(2) 离心分离法　定性分析时试管中少量溶液和沉淀的

图 2-22　倾泻法分离与洗涤

分离常用离心分离法，操作简单而迅速，使用的离心机一般为电动离心机。将盛有沉淀的离心试管放入离心机的试管套内，在与之相对称的另一试管套内也要装入一支盛水的相等质量的试管，以使离心机的两臂保持平衡，否则易损坏离心机的轴。打开离心机开关，逐渐加速。数分钟之后，关闭开关，让离心机自然停止。

由于离心作用，沉淀紧密聚集在离心管底部的尖端，溶液则变清。离心沉降后，取一支毛细吸管（或滴管），先用手指捏紧橡皮头，排除空气，将毛细吸管的尖端轻轻插入液面以下，但不可接触沉淀（注意尖端与沉淀表面的距离不应小于1mm），然后缓缓放松橡皮头，尽量吸出上层清液。操作中注意不要将沉淀吸入管中，或搅起沉淀。

洗涤离心试管中存留的沉淀，可用洗瓶吹入少量蒸馏水，用玻璃棒充分搅拌。离心分离使沉淀沉降，再按上述方法将上层清液尽可能地吸尽。如此重复洗涤沉淀2～3次，即可洗去沉淀里的溶液和吸附的杂质。必要时可检验是否洗净，方法是将一滴洗液放在点滴板上，加入适当试剂，检查应分离出去的离子是否还存在，决定是否还要进一步洗涤沉淀。

(3) 过滤法　过滤法是最常用的固液分离方法。常用的过滤方法有常压过滤和减压过滤两种。

① 常压过滤　常压过滤又称普通过滤，是指在常温常压下，在圆锥形玻璃漏斗上放上滤纸，将含有沉淀的混合物放入其中，滤液可透过滤纸流出，沉淀留在滤纸上，以此达到沉淀分离目的。

a. 滤纸的选择　根据沉淀的性质选择滤纸的类型，如 $BaSO_4$、$CaC_2O_4 \cdot 2H_2O$ 等细晶形沉淀，应选择慢速滤纸过滤；$Fe_2O_3 \cdot nH_2O$ 等胶体沉淀，则选用快速滤纸过滤；而 $MgNH_4PO_4$ 等粗晶形沉淀，则选用中速滤纸过滤。至于滤纸的大小，则应根据沉淀量的多少来选择，一般沉淀的体积不应超过滤纸容积的一半。晶形沉淀，常用直径为7～9cm的滤纸；非晶形沉淀，则选直径11cm的滤纸。除了要考虑沉淀的量外，还应考虑漏斗的大小，一般滤纸应比漏斗边缘低1cm左右。

b. 漏斗　漏斗锥体角度应为60°，颈的直径不能太大，一般应为3～5mm，颈长为15～20cm，颈口处磨成45°角，如图2-23所示。

c. 滤纸的折叠　滤纸一般按四折法折叠，折叠时，应先把手洗净，擦干，以免弄脏滤纸。折叠好的滤纸展开成60°角的圆锥体（半边为一层，另半边为三层），放入漏斗中后（图2-24）应使滤纸和漏斗贴紧，如不密合则会影响过滤速度。在折叠滤纸时应注意，有的漏斗的锥角略大于60°，折叠时要稍微放宽一些，以使折叠好的滤纸的锥角也略大于60°，否则不能贴紧。

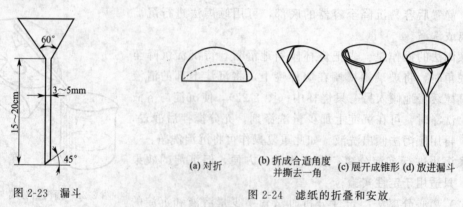

图 2-23　漏斗　　　　　　　　　　　图 2-24　滤纸的折叠和安放

将正确折叠好的滤纸放入漏斗中（图 2-24），放入时三层的一边应在漏斗出口短的一边，用手按紧三层的一边，然后用洗瓶加少量水润湿滤纸，轻压滤纸赶去气泡，加水至滤纸边缘，此时漏斗颈内应全部充满水，形成水柱。由于液体的重力可起抽滤作用，从而加快过滤速度。若不能形成水柱，可用手指堵住漏斗口，稍掀起滤纸的一边，用洗瓶向滤纸和漏斗的空隙处加水，使漏斗充满水，压紧滤纸边，松开手指，此时应形成水柱。

图 2-25　倾泻法过滤　　　　图 2-26　转移沉淀的操作　　　　图 2-27　漏斗中沉淀的洗涤

d. 过滤　在过滤前，应将承接滤液的烧杯洗净，漏斗放在漏斗架上。漏斗颈口长的一边紧贴烧杯，使滤液沿杯壁流下，不致溅出。漏斗位置的高低应以过滤过程中漏斗颈的出口不接触滤液为准。

为了避免沉淀堵塞滤纸的空隙，影响过滤的速度，多采用倾泻法过滤（图 2-25），即烧杯中沉淀下降后，将清液倾入漏斗中，而不是一开始过滤就将沉淀和溶液搅浑后过滤。溶液应沿着玻璃棒流入漏斗中，尽量不搅起沉淀，而玻璃棒的下端应对着滤纸三层厚的一边，以免液流冲破滤纸，并尽可能接近滤纸，但不能接触滤纸。倾入的溶液一般只充满滤纸的 2/3，或离滤纸上缘约 5mm，以免少量沉淀因毛细作用超过滤纸上缘，造成损失。暂停倾注时，应沿玻璃棒将烧杯嘴向上提起 1~2cm，并使烧杯逐渐直立，绝对不能使烧杯嘴上的溶液流到烧杯外壁造成损失。玻璃棒应放回烧杯中，不可放在桌上或其它任何地方，也不能靠在烧杯嘴处，以免沾有沉淀而造成损失。倾注溶液最好一次完成，如果中断，须待烧杯中沉淀沉降后继续倾注。

倾注完成后，便做初步洗涤。洗涤时，常采用洗瓶，每次挤出洗液约 10mL 洗烧杯四周，使黏附着的沉淀集中在烧杯底，放置澄清后，再倾泻过滤。如此重复过滤，一般晶形沉淀洗涤 3~4 次，无定形沉淀洗涤 5~6 次。然后加少量洗液，搅动混合，立即将沉淀和洗液倾入漏斗上，加少量洗液搅拌混合后再按上述方法转移。这时操作须十分小心，因为每一滴悬浮液的损失都会使整个分析工作失败。如此重复几次，将大部分沉淀转移到滤纸上。如仍有沉淀未全部转移到滤纸上，则可按图 2-26 所示方法把沉淀完全转移到滤纸上。将烧杯倾斜放在漏斗上方，烧杯嘴朝着漏斗。用食指将玻璃棒架在烧杯嘴上，玻璃棒下端对着三层厚滤纸处，用洗瓶冲洗烧杯内壁，沉淀连同溶液流入漏斗中，注意不要让溶液溅出。如烧杯中仍有少量沉淀，可用前面撕下的滤纸角擦烧杯及玻璃棒，将擦过的滤纸角也放在漏斗里的沉淀中。

e. 洗涤　沉淀全部转移到滤纸上后，需洗涤沉淀。洗涤的目的在于将沉淀表面所吸附的杂质和残留的母液除去，其方法如图 2-27 所示。从洗瓶中挤出细流，从滤纸边缘朝下处开始往下螺旋形移动,这样可使沉淀集中到滤纸的底部。重复这一步骤至沉淀洗净为止。

洗涤沉淀时,要遵循"少量多次"原则。这样既可将沉淀洗净,又尽可能降低了沉淀的溶解损失。另外需注意的是,过滤和洗涤必须相继进行,不能间断,否则沉淀干涸了就无法洗涤。

洗涤到什么程度才算洗净,这可根据具体情况进行检查。例如,若试液中含有 Cl^- 或 Fe^{3+} 时,则检查洗涤液中不含 Cl^- 或 Fe^{3+} 时,即可认为沉淀已洗净了。为此可用一干净小试管接 1~2mL 溶液,酸化后,用 $AgNO_3$ 或 KSCN 溶液分别检查,若无 AgCl 白色浑浊或 $Fe(SCN)_5^{2-}$ 淡红色配合物出现,说明沉淀已洗净;否则还需要洗涤,直至滤液中检查不出 Cl^- 或 Fe^{3+} 为止。如无明确的规定,通常洗涤 8~10 次就认为已洗净,对于无定形沉淀,洗涤的次数可稍多几次。

选用什么洗涤剂洗涤沉淀,应根据沉淀的性质而定。晶形沉淀可用冷的稀沉淀剂洗涤,因为这时存在同离子效应,故能减少沉淀溶解的量,但是如沉淀剂为不挥发的物质,就不能作洗液;若沉淀溶解度很小,又不易生成胶体沉淀,可改用水洗涤;溶解度较大的沉淀,或易水解的沉淀采用沉淀剂加有机溶剂洗涤沉淀,可降低其溶解度。无定形沉淀用热的电解质溶液作洗涤剂,以防产生胶溶现象,大多采用易挥发的铵盐作洗涤液。

当沉淀物为胶体或细小的晶体时,用常压过滤法较好,但缺点是过滤速度较慢。

② 减压过滤 减压过滤也称吸滤法过滤或抽气过滤。用此法过滤速度快,还可以把沉淀抽得比较干燥。但不宜用于过滤颗粒太小的沉淀和胶体沉淀。因胶体沉淀易穿透滤纸,而颗粒太小的沉淀则易堵塞滤纸孔,使抽滤速度减慢。

减压过滤装置如图 2-28 所示,由吸滤瓶 1、布氏漏斗或玻璃砂芯漏斗 2、安全瓶 3 和水吸滤泵(也可用真空泵代替)4 组成。

a. 吸滤瓶的支管用橡皮管和安全瓶的短管相连接,而安全瓶的长管则和水吸滤泵相连接。如不要滤液,也可不用安全瓶。

b. 布氏漏斗是瓷质的,中间为具有许多小孔的瓷板,以便溶液通过滤纸从小孔流出。布氏漏斗必须装在橡皮塞上。橡皮塞的大小应和吸滤瓶的口径相配合,橡皮塞塞进吸滤瓶的部分一般不超过整个橡皮塞高度的 1/2,如果橡皮塞太小而几乎能全部塞进吸滤瓶,则在吸滤时整个橡皮塞将被吸滤瓶吸住而不易取出。

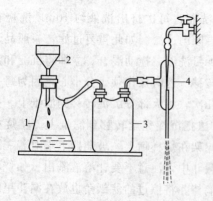

图 2-28 减压过滤装置
1—吸滤瓶;2—布氏漏斗或玻璃砂芯漏斗;
3—安全瓶;4—水吸滤泵

图 2-29 微孔玻璃漏斗或
微孔玻璃坩埚

吸滤操作，必须按照下列步骤进行。

a. 做好吸滤前的准备工作，检查装置，使安全瓶的长管接水吸滤泵，短管接吸滤瓶；布氏漏斗下端的斜面应与吸滤瓶的支管相对，以便于吸滤。

b. 贴好滤纸，滤纸的大小应剪得比布氏漏斗的内径略小，以能恰好盖住瓷板上的所有小孔为好。先由洗瓶吹出少量蒸馏水润湿滤纸，再开启水吸滤泵，使滤纸紧贴在漏斗的瓷板上，然后才能进行吸滤操作。

c. 吸滤时，应采用倾泻法，先将澄清的溶液沿玻璃棒倒入漏斗中，每次倒入量不要超过漏斗高度的 2/3。滤完后再将沉淀移入滤纸的中间部分。

d. 过滤时，吸滤瓶内的滤液面不能达到支管的水平位置，否则滤液将被水吸滤泵抽出。因此，当液面快上升至吸滤瓶的支管处时，应拔去吸滤瓶上的橡皮管，取下漏斗，从吸滤瓶的上口倒出滤液后，再继续吸滤。但须注意，从吸滤瓶的上口倒出滤液时，吸滤瓶的支管必须向上，否则将污染实验需要的滤液。

e. 在吸滤过程中，不得突然关闭水吸滤泵。如欲取出滤液，或需要停止吸滤，应先将吸滤瓶支管的橡皮管拆下，然后再关上水吸滤泵，否则水将倒灌，进入安全瓶。

f. 在布氏漏斗内洗涤沉淀时，应停止吸滤，让少量洗涤剂缓慢通过沉淀，然后再进行吸滤。

g. 为了尽量抽干漏斗上的沉淀，最后可用一个平顶的试剂瓶塞挤压沉淀。

h. 吸滤完后，应先将吸滤瓶支管的橡皮管拆开，关闭水吸滤泵，再取下漏斗。将漏斗的颈口朝上，轻轻敲打漏斗边缘，或用洗耳球在漏斗颈口用力一吹，即可使沉淀脱离漏斗，落入预先准备好的滤纸上或容器中。

玻璃砂芯漏斗（又称微孔玻璃漏斗）或微孔玻璃坩埚（图 2-29），一般与抽滤瓶配套使用，孔的大小将它们分为六级。1 号的孔径最大，6 号的孔径最小。在定量分析中，对细晶形沉淀，一般用 4~5 号（相当于慢速滤纸）；对非晶形或粗晶形沉淀，一般用 3 号（相当于中速滤纸）。使用前，先将微孔玻璃漏斗或微孔玻璃坩埚用 HCl 或稀 HNO_3 处理，再用水洗净，并在相当于烘干沉淀的温度下烘至恒重，以备使用。过滤时，将微孔漏斗安置在具有孔塞的抽滤瓶上，微孔玻璃坩埚则要放在上有橡皮垫圈的抽滤瓶上。

采用微孔玻璃坩埚过滤与洗涤的方法和用滤纸过滤相同。只是应注意以下几点。

a. 开始过滤前，先倒溶液于玻璃坩埚中，然后再打开水泵，每次倒入溶液不要等吸干，以免沉淀被吸紧，影响过滤速度。过滤结束时，先要松开吸滤瓶上的橡皮管，最后关闭水泵以免倒吸。用水吸滤泵进行减压过滤，应控制压力勿使过滤速度太快，以免降低洗涤效率。过滤完毕，先去掉抽滤瓶上的橡皮管，后关闭水吸滤泵，以免水吸滤泵中的水倒吸入抽滤瓶中。

b. 擦净搅拌棒和烧杯内壁上的沉淀时，只能用沉淀帚，不能用滤纸。

c. 微孔玻璃坩埚耐酸力强，耐碱力弱，因此不能过滤碱性较强的溶液。

2.9.3 沉淀的干燥和灼烧

（1）干燥器的使用　干燥器是一种带有磨口盖子的厚质玻璃器皿，常用以保持某些物质干燥。干燥器的内壁及瓷板要擦干净，它的磨口边缘上涂有一层薄的凡士林，使之能与盖子密合。干燥器的底部盛有干燥剂，其上搁置干净的带孔瓷板，干燥剂放入底部的量要合适，不宜装得太多，以免沾污坩埚或称量瓶。

干燥剂一般为无水氯化钙、浓硫酸、高氯酸镁、硅胶等。由于干燥剂吸收水分的能力是有一定限度的，因此，干燥器中的空气并不是绝对干燥，只是湿度较低而已。

赤热物件不能放入干燥器内。热的物件放入干燥器冷却时，为了防止空气受热膨胀把盖子顶起，应该用手握住盖顶，前后推动打开2~3次，让热空气逸出。

灼烧或干燥后的坩埚和沉淀从加热源取出后，都应稍冷却后再放入干燥器中，且将干燥器盖留一缝隙，稍等几分钟后再盖严。由于各种干燥剂都具有一定蒸气压，干燥器中的空气不是绝对干燥。灼烧后的坩埚和沉淀也不宜在干燥器中放置过久，放置过久可能吸收少量水分，使重量略有增加，通常放置30~45min后，即可称重。

开启干燥器时，用一手按住干燥器，一手将盖子向边缘推开，而不能用力拔开或揭开。另外，挪动干燥器时，不能只端下部，而应用手指按住盖子挪动，以防盖子滑落（图2-30）。

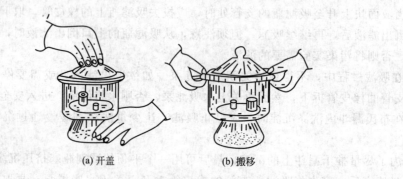

(a) 开盖　　　　　(b) 搬移

图2-30　干燥器的使用

(2) 坩埚的准备　灼烧沉淀常用瓷坩埚，使用前应洗净晾干或烘干，然后用蓝墨水或$K_4[Fe(CN)_6]$在坩埚和盖子上编号。干后，将坩埚放入马弗炉中，在灼烧沉淀的温度下灼烧。第一次灼烧约0.5h，取出稍冷却后，转入干燥器中冷却至室温，称重。第二次再灼烧15~20min，稍冷却后，再转入干燥器中，冷却至室温，再称重。冷却应在天平室中进行，与天平温度相同时再进行称量，每次冷却的时间必须相同。若前后两次称重之差小于0.2mg，即认为达到恒重。

瓷坩埚放在煤气灯上灼烧时，应斜放在架有铁环的泥三角上，坩埚底放在泥三角的边上，坩埚口则对准泥三角的顶角（图2-31）。逐渐升温灼烧，灼烧时，瓷坩埚放置氧化焰中进行灼烧，一定要带坩埚盖，但不能盖严，需留一条小缝。灼烧时不时转动坩埚，使之均匀受热，灼烧时间和操作与用马弗炉灼烧相同。

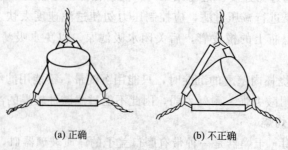

(a) 正确　　　　　(b) 不正确

图2-31　瓷坩埚在泥三角上的放置法

(3) 沉淀的干燥和灼烧　瓷坩埚准备好后，即可将过滤洗净后的沉淀放置其中干燥和灼烧。自漏斗中取出沉淀和滤纸时，应按一定操作方法进行。对于晶形沉淀，可用尖头玻璃棒从漏斗中取出滤纸和沉淀。如漏斗仍沾有小沉淀，用滤纸碎片擦干净，与沉淀包卷在一起。

过滤后的滤纸的折叠步骤如下（图 2-32）：①滤纸对折成半圆形；②自右端约 1/3 半径处向左折起；③由上向下折，再自右向左折；④折成滤纸包，放在已恒重的瓷坩埚中，注意使卷层数较多的一面向上。如沉淀为胶体，因沉淀体积较大，用上述方法不合适，此时应采用扁头玻璃棒将滤纸边挑起，向中间折叠，将沉淀全部盖住（图 2-33），再用玻璃棒将滤纸转移到已恒重的瓷坩埚中。滤纸的三层厚处应朝上，有沉淀的部分向下，以便滤纸炭化和灰化。

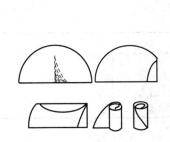  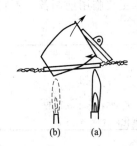

图 2-32　晶形沉淀的包法　　图 2-33　胶状沉淀的包法　　图 2-34　沉淀的烘干与滤纸的炭化

烘干沉淀如图 2-34(a) 所示，将瓷坩埚斜放在泥三角上，把坩埚盖斜倚在坩埚口的中部，然后开始用小火加热，火焰对准坩埚盖的中心。热空气由于对流而通过坩埚内部，使水蒸气从坩埚上部逸出。慢慢干燥沉淀和滤纸，在干燥过程中，温度不能太高，干燥不能急，否则瓷坩埚与水滴接触易炸裂。

沉淀干燥后，将煤气灯移至坩埚底部，仍以小火继续加热，使滤纸炭化，如图 2-34(b) 所示。防止滤纸着火燃烧，以免沉淀微粒飞失。如果滤纸着火，应立即移去灯火，盖好坩埚盖，让火焰自动熄灭，切勿用嘴吹熄。滤纸完全炭化后，逐渐升高温度，并不断转动坩埚，使滤纸灰化。将碳素燃烧成二氧化碳而除去的过程称为灰化。灰化后，将坩埚直立，盖好盖子，继续以氧化焰灼烧沉淀 10～20min，取下坩埚稍冷却，转入干燥器中冷却至室温，约 30～45min，称重，再灼烧、冷却、称重，直至恒重。

在马弗炉中灼烧沉淀时，一般先在电炉上将沉淀和滤纸烤干使滤纸炭化，然后用特制的长坩埚钳置于坩埚炉内，盖上坩埚盖，在实验指定的温度下灼烧 20～30min。取出坩埚时，先将坩埚移到炉门旁边冷却片刻，然后放在泥三角架上或石棉板上，稍冷却后，才能放入干燥器中，冷却至室温，称量。再灼烧 15min、冷却、称量，直到恒重。

某些沉淀只需烘干即可达到一定的组成，就不必在瓷坩埚中灼烧。有些沉淀因热稳定性差，不能在瓷坩埚中灼烧，此时可采用微孔玻璃坩埚烘干所需称重的沉淀。

微孔玻璃坩埚放入烘箱中烘干时，一般应将它放在表面皿上，然后放入烘箱中，温度在 200℃以下（根据沉淀性质确定其干燥温度）。一般第一次烘干沉淀时间要长一些，约 2h，第二次烘干时间可短一些，约 45min～1h，根据沉淀的性质具体处理。沉淀烘干后，取出坩埚，置于干燥器中冷却至室温后称重。反复烘干、称重，直至恒重为止。

2.10　纯水的制备和检验

纯水是化学实验中最常用的纯净溶剂和洗涤剂。在化学分析实验中对水的质量要求较高,应根据所做实验对水质量的要求合理地选用不同规格的纯水。我国已建立了实验室用水规格的国家标准(GB 6682—86),"标准"中规定了实验室用水的技术指标、制备方法及检验方法(表2-6)。

电导率是纯水质量的综合指标。一级和二级水的电导率必须"在线"(即将电极装入制水设备的出水管道中)测定。纯水与空气接触或储存过程中,容器材料可溶解成分的引入或吸收空气中 CO_2 等气体及其它杂质,都会引起其电导率的改变。水越纯,影响越显著,高纯水更要临用前制备,不宜存放。

表2-6 实验室用水的级别及主要指标

指标名称	一级	二级	三级
pH范围(25℃)	—	—	5.0~7.5
电导率(25℃)/μS·cm^{-1}	≤0.1	≤0.1	≤5.0
吸光度(254nm,1cm光程)	≤0.001	≤0.01	—
二氧化硅含量/mg·L^{-1}	≤0.02	≤0.05	—

2.10.1 纯水的制备

(1) **一级水的制备** 可用二级水经过石英设备蒸馏或离子交换混合床处理后,再经 0.2μm 微孔滤膜过滤来制取。一级水主要用于有严格要求的分析实验,包括对微粒有要求的实验,如高效液相色谱分析用水。

(2) **二级水的制备** 可用离子交换或多次蒸馏等方法制取。二级水主要用于无机痕量分析实验,如原子吸收光谱分析、电化学分析实验等。

(3) **三级水的制备** 可用蒸馏、去离子(离子交换及电渗析法)或反渗透等方法制取。三级水用于一般化学实验。三级水是使用最普遍的纯水,一是直接用于某些实验,二是用于制备二级水乃至一级水。

三级水的制备方法如下所述。

① **蒸馏法** 将自来水(或天然水)在蒸馏装置中加热汽化,水蒸气冷凝即得蒸馏水。该法能除去水中的不挥发性杂质及微生物等,但不能除去易溶于水的气体。通常使用的蒸馏装置用玻璃、铜和石英等材料制成,由于蒸馏装置的腐蚀,蒸馏水仍含有微量杂质。尽管如此,蒸馏水仍是化学实验中最常用的较纯净的廉价的溶剂和洗涤剂。

蒸馏法制取纯水设备成本低,操作简单,但能源消耗大。

② **离子交换法** 离子交换法是将自来水通过内装有阳离子交换树脂和阴离子交换树脂的离子交换柱,利用交换树脂中的活性基团与水中的杂质离子的交换作用,以除去水中的杂质离子,实现净化水的方法。用此法制得的纯水通常称为"去离子水",其纯度较高,但此法不能除去水中非离子型杂质,去离子水中常含有微量的有机物。

③ **电渗析法** 电渗析法是将自来水通过由阴、阳离子交换膜组成的电渗析器,在外电场的作用下,利用阴、阳离子交换膜对水中阴、阳离子的选择透过性,使杂质离子自水中分离出来,而达到净化水的目的。电渗析水比蒸馏水的纯度略低。该法不能除去非离子型杂质。

④ **反渗透法** 在高于溶液渗透压的压力下,借助于只允许水分子透过的反渗透膜的选择截留作用,将溶液中的溶质与溶剂分离,从而达到纯净水的目的。反渗透膜是由具有高度有序矩阵结构的聚合纤维素组成的,孔径约为 0.1~1nm。反渗透技术是当今最先进、最节能、最高效的分离技术,最初用于太空的生活用水回收处理,使之可再次饮用,故所制得的

水也称"太空水"。

纯水并不是绝对不含杂质，只是杂质含量极少而已。随制备方法和所用仪器的材料不同，其杂质的种类和含量也有所不同。纯水的质量可以通过水质鉴定，检查水中杂质离子含量的多少来确定。通常采用物理方法，即用电导率仪测定水的电阻率（或电导率），用电阻率衡量水的纯度。水的纯度越高，杂质离子的含量越少，水的电阻率也就越高。故测得水的电阻率的大小，就可确定水质的好坏。上述一级、二级、三级水 25℃ 时的电阻率应分别等于或大于 $10M\Omega \cdot cm$、$1M\Omega \cdot cm$、$0.2M\Omega \cdot cm$，大于 $10M\Omega \cdot cm$ 的水为超纯水。

2.10.2 纯水的检验

根据表 2-6 中纯水的主要指标，纯水测定的指标和方法如下。

(1) pH 的测定　用酸度计测定水的 pH 时，先用 pH 5.0～8.0 的标准缓冲溶液校正 pH 计，再将 100mL 水注入烧杯中，插入玻璃电极和甘汞电极（或复合电极），测定水的 pH。

(2) 电导率的测定　纯水质量的主要指标是电导率（或换算成电阻率），一般的化学分析实验都可参考这项指标选择适用的纯水。特殊情况（如生物化学、医药化学等方面）的实验用水往往需要对其它有关指标进行检验。

测定电导率应选用适于测定高纯水的（最小量程为 $0.02\mu S \cdot cm^{-1}$）电导率仪，测定一级、二级水时，电导池常数为 0.01～0.1，进行在线测定。测定三级水时，电导池常数为 0.1～1，用烧杯接取约 300mL 水样，立即测定。

(3) 吸光度的测定　将水样分别注入 1cm 和 2cm 的比色皿中，用紫外-可见分光光度计，在波长 254nm 处，以 1cm 比色皿中纯水为参比，测定 2cm 比色皿中待测水的吸光度。

(4) SiO_2 的测定　SiO_2 的测定方法比较烦琐，一级、二级水中的 SiO_2 可按 GB/T 6682—92 方法中的规定测定。通常使用的三级水可测定水中的硅酸盐。方法如下：取 30mL 水注入一小烧杯中，加入 5mL $0.1mol \cdot L^{-1}$ HNO_3 溶液、5mL 5% $(NH_4)_2MoO_4$ 溶液，室温下放置 5min 后，加入 5mL 10% Na_2SO_3 溶液，观察是否出现蓝色。如呈现蓝色，则不合格。

(5) 氧化物的限度实验　将 100mL 需要进行氧化物限度实验的水注入烧杯中，然后加入 10.0mL $1mol \cdot L^{-1}$ H_2SO_4 溶液和新配制的 1.0mL $0.002mol \cdot L^{-1}$ $KMnO_4$ 溶液，盖上表面皿，将其煮沸并保持 5min，与置于另一相同容器中不加试剂的等体积的水样做比较。此时溶液呈淡红色，且颜色应不完全褪尽。

另外，在某些情况下，还应对水中的 Cl^-、Ca^{2+}、Mg^{2+} 进行检验。

Cl^-：取 10mL 待检验的水，用 $4mol \cdot L^{-1}$ 的 HNO_3 酸化，加 2 滴 1% $AgNO_3$ 溶液，摇匀后不得有浑浊现象。

Ca^{2+}、Mg^{2+}：取 10mL 待检验的水，加 $NH_3 \cdot H_2O-NH_4Cl$ 缓冲溶液（pH≈10），调节溶液 pH 至 10 左右，加入 1 滴铬黑 T 指示剂，不得显红色。

2.10.3 纯水的合理利用

不同的化学实验，对水质的要求也不同，应根据实验要求选用适当级别的纯水。在使用时还应注意节约，因为纯水来之不易。

在本书的实验中，无机制备实验则根据实验要求与进展，决定在哪些步骤之前用自来水，哪些步骤之后用蒸馏水；在化学分析、常数测定、定性分析等实验中都用蒸馏水。如对纯水有特殊要求，将会在实验中注明。

为了使实验室使用的蒸馏水保持纯净，蒸馏水瓶要随时加塞，专用虹吸管内外都应保持干净。用洗瓶装取蒸馏水时，不要取出洗瓶的塞子和吸管，蒸馏水瓶上的虹吸管也不要插入洗瓶内。为了防止污染，在蒸馏水瓶附近不要存放浓盐酸、氨水等易挥发的试剂。

2.11 实验数据的记录

在化学实验中，经常需要将实验测得的数据进行数学计算。在数据处理过程中，要获得准确的结果，不仅要准确地测量，而且要正确地记录和计算物理量。物理量记录的数据所保留的有效数字位数，应与所用仪器的精确度相适应，任何超过或低于仪器精确度的有效位数都是不恰当的。计算过程中也应正确地保留结果的位数，避免数字尾数过长所引起的计算误差。

2.11.1 有效数字

有效数字是指能从测量仪器上直接读出的数字，只有最后一位是估计得到的（可疑值）。如用台秤称葡萄糖，得到的结果是 4.3g，前面的 "4" 是准确数字，后面的 "3" 是估计值，因为台秤只能称准到 0.1g，所以该物质量可表示为 $4.3g \pm 0.1g$，这个数据是两位有效数字，若用分析天平称量得到 5.4321g，前面的 "5.432" 是准确数字，后面的 "1" 是估计值，由于分析天平能称准到 0.0001g，所以该物质量可表示为 $5.4321g \pm 0.0001g$，这个数据是五位有效数字；又如用 10mL 量筒量液体体积为 7.5mL，有两位有效数字，而用 50mL 的滴定管量同样的液体体积则为 7.53mL，有三位有效数字，因为量筒的精度为 $\pm 0.1mL$，而滴定管的精度为 $\pm 0.01mL$。7.5mL 中的 0.5mL 及 7.53mL 中的 0.03mL 都是用肉眼估计的。

有效数字与仪器的精确程度有关，其最后一位数字是估计的（可疑数），其它的数字都是准确的。所以，在记录测量数据时，任何超过或低于仪器精确程度的有效位数的数字都是不恰当的，如果在上面的例子中，用台秤称得 4.3g 葡萄糖，不可记为 4.3000g；用分析天平称量得某物质量恰为 4.3000g，也不可记为 4.3g，因为前者夸大了仪器的精确度；后者缩小了仪器的精确度。

数字 1~9 都可作为有效数字，而 "0" 有些特殊。如果在小数点前，除 0 以外无其它数字；则小数点后其它数字之前的，都不是有效数字，如 0.0016，"0" 只起定位作用，这个数据只有两位有效数字；如果 0 在数字中间或数字末端都是有效数字，如 0.2050，这个数有四位有效数字。

2.11.2 数字修约规则

修约是指当数据与数据之间发生运算关系时，常需将某些数据按一定的规则确定有效数字的位数后，弃去多余的尾数。数字修约规则如下。

(1) 四舍六入五留双　即测量数值中被修约的那个数：①若≤4 时，该数须舍去；②若≥6 时，则进位；③若＝5 时，条件一，5 后无数或 5 后为 0 时，若 5 前面是偶数，则舍去；若 5 前面是奇数，则进 1。条件二，5 后面还有不为 0 的任何数时，无论 5 前面是偶数还是奇数，则一律进 1。

例如：将下列测量值修约为四位数。

    2.14245   2.142
    3.21461   3.215
    4.72450   4.724
    7.7675   7.768
    3.98652   3.987

（2）一次修约 对原测量值要一次修约到所需位数，不能分次修约。

例如：将 4.3149 修约成三位数，不能先修约成 4.315 再修约成 4.32，只能一次修约为 4.31。

（3）多算一位 由于 9 与 10 的绝对误差接近，当 9 处于数据的首位时，可把 9 视为两位有效数字。有时也将 8 视为两位有效数字处理。所以，对原测量值中的数据要是 ≥8，修约时，有效数字的位数要多算一位（依据：8 以上的数据的绝对误差与 10 接近）。

例如：原测量值 理论位数 实际位数（多算一位）
    8.3   2   3
    9.8   2   3

（4）对数运算 化学计算中还会遇到 pH、pK_a、lgK 等对数运算，真数有效数字的位数与对数的尾数的位数相同，而与首数无关，首数是供定位用的，不是有效数字。所以说对数中的整数不能看成有效数字，所得运算结果的有效数字位数，应与小数部分有效数字的位数相同。

例如：pH=2.73，则 $[H^+]=1.9\times10^{-3}$ mol·L^{-1}，有两位有效数字（73）。

lg15.36=1.1864 是四位有效数字，不能写成 lg15.36=1.186 或 lg15.36=1.18639。

（5）无限多位 非测量所得值。

例如：$6H_2O$ $1/2KMnO_4$

（6）表示准确度或精密度时，在多数情况下，只取一位有效数字即可，最多取两位数。

例如：在滴定管读取数据时，必须记录到小数点后两位，如溶液体积为 22mL 时，要写成 22.00mL。修约也是如此。

2.11.3 有效数字的运算

（1）加减法 所得运算结果的有效数字位数，应与各数值中小数点后位数最少的相同（绝对误差最大为依据）。

例如：0.0120+25.64+1.05792
   =0.01+25.64+1.06
   =26.71

25.64 中的"4"是可疑数字，有 0.01 的误差。所以，三个数相加后，它们的和只能保留到小数点后第二位。因此，运算时以 25.64 为准，可以先将其余两个数修约成两位小数，然后再相加求和。

例如：3.4658+6.3+0.047=9.8128

初结果写为 9.8，余下的数字应按"四舍六入五成双"的规则修约，如 9.846 修约成三位有效数字是 9.85，修约成两位有效数字是 9.8，最后确定值是 10（相加求和后修约也可）。

（2）乘除法　所得运算结果的有效数字位数，应与各数值中有效数字位数最少的相同（相对误差最大为依据）。

例如：$0.13 \times 0.112 \times 2.4532$
$= 0.035718592$
$= 0.036$

结果应写为 0.036。这样相对误差才与各数中相对误差最大的那个数相适应。

第3章 实　　验

实验1　玻璃仪器的洗涤及基本操作训练

一、实验目的

1. 认识化学实验中常用玻璃仪器。
2. 掌握常用玻璃仪器的正确洗涤方法和操作技术。
3. 练习正确读数。

二、仪器与试剂

1. 仪器：滴定管，锥形瓶，移液管，容量瓶，烧杯。
2. 试剂：$K_2Cr_2O_7$（C.P.），浓 H_2SO_4（98%）。

三、实验内容

1. 配制 50mL 洗液。配制方法：将 2.5g $K_2Cr_2O_7$ 固体溶于 5mL 水中，然后向溶液中加入 45mL 浓 H_2SO_4，边加边搅，切勿将 $K_2Cr_2O_7$ 溶液加到浓 H_2SO_4 中。

2. 洗涤常用玻璃器皿（烧杯、试管、滴定管、移液管、容量瓶、锥形瓶等），直至内壁完全为去离子水均匀润湿，不挂水珠为止。

3. 酸式滴定管旋塞涂油，直至旋塞与旋塞槽接触的地方呈透明状态，转动灵活，不漏水为止。

4. 为碱式滴定管配装大小合适的玻璃珠和橡皮管，直至不漏水，液滴能够灵活控制为止。

5. 酸式滴定管、碱式滴定管内装入指定溶液，检查旋塞附近或橡皮管内有无气泡，若有气泡应排除，学会调节液面至 0.00mL 或接近 0.00 的某一刻度，学会正确读取滴定管读数。

6. 学会熟练地从酸式滴定管和碱式滴定管内逐滴连续滴出溶液，学会一滴、半滴（液滴悬而未落）地滴出溶液。

7. 练习溶液的定容和摇匀。将指定的溶液自烧杯中全部定量转移入容量瓶内，用去离子水稀释至刻度线，摇匀。注意溶液不能洒到容量瓶外，稀释时勿超过刻度线。

8. 练习使用移液管。正确吸放一定体积的指定溶液，学会用食指灵活控制调节液面高度。

9. 练习正确的滴定操作。左手用正确手势控制滴定的旋塞（或橡皮管中的玻璃珠），控制溶液逐滴连续滴出。右手握持锥形瓶，边滴边向一个方向作圆周旋转，两手动作应配合协调。注意每次滴定结束后，滴定管内的剩余溶液应弃去，不得将其倒回原瓶，以免污染整瓶溶液，随即洗净滴定管，并用去离子水充满全管，备用。

四、思考题

1. 怎样洗涤移液管？为什么最后要用需移取的溶液来洗涤移液管？滴定管和锥形瓶最

后是否也需要用同样方法洗涤?

2. 在滴定管中装入溶液后,为什么先要把滴定管下端的空气泡赶净,然后读取滴定管中液面的读数?如果没有赶净空气泡,将对实验的结果产生什么影响?如何检查碱式滴定管橡皮管内是否充满溶液?

3. 遗留在移液管口内部的少量溶液,最后是否应当吹出?

4. 操作溶液倒入滴定管时是直接倒入还是借助于漏斗?为什么?

实验2　玻璃管加工

一、实验目的

1. 了解酒精喷灯的构造和原理,掌握正确的使用方法。
2. 初步练习玻璃管的截断、弯曲、拉制及熔烧等操作。
3. 学习制作滴管、弯管、玻璃棒等。

二、仪器和材料

酒精喷灯,石棉网,锉刀,工业酒精。

三、实验内容

1. 截割和熔光玻璃管(棒)

(1) 锉痕　用锉刀的棱在截割部位用力向前划痕,不要往复锯,锉出一道狭窄并与玻璃管垂直的凹痕(图1)。

(2) 截断　两拇指齐放在划痕的背后向前推压,同时食指及其余手指向外拉(图2)。

(3) 熔光　截断面在氧化焰上前后移动并不停转动,均匀熔光截面(图3)。

2. 弯曲玻璃管

(1) 烧管　将待弯曲部分斜插入氧化焰中,缓慢均匀转动,左右移动,用力均匀,稍向中间渐推至加热部位发黄变软(图4)。

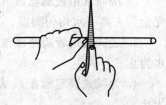

图1　玻璃管的锉痕

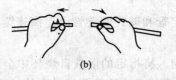

图2　玻璃管的截断　　　　　图3　玻璃管的熔光

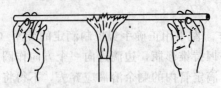

图4　玻璃管的加热

(2) 弯管

① 吹气法　掌握火候,取离火焰,堵管吹气,迅速弯曲[图5(a)]。

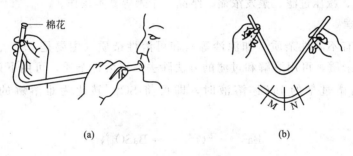

图 5 玻璃管的弯曲

② 不吹气法 取离火焰用 V 字形手法，弯好后冷却变硬才撒手。弯小角度管可多次弯成，先弯成 M 部位的形状，再弯成 N 部位的形状 [图 5(b)]。

弯好的管应里外均匀平滑，如果里外扁平，说明加热温度不够；若里面扁平，说明弯时吹气不够；中间细，说明烧时两手外拉。

3. 拉制毛细管及滴管

毛细管及滴管均是由玻璃管加热熔烧，拉制而成的。与弯管时的熔烧相比较，拉制毛细管及滴管时，烧的时间要更长一些，使玻璃管变得比较软，容易拉制成形。要注意当玻璃管变软后，要迅速取离火源，边转动边拉，两手用力要均匀，以免发生扭曲。

(1) 烧管 同弯曲玻璃管。

(2) 拉管 取出后根据不同要求，控制好速度使狭部至所需粗细。注意用力要均匀，不要太快。切记不要在火上拉（图 6）。

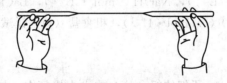

图 6 玻璃管的拉细

(3) 扩口 对于胶头滴管，拉制好并不表示滴管可以使用，还需要扩口，这样胶头套在滴管上才不会脱落。

管口灼烧至红热后，用金属锉刀柄斜放进管口内迅速而均匀旋转，或者烧熔后于石棉网上压座，细口微熔光滑，冷却后装上橡皮胶头，即成滴管。

四、思考题

1. 截断玻璃管（棒）时应注意什么？为什么要熔光？
2. 怎样拉毛细管？较小角度的弯管怎样制作？

实验 3 氯化钠的提纯

一、实验目的

1. 通过沉淀反应，了解提纯氯化钠的原理。
2. 练习台秤和电加热套的使用方法。

3. 掌握溶解、减压过滤、蒸发浓缩、结晶、干燥等基本操作。

二、实验原理

粗食盐中含有不溶性杂质（如泥沙等）和可溶性杂质（主要是 Ca^{2+}、Mg^{2+}、K^+ 和 SO_4^{2-}）。不溶性杂质，可用溶解和过滤的方法除去。可溶性杂质，可用下列方法除去，在粗食盐中加入稍微过量的 $BaCl_2$ 溶液时，即可将 SO_4^{2-} 转化为难溶解的 $BaSO_4$ 沉淀而除去。

$$Ba^{2+} + SO_4^{2-} = BaSO_4 \downarrow$$

将溶液过滤，除去 $BaSO_4$ 沉淀，再加入 NaOH 和 Na_2CO_3 溶液，由于发生下列反应：

$$Mg^{2+} + 2OH^- = Mg(OH)_2 \downarrow$$
$$Ca^{2+} + CO_3^{2-} = CaCO_3 \downarrow$$
$$Ba^{2+} + CO_3^{2-} = BaCO_3 \downarrow$$

食盐溶液中含有杂质 Mg^{2+}、Ca^{2+} 以及沉淀 SO_4^{2-} 时加入的过量 Ba^{2+} 便相应转化为难溶的 $Mg(OH)_2$、$CaCO_3$、$BaCO_3$ 沉淀而通过过滤的方法除去。

过量的 NaOH 和 Na_2CO_3 可以用盐酸中和除去。

少量可溶性杂质（如 KCl）由于含量很少，在蒸发浓缩和结晶过程中仍留在溶液中，不会和 NaCl 同时结晶出来。

三、仪器和试剂

1. 仪器：台秤，烧杯，量筒，布氏漏斗，吸滤瓶，循环水真空泵，蒸发皿，试管。

2. 试剂：HCl($2mol \cdot L^{-1}$)，NaOH($2mol \cdot L^{-1}$)，$BaCl_2$ ($1mol \cdot L^{-1}$)，Na_2CO_3 ($1mol \cdot L^{-1}$)，$(NH_4)_2C_2O_4$ ($0.5mol \cdot L^{-1}$)，粗食盐 (s)，镁试剂，pH 试纸，滤纸。

四、实验内容

1. 粗食盐的提纯

（1）在台秤上，称取 5.0g 研细的粗食盐，放入小烧杯中，加约 20mL 蒸馏水，用玻璃棒搅动，并加热使其溶解，至溶液沸腾时，在搅动下一滴一滴加入 $1mol \cdot L^{-1}$ $BaCl_2$ 溶液至沉淀完全（约 2mL），继续加热，使 $BaSO_4$ 颗粒长大而易于沉淀和过滤。为了试验沉淀是否完全，可将烧杯从热源上取下，待沉淀沉降后，在上层清液中加入 1～2 滴 $BaCl_2$ 溶液，观察澄清液中是否还有浑浊现象；如果无浑浊现象，说明 SO_4^{2-} 已完全沉淀，如果仍有浑浊现象，则需继续滴加 $BaCl_2$，直至上层清液在加入一滴 $BaCl_2$ 后，不再产生浑浊现象为止。沉淀完全后，继续加热至沸腾，以使沉淀颗粒长大而易于沉降。减压抽滤，滤液移至干净烧杯中。

（2）在滤液中加入 1mL $2mol \cdot L^{-1}$ NaOH 和 3mL $1mol \cdot L^{-1}$ Na_2CO_3，加热至沸腾，待沉淀沉降后，在上层清液中滴加 $1mol \cdot L^{-1}$ Na_2CO_3 溶液至不再产生沉淀为止，减压抽滤，滤液移至干净的蒸发皿中。

（3）在滤液中逐滴加入 $2mol \cdot L^{-1}$ HCl，并用玻璃棒蘸取滤液在 pH 试纸上试验，直至溶液呈微酸性为止（pH≈6）。

（4）用水浴加热蒸发皿进行蒸发，浓缩至稀粥状的稠液为止，但切不可将溶液蒸至干。

（5）冷却后，将晶体减压抽滤、吸干，将结晶放在蒸发皿中，在石棉网上用小火加热干燥。

(6) 称出产品的质量,并计算产率。

2. 产品纯度的检验

取少量（约 1g）提纯前和提纯后的食盐分别用 5mL 蒸馏水加热溶解,然后各盛于三支试管中,组成三组,对照检验它们的纯度。

(1) SO_4^{2-} 的检验　在第一组溶液中,分别加入 2 滴 $1mol·L^{-1}$ $BaCl_2$ 溶液,比较沉淀产生的情况,在提纯的食盐溶液中应该无沉淀产生。

(2) Ca^{2+} 的检验　在第二组溶液中,各加入 2 滴 $0.5mol·L^{-1}$ 草酸铵 $(NH_4)_2C_2O_4$ 溶液,在提纯的食盐溶液中无白色难溶的草酸钙 CaC_2O_4 沉淀产生。

(3) Mg^{2+} 的检验　在第三组溶液中,各加入 2～3 滴 $1mol·L^{-1}$ NaOH 溶液,使溶液呈碱性（用 pH 试纸试验）,再各加入 2～3 滴镁试剂,在提纯的食盐中应无天蓝色沉淀产生。

镁试剂是一种有机染料,它在酸性溶液中呈黄色,在碱性溶液中呈红色或紫色,但被 $Mg(OH)_2$ 沉淀吸附后,则呈天蓝色,因此,可以用来检验 Mg^{2+} 的存在。

五、思考题

1. 怎样除去粗食盐中不溶性的杂质?
2. 试述除去粗食盐中杂质 Mg^{2+}、Ca^{2+}、K^+ 和 SO_4^{2-} 等离子的方法,并写出有关反应方程式。
3. 试述除去过量的沉淀剂 $BaCl_2$、NaOH 和 Na_2CO_3 的方法。
4. 在除去过量的沉淀剂 NaOH、Na_2CO_3 时,需用 HCl 调节溶液呈微酸性（pH≈6）的原因是什么? 若酸度或碱度过大,有何影响?
5. 怎样检验提纯后的食盐的纯度?

实验 4　粗硫酸铜的提纯

一、实验目的

1. 通过氧化反应及水解反应,了解提纯硫酸铜的方法。
2. 练习台秤的使用以及过滤、蒸发、结晶等基本操作。

二、实验原理

粗硫酸铜中含有不溶性杂质和可溶性杂质 $FeSO_4$、$Fe_2(SO_4)_3$ 等。不溶性杂质可用过滤法除去。杂质 $FeSO_4$ 需用氧化剂 H_2O_2 或 Br_2 氧化为 Fe^{3+},然后调节溶液的 pH（一般控制在 pH=4）,使 Fe^{3+} 水解成为 $Fe(OH)_3$ 沉淀而除去。其反应如下:

$$2FeSO_4 + H_2SO_4 + H_2O_2 = Fe_2(SO_4)_3 + 2H_2O$$

$$Fe^{3+} + 3H_2O = Fe(OH)_3\downarrow + 3H^+$$

除铁离子后的滤液,用 KSCN 检验没有 Fe^{3+} 存在,即可蒸发结晶。其它微量可溶性杂质在硫酸铜结晶时,仍留在母液中,过滤时可与硫酸铜分离。

三、仪器和试剂

1. 仪器:台秤,研钵,漏斗和漏斗架,布氏漏斗和吸滤瓶,蒸发皿,真空泵。

2. 试剂：粗硫酸铜，HCl(2mol·L^{-1})，H$_2$SO$_4$(1mol·L^{-1})，NaOH(2mol·L^{-1})，KSCN(1mol·L^{-1})，H$_2$O$_2$(3%)，滤纸，pH 试纸。

四、实验内容

1. 称取 6g 粗硫酸铜晶体，在研钵中研细。

2. 将研细的粗硫酸铜 5g 放在 100mL 烧杯中，加入 30mL 蒸馏水，加热，搅动，促使其溶解。滴加 1mL 3% H$_2$O$_2$，将溶液加热，同时在不断搅拌下，逐滴加入 0.5～1.0mol·L^{-1} NaOH 溶液（用 2mol·L^{-1} NaOH 自己稀释），直至 pH=4，再加热片刻，静置使水解生成的 Fe(OH)$_3$ 沉降。用倾析法在普通漏斗上过滤，滤液过滤到洁净的蒸发皿中。

3. 在提纯后的硫酸铜滤液中，滴加 1.0mol·L^{-1} H$_2$SO$_4$ 酸化，调节 pH 至 1～2，然后在石棉网上加热，蒸发、浓缩至液面出现一层结晶时，即停止加热。

4. 冷却至室温，结晶在布氏漏斗上过滤，尽量抽干，并用一干净的玻璃瓶塞挤压布氏漏斗上的晶体，以除去其中少量的水分。

5. 停止抽滤，取出晶体，把它夹在两张滤纸中，吸干其表面的水分，吸滤瓶中的母液倒入回收瓶中。

6. 在台秤上称出产品质量，计算产率。

五、思考题

1. 粗硫酸铜中杂质 Fe^{2+} 为什么要氧化成 Fe^{3+} 除去？
2. 除 Fe^{3+} 时，为什么要调节 pH 至 4 左右？为什么还要加热？
3. 浓缩提纯后的硫酸铜为什么要先加 H$_2$SO$_4$ 酸化，然后再加热浓缩？
4. 怎样检定提纯后硫酸铜的纯度？

实验 5 硫酸亚铁铵的制备

一、实验目的

1. 了解硫酸亚铁铵的制备方法及特性。
2. 巩固水浴加热、抽滤、蒸发、浓缩及结晶等无机制备的一些基本操作。
3. 了解用目测比色法检验产品质量的方法。

二、实验原理

复盐硫酸亚铁铵 FeSO$_4$·(NH$_4$)$_2$SO$_4$·6H$_2$O 俗称莫尔盐。它是浅蓝绿色透明晶体，易溶于水，在空气中比一般亚铁盐稳定，不易被氧化。

在 0～60℃ 范围内，硫酸亚铁铵在水中的溶解度比组成它的简单盐 (NH$_4$)$_2$SO$_4$ 和 FeSO$_4$·7H$_2$O 要小，因此，只需将它们按一定比例在水中溶解，混合，即可制得硫酸亚铁铵晶体。其方法如下。

① 将金属铁溶于稀硫酸，制备硫酸亚铁。反应式为：

$$Fe + H_2SO_4(稀) = FeSO_4 + H_2\uparrow$$

② 将制得的 FeSO$_4$ 溶液与等物质的量 (NH$_4$)$_2$SO$_4$ 在溶液中混合，经加热浓缩，冷却至室温后可得到溶解度较小的硫酸亚铁铵晶体。

$$FeSO_4 + (NH_4)_2SO_4 + 6H_2O \Longrightarrow FeSO_4 \cdot (NH_4)_2SO_4 \cdot 6H_2O \text{（浅绿色晶体）}$$

产品硫酸亚铁铵中的主要杂质是 Fe^{3+}，产品质量的等级也常以 Fe^{3+} 含量多少来评定。本实验采用目测比色法，将一定量产品溶于水中，加入 NH_4SCN 后，根据生成的血红色的 $[Fe(SCN)_n]^{3-n}$（$n=1\sim6$）颜色的深浅与标准色阶比较后，确定 Fe^{3+} 的含量范围。

三、仪器和试剂

1. 仪器：水浴装置，普通漏斗，布氏漏斗，吸滤瓶，真空泵，台秤，蒸发皿，锥形瓶（50mL、100mL、150mL），量筒（10mL、50mL），表面皿，温度计（0～100℃）。

2. 试剂：铁屑（或铁粉），铁钉（已除油），$(NH_4)_2SO_4$（固），H_2SO_4（3mol·L^{-1}），Na_2CO_3（10%），KSCN（25%），$KMnO_4$（0.01mol·L^{-1}），NaOH（2mol·L^{-1}），HCl（2mol·L^{-1}），$BaCl_2$（1mol·L^{-1}），Fe^{3+} 标准溶液（实验室提供）。

四、实验内容

1. 硫酸亚铁的制备

称取 4g 铁屑，放入 250mL 锥形瓶中，加 3mol·L^{-1} H_2SO_4 约 25mL，记下液面位置，水浴加热控制反应温度在 70～80℃范围内，不要超过 90℃。反应装置应靠近通风口。

加热反应过程中，可不断补充被蒸发掉的水分（加热不要过猛，反应不要太快，尽可能维持原来的液面刻度水平）。反应过程中略加搅拌，使铁屑与 H_2SO_4 反应完全并防止反应物底部过热而产生白色沉淀。为避免 $FeSO_4$ 晶体过早析出，当反应物呈灰绿色并且不冒气泡时，即可趁热（为什么？）进行普通过滤。分离溶液和残渣。滤渣可用少量热水洗涤，滤液则转移至大蒸发皿中，留待下一步使用。

2. 硫酸亚铁铵的制备

根据溶液中生成 $FeSO_4$ 的量，按 $m(FeSO_4):m[(NH_4)_2SO_4]=1:0.8$（质量比）的比例，称取 $(NH_4)_2SO_4$ 固体，加入盛有上述制备的 $FeSO_4$ 溶液的蒸发皿中，放入一枚洁净的铁钉，用小火缓慢均匀加热（最好用水浴加热），蒸发浓缩至液面出现晶膜为止（浓缩开始时可适当搅拌，后期则不宜搅拌）。静置，缓慢冷却至室温，硫酸亚铁铵即结晶析出，抽滤，将晶体夹在两张滤纸中吸干。称量，计算产率。

3. 产品的质量检验

① 试用实验方法证明产品中含有 NH_4^+、Fe^{2+} 和 SO_4^{2-}。

② Fe^{3+} 的限量分析。称取 1.0g 产品，置于 25mL 比色管中，用 15mL 不含氧的蒸馏水溶解，加入 1mL 3mol·L^{-1} H_2SO_4 和 1mL 25% KSCN 溶液，再加入不含氧的蒸馏水至比色管刻度线，摇匀，并与标准色阶（标准溶液由实验室提供）进行比较，确定产品含 Fe^{3+} 的纯度级别，见表 1。

表 1 产品含 Fe^{3+} 的纯度级别

级别	Ⅰ级	Ⅱ级	Ⅲ级
铁含量/g·L^{-1}	0.05	0.1	0.2

五、思考题

1. 什么叫复盐？它与配合物有何区别？
2. 制备硫酸亚铁时，为什么要保持溶液呈酸性？

3. 如何根据 $FeSO_4$ 产量计算所需的 $(NH_4)_2SO_4$ 的量?

4. 如何证明产品中含有 NH_4^+、Fe^{2+} 和 SO_4^{2-}?

5. 分析产品中 Fe^{3+} 含量时,为什么要用不含氧气的蒸馏水?如果水中含有氧气对分析结果有何影响?如何得到不含氧气的水?

附:

1. 含 Fe^{3+} 标准溶液的配制

在分析天平上准确称取 $NH_4Fe(SO_4)_2·12H_2O$(硫酸高铁铵)1.7268g,于小烧杯中用少量蒸馏水溶解并加入 $3mol·L^{-1}$ H_2SO_4 5mL,全部转移至 1L 的容量瓶中,用蒸馏水稀释至刻度,摇匀,此溶液含 Fe^{3+} $0.2g·L^{-1}$。定量稀释此溶液,可得 Fe^{3+} 含量较低的溶液。

2. 标准色阶的配制

取含 Fe^{3+} $0.05g·L^{-1}$、$0.1g·L^{-1}$、$0.2g·L^{-1}$ 标准溶液各 1mL,分别置于 3 支 25mL 的比色管中,加入 $3mol·L^{-1}$ H_2SO_4 1mL 和 25% KSCN 溶液 1mL,用蒸馏水稀释至刻度,摇匀。

3. 如铁屑上有油污,可加入适量的 10% Na_2CO_3 溶液,加热煮沸 10min,用倾析法除去碱液,再用蒸馏水洗净铁屑,直至中性。以免在下步反应中残留的碱耗去加入的硫酸,使反应过程中酸度不够。

4. 蒸发至刚出现晶膜即可冷却。如果蒸发过度,会造成杂质 $FeSO_4$ 和 $(NH_4)_2SO_4$ 的析出,使产品不纯。此外,还会使晶体中结晶水的数目达不到要求,产品结成大块,难以取出。

5. NH_4^+、Fe^{2+} 和 SO_4^{2-} 的鉴定

NH_4^+ 的鉴定见实验 14;Fe^{2+} 的鉴定见实验 17;SO_4^{2-} 的鉴定可用加入 Ba^{2+} 后,有无溶于酸的白色沉淀生成来加以判断。

6. 溶解度数据(表 2)

表 2 溶解度数据

物质	溶解度/(g/100g 水)								
	0℃	10℃	20℃	30℃	40℃	50℃	60℃	70℃	80℃
$(NH_4)_2SO_4$	70.6	73.0	75.4	78.0	81.0		88.0		95.3
$FeSO_4·7H_2O$	15.7	20.5	26.5	32.9	40.2	48.6			
$(NH_4)_2Fe(SO_4)_2·6H_2O$	17.8	—	26.9		38.5		53.4		73.0

实验 6 非水溶剂重结晶法提纯硫化钠

一、目的要求

1. 了解非水溶剂重结晶法提纯的一般原理。
2. 练习冷凝管的安装和回流操作。

二、实验原理

Na_2S 俗称硫化碱。纯的 Na_2S 为含有不同数目结晶水的无色晶体(如 $Na_2S·6H_2O$、$Na_2S·9H_2O$ 等)。工业 Na_2S 由于含有大量杂质(如重金属硫化物、煤粉等),而显示出红至黑的颜色。本实验是利用 Na_2S 能溶于热的酒精中,其它杂质或在趁热过滤时除去,或在冷却后 Na_2S 结晶析出时留在母液中而除去。

三、仪器和试剂

1. 仪器:台秤,圆底烧瓶,冷凝管,水浴锅。

2. 试剂：Na₂S(工业)，酒精(95%)，ZnSO₄(A.R.)，I₂(0.01mol·L⁻¹)，淀粉。

四、实验内容

1. 在台秤上称取粉碎的工业 Na₂S 18g，放入 500mL 的圆底烧瓶中。加入 120mL 95% 酒精和 20mL 水。将烧瓶放在水浴锅上，烧瓶上装一支 300mL 直形（或球形）冷凝管，并向冷凝管中通入冷却水。水浴锅保持沸腾，回流约 60min。停止加热并令烧瓶在水浴锅上静置 5min。然后取下烧瓶，将内容物趁热抽滤，以除去不溶杂质。将滤液移入一个 250mL 烧杯中，不断搅拌促使 Na₂S 晶体大量析出。再放置一段时间，冷却后析出上层母液。Na₂S 晶体每次用少量 95% 的酒精在烧杯中用倾析法洗涤 3 次，然后抽滤，干燥。母液装入指定的回收瓶中。这样的方法制得的产品组成相当于 Na₂S·6H₂O。

如果在圆底烧瓶中加入 240mL 95% 的酒精和 40mL 水，最后制得的产品组成相当于 Na₂S·9H₂O。

2. 产品检验（主要检验重金属及硫代硫酸盐等杂质）

(1) <u>重金属检验</u> 称取样品 1g（准确至 0.01g）溶于 50mL 蒸馏水中。然后与同体积的蒸馏水相比较，两溶液的颜色应完全一样（以白纸或白色瓷板为背景）。

(2) <u>碘氧化物（硫代硫酸盐等）检验</u> 称取 2g 样品（准确至 0.01g），用容量瓶配成 100mL 溶液，移取 50mL 放入 500mL 烧杯中。加入 2g ZnSO₄（先溶于 150mL 蒸馏水中），充分搅拌，静置 15min，过滤，收集大部分滤液。然后取 100mL 滤液（相当于 0.5g 样品），以淀粉作指示剂，用 0.01mol·L⁻¹ I₂ 标准溶液滴定至出现的蓝色 0.5min 内不再消失为止。

碘氧化物的含量 (x)，按下式计算：

$$x = \frac{c_{碘} V_{碘} \times 0.2482 \times 100}{0.5}$$

式中，$V_{碘}$、$c_{碘}$ 分别为碘标准溶液用量和碘的物质的量浓度；0.5 为样品质量。

五、思考题

1. 将粗的硫化钠溶于热的酒精时，为什么要采取在水浴锅上加热回流的办法进行？
2. 怎样可以回收母液中的酒精？回收的酒精浓度应该是多少？

实验 7　胶 体 溶 液

一、目的要求

1. 试验并了解胶体的制备和破坏的方法。
2. 了解胶体的光学、电学性质。

二、实验原理

胶体溶液是指一定大小的固体颗粒或高分子化合物分散在溶剂中所形成的溶液。其质点一般在 1~100nm 之间，分散剂大多数为水，少数为非水溶剂。

胶体溶液特性如下。

① 分散粒子（胶粒）大小介于真溶液与粗分散体系之间，因此，胶体溶液与真溶液不同。具有一定的黏度，其胶粒的扩散速度小，能穿过滤纸而不能透过半透膜，对溶液的沸点

升高、冰点降低、蒸气压下降和渗透压等方面影响也小。

② 胶体微粒具有布朗运动，故胶体溶液也属热力学不稳定体系，常有聚结现象，致使胶体溶液在长期储存过程中出现陈化现象。

③ 胶体微粒对光线产生散射作用，致使胶体溶液具有丁铎尔效应。

④ 胶体微粒带有电荷，使胶体溶液具有电泳现象。

胶粒的带电具有双电层结构，即胶粒吸附了电解质中的一种离子形成吸附层，异性离子分布在靠近胶粒表面的扩散层中，这样形成了双电层。

三、仪器和试剂

1. 仪器：U形电泳管，丁铎尔灯或手电筒，离心机，石墨电极（2个），整流器（提供110V直流电源），稳压器。

2. 试剂：S粉，酒精(95%)，$AgNO_3$(0.01 mol·L^{-1})，Na_2CO_3(1 mol·L^{-1})，单宁酸(0.1%)，H_3AsO_3(饱和)，H_2S水溶液，酒石酸锑钾(0.4%)，$FeCl_3$(2%)，$AlCl_3$(1%、0.05 mol·L^{-1})，氨水(10%)，HCl(0.1 mol·L^{-1})，$K_4[Fe(CN)_6]$(0.02 mol·L^{-1})，NaCl(0.05 mol·L^{-1})，$BaCl_2$(0.05 mol·L^{-1})，$(NH_4)_2SO_4$(饱和)，动物溶胶(1%)，蛋白质。

四、实验内容

1. 胶体的制备

(1) 凝聚法

① 改变溶剂法制备硫溶胶 往3mL水中滴加硫的酒精饱和溶液（约3～4滴），摇动试管。观察硫溶胶的生成，试加以解释。保留溶液供后面实验使用。

② 用单宁酸还原法制银的溶胶 在5mL 0.01mol·L^{-1} $AgNO_3$溶液中，加入2～3滴1 mol·L^{-1} Na_2CO_3溶液，加热至沸腾，逐滴注入0.1%的单宁酸溶液。短时间后，即生成红棕色的银溶胶。

③ 利用复分解反应制备As_2S_3水溶胶 一面搅拌，一面往20mL饱和H_3AsO_3溶液中滴加H_2S水溶液，直到溶液变为柠檬黄色为止。写出反应式。保留溶液，供后面实验使用。

Sb_2S_3水溶胶也用同法制取。往20mL 0.4%酒石酸锑钾溶液中滴加H_2S水溶液，直到溶液变成橙红色为止。

注意：H_3AsO_3有毒！操作时要特别小心，实验后，应及时洗手。

④ 利用水解反应制备$Fe(OH)_3$水溶胶 往25mL沸水中逐滴加入2% $FeCl_3$溶液4mL，并搅拌之，继续煮沸1～2min，观察颜色变化，写出反应式，保留溶液，供后面实验使用。

(2) 分散法——用溶胶法制溶胶

① 往4mL 1% $AlCl_3$溶液中，滴加10%氨水，即有沉淀析出。写出反应式。将沉淀用蒸馏水洗涤几次，开始用倾析法把水除去，最后一次用滤纸过滤。将沉淀转入50mL蒸馏水至沸腾。中间可加入几滴0.1 mol·L^{-1} HCl溶液，煮0.5h，即有不少沉淀溶胶，取上面清液，观察丁铎尔效应。

② 取2% $FeCl_3$溶液3mL于试管中，加入0.02 mol·L^{-1} $K_4[Fe(CN)_6]$溶液1mL，用滤纸过滤，并以水洗沉淀多次，滤过的滤液为普鲁士蓝溶胶，观察并解释结果。

2. 胶体溶液的光学性质和电学性质

(1) 胶体溶液的光学性质 利用丁铎尔灯（图1）观察上面制得的六种溶胶的光锥效应

(也可用手电筒在暗处观察)。

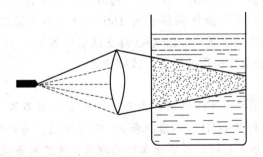

图 1　丁铎尔现象

(2) 胶体的电学性质——电泳现象（图 2）　将 U 形管用铬酸洗液及蒸馏水洗净，烘干（或用少量胶体溶液淌洗几次）。注入本实验制得的硫化亚砷溶胶。并分别插入铜电极，接直流电源，电压调至 110V。20min 后，即见溶胶和水之间的界面向一极移动。由界面移动的方向断定溶胶硫化亚砷所带的电荷是正还是负，试写出硫化亚砷溶胶的胶粒和胶胞结构。并解释观察到的现象。

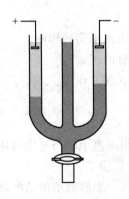

图 2　电泳现象

(3) 同法观察 $Fe(OH)_3$ 溶胶的电泳现象　但电压不宜过高，电压调到 30～40V，即可观察到清晰的电泳现象。写出溶胶的胶粒和胶胞的结构。

为了提高试验效果，可采用渗析过的 $Fe(OH)_3$ 溶胶。

3. 溶胶的聚沉淀

(1) 取 As_2S_3（或 Sb_2S_3）溶胶 3mL，均等地分装在三支试管中，边振荡边分别往各个试管中滴入不同的电解质溶液，依次为 $0.05mol \cdot L^{-1}$ 的 $NaCl$、$BaCl_2$、$AlCl_3$，直到聚沉淀现象出现为止。准确地记下每种电解质溶液引起溶胶聚沉淀所需的量。试解释使溶胶开始聚沉淀所需要的电解质溶液数量与其阳离子电荷的关系。

(2) 将 2mL $Fe(OH)_3$ 溶胶和 2mL Sb_2S_3 溶胶混合在一起，振荡试管，观察到什么现象，试加以解释。

(3) 取 2mL Sb_2S_3 水溶胶加热至沸腾，观察有何变化，试加以解释。

(4) 蛋白质溶液的聚沉淀作用。在 0.5mL 蛋白质的稀溶液中加入饱和 $(NH_4)_2SO_4$ 溶液，当二者的量大致相等时，观察有何现象发生。

4. 动物溶胶的保护作用

将 2 滴、10 滴、20 滴（或 1mL）的 1‰动物溶胶溶液分别注入 3 支试管中，在第一支和第二支试管中加水直到其中液体的体积为 1mL，再在每支试管中加入 5mL As_2S_3（或 Sb_2S_3）溶胶，并小心地摇动试管，3min 后在每支试管中各加入 1mL 5‰的 NaCl 溶液，并将溶液好好摇匀，观察聚沉淀作用的快慢，试解释之。

五、思考题

1. 如果改变条件：①把 $FeCl_3$ 溶液加到冷水中；②往酒石酸锑钾溶液中加入 $1mol \cdot L^{-1}$ Na_2S 溶液。能否得到 $Fe(OH)_3$ 水溶胶和 Sb_2S_3 水溶胶？为什么？
2. 胶体体系与其它分散系相比占据什么样的地位？为了制备胶体体系是否只增加分散相物质的分散度就够了？
3. 在日常生活中是否见到过丁铎尔现象？试举两例。
4. 从自然界现象和日常生活中举出两个胶体聚沉淀的例子。

实验 8 解离平衡

一、实验目的

1. 了解同离子效应对弱电解质解离平衡的影响。
2. 了解盐类水解和影响盐类水解的因素。
3. 学习缓冲溶液的配制并了解其缓冲作用。
4. 学习酸度计的使用方法。

二、实验原理

在弱电解质的溶液中加入含有相同离子的另一电解质时，弱电解质的解离程度减小，这种效应称为同离子效应。

盐类的水解是酸碱中和的逆反应，水解后溶液的酸碱性取决于盐的类型。由于水解是吸热反应并有平衡存在，因此，升高温度和稀释溶液，都有利于水解的进行。如果盐类的水解产物溶解度小，则水解后会产生沉淀，以 $BiCl_3$ 为例：

$$BiCl_3 + H_2O \rightleftharpoons BiOCl \downarrow + 2HCl$$

产生的 BiOCl 白色沉淀是 $Bi(OH)_2Cl$ 脱水后的产物 [$Bi(OH)_2Cl \rightleftharpoons BiOCl + H_2O$]。加入 HCl 则上述平衡向左移动，如果预先加入一定浓度的 HCl 溶液可以防止沉淀的产生。

两种都能水解的盐，如果其中一种水解后溶液呈酸性，另一种水解后溶液呈碱性，当这两种盐溶液相混合时，彼此可加剧水解。例如，$Al_2(SO_4)_3$ 溶液和 $NaHCO_3$ 溶液混合前：

$$Al^{3+} + 3H_2O \rightleftharpoons Al(OH)_3 + 3H^+$$
$$3HCO_3^- + 3H_2O \rightleftharpoons 3H_2CO_3 + 3OH^-$$

混合后由于 H^+ 和 OH^- 结合成难电离的 H_2O，因此，上述两平衡都被破坏，产生 $Al(OH)_3$ 沉淀和 CO_2 气体。

$$Al^{3+} + 3HCO_3^- + 3H_2O \rightleftharpoons Al(OH)_3 \downarrow + 3CO_2 \uparrow + 3H_2O$$

弱酸及其盐或弱碱及其盐的混合溶液，当将其稀释或在其中加入少量的酸或碱时，溶液的 pH 改变很小，这种溶液称为缓冲溶液。

三、仪器和试剂

1. 仪器：酸度计，电磁搅拌器。

2. 试剂：NH_4Ac(C.P.)，HCl($0.1mol·L^{-1}$)，氨水($0.1mol·L^{-1}$)，$NaCl$($0.1mol·L^{-1}$)，$NaAc$($1mol·L^{-1}$、$0.1mol·L^{-1}$)，$NaHCO_3$($0.5mol·L^{-1}$)，NH_4Cl($1mol·L^{-1}$、$0.1mol·L^{-1}$)，$BiCl_3$($0.1mol·L^{-1}$)，$Al_2(SO_4)_3$($0.1mol·L^{-1}$)，Na_2CO_3($1mol·L^{-1}$)，酚酞，甲基橙，pH试纸。

四、实验内容

1. 同离子效应

(1) 在试管中加入1mL $0.1mol·L^{-1}$氨水，再加入1滴酚酞溶液，观察溶液显什么颜色。再加入少量NH_4Ac固体，摇动试管使其溶解，观察溶液颜色有何变化。说明其原因。

(2) 在试管中加入1mL $0.1mol·L^{-1}$ HAc，再加入甲基橙1滴，观察溶液显什么颜色。再加入少量NH_4Ac固体，摇动试管使其溶解。观察溶液颜色有何变化。说明其原因。

2. 盐类的水解和影响盐类水解的因素

(1) 用pH试纸分别测定$0.1mol·L^{-1}$ $NaAc$、$0.1mol·L^{-1}$ NH_4Cl 和 $0.1mol·L^{-1}$ $NaCl$溶液（测定的各溶液预先准备好）的pH，并分别与计算出的pH做比较。

(2) 温度对水解度的影响。在试管中加入2mL $1mol·L^{-1}$ $NaAc$溶液和1滴酚酞，加热至沸腾，观察溶液颜色的变化，并解释观察到的现象。

(3) 溶液酸度对水解平衡的影响。在试管中加入5滴$0.1mol·L^{-1}$ $BiCl_3$溶液，然后加入2mL水，观察沉淀的产生。再加入$2mol·L^{-1}$ HCl溶液，观察沉淀是否溶解，解释观察到的现象。

3. 能水解的盐类间的相互反应

(1) 在1mL $0.1mol·L^{-1}$ $Al_2(SO_4)_3$溶液中，加入1mL $0.5mol·L^{-1}$ $NaHCO_3$溶液，观察有何现象，从水解平衡移动观点解释之。写出反应的离子方程式。

(2) 在1mL $1mol·L^{-1}$ NH_4Cl溶液中，加入1mL $1mol·L^{-1}$ Na_2CO_3溶液，试证明有NH_3产生。写出反应的离子方程式。

4. 缓冲溶液的缓冲性能

分别量取$0.1mol·L^{-1}$ HAc 25mL 和 $0.1mol·L^{-1}$ NaAc 25mL 于1个100mL烧杯中，加入0.5mL $0.1mol·L^{-1}$ HCl（约10滴），搅拌30s，用pH仪测定其pH；再加入1mL $0.1mol·L^{-1}$ NaOH（约20滴），搅拌30s，再用pH仪测定其pH，记录结果并与理论计算值做比较。

五、思考题

1. 什么叫同离子效应？在氨水中加入NH_4Ac将产生什么效应？本实验中如何试验这种效应？

2. 哪些类型的盐会产生水解？怎样使水解平衡移动？怎样防止盐类水解？本实验中怎样试验水解平衡的移动？盐类水解后溶液的pH怎样计算？

3. 两种能水解的盐是否能相互反应？本实验中用哪些反应来验证？

4. 什么叫缓冲溶液？怎样配制？缓冲溶液的pH怎样计算？在缓冲溶液中加入少量酸或碱后，溶液的pH又怎样计算？

实验 9 沉淀反应

一、实验目的
1. 了解沉淀的生成和溶解的条件。
2. 了解分步沉淀和沉淀的转化。
3. 利用沉淀反应分离混合离子。

二、实验原理

在难溶电解质的饱和溶液中，未溶解的难溶电解质和溶液中相应的离子之间建立多相离子平衡。例如，在 PbI_2 的饱和溶液中，建立起如下平衡：

$$PbI_2(s) \rightleftharpoons Pb^{2+} + 2I^-$$

其平衡常数表达式为：

$$K_{sp}^{\ominus} = [Pb^{2+}][I^-]^2$$

式中，$K_{sp}^{\ominus}$ 表示在难溶电解质饱和溶液中，难溶电解质离子浓度幂的乘积，称为溶度积。根据溶度积规律则可判断沉淀的生成和溶解。例如，当将 $Pb(Ac)_2$ 和 KI 两种溶液混合时，如果：① $[Pb^{2+}][I^-]^2 > K_{sp}^{\ominus}$，溶液饱和，有沉淀生成；② $[Pb^{2+}][I^-]^2 = K_{sp}^{\ominus}$，饱和溶液；③ $[Pb^{2+}][I^-]^2 < K_{sp}^{\ominus}$，溶液未饱和，无沉淀析出。

如果溶液中同时含有数种离子，当逐步加入某种试剂可能与溶液中的几种离子发生反应而产生几种沉淀时，溶度积规则可用来判断沉淀反应进行的次序。当某种难溶电解质的离子浓度幂的乘积首先达到它的溶度积时，这种难溶电解质便先沉淀出来，然后，当第二种难溶电解质的溶度积小于它的离子浓度幂的乘积时，第二种沉淀便开始析出。这种先后沉淀的次序称为分步沉淀。

使一种难溶电解质转化为另一种难溶电解质，即把一种沉淀转化为另一种沉淀的过程称为沉淀的转化，一般来说，溶度积大的难溶电解质容易转化为溶度积小的难溶电解质。

沉淀反应常用来分离混合离子。例如，Ag^+、Ba^{2+}、Mg^{2+} 的混合溶液中加入 HCl，由于 AgCl 难溶于水，$BaCl_2$、$MgCl_2$ 都易溶于水而使 Ag^+ 以 AgCl 形式沉淀。分离 AgCl 沉淀后，在溶液中加入稀 H_2SO_4，则产生 $BaSO_4$ 沉淀，而 Mg^{2+} 仍留在溶液中，分离过程如图 1 所示。

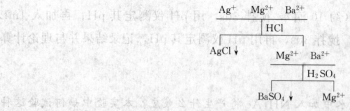

图 1 Ag^+、Ba^{2+}、Mg^{2+} 的混合溶液分离过程

三、仪器和试剂

1. 仪器：离心机。
2. 试剂：固体 $NaNO_3$，HCl(2mol·L⁻¹)，HNO_3(2mol·L⁻¹)，NaOH(2mol·L⁻¹，6mol·L⁻¹)，氨水(2mol·L⁻¹)，$Pb(Ac)_2$(0.01mol·L⁻¹)，$Pb(NO_3)_2$(0.1mol·L⁻¹)，KI(0.02mol·L⁻¹，0.1mol·L⁻¹)，K_2CrO_4(0.1mol·L⁻¹)，$AgNO_3$(0.1mol·L⁻¹)，

$Fe(NO_3)_3$(0.1mol·L^{-1})，$Al(NO_3)_3$(0.1mol·L^{-1})，$Ca(NO_3)_2$(0.1mol·L^{-1})，KNO_3(0.1mol·L^{-1})，$NaCl$(0.1mol·L^{-1})，Na_2CO_3(0.1mol·L^{-1})，$ZnCl_2$(0.1mol·L^{-1})，NH_4Cl(0.1mol·L^{-1})，$MgSO_4$(0.1mol·L^{-1})，Na_2S(0.1mol·L^{-1})。

四、实验内容

1. 沉淀的生成

（1）取5滴0.01mol·L^{-1} $Pb(Ac)_2$溶液，加入5滴0.02mol·L^{-1} KI溶液，振荡试管，观察有无沉淀产生。

将上面得到的PbI_2沉淀连同溶液一起倒入小烧杯中，加入10mL蒸馏水，用玻璃棒搅动片刻，观察沉淀能否溶解。试用实验结果验证溶度积规则。

（2）取10滴0.1mol·L^{-1} $AgNO_3$溶液倒入试管中，加入10滴0.1mol·L^{-1} K_2CrO_4溶液，记录沉淀的颜色。取10滴0.1mol·L^{-1} $AgNO_3$溶液倒入试管中，加入10滴NaCl溶液，记录沉淀的颜色。

根据溶度积规则说明沉淀产生的原因。

2. 分步沉淀

（1）取2滴0.1mol·L^{-1} $AgNO_3$和5滴0.1mol·L^{-1} $Pb(NO_3)_2$倒入试管中，加入3mL蒸馏水稀释，摇匀后，逐滴加入0.1mol·L^{-1} K_2CrO_4溶液，并不断振荡试管，观察沉淀的颜色，继续滴加0.1mol·L^{-1} K_2CrO_4溶液，观察沉淀颜色有何变化。根据沉淀颜色的变化和溶度积规则，判断哪一种难溶物质先沉淀。

（2）在试管中加入2滴0.1mol·L^{-1} Na_2S溶液和5滴0.1mol·L^{-1} K_2CrO_4溶液，稀释至5mL，逐滴加入0.1mol·L^{-1} $Pb(NO_3)_2$溶液，观察首先生成的沉淀是黑色还是黄色。沉降后，再向溶液中滴加0.1mol·L^{-1} $Pb(NO_3)_2$溶液，观察会出现什么颜色的沉淀。根据有关溶度积数据加以说明。

3. 沉淀的转化

取10滴0.1mol·L^{-1} $AgNO_3$溶液倒入试管中，加入10滴0.1mol·L^{-1} K_2CrO_4溶液，振荡，观察沉淀的颜色。再在其中加入0.1mol·L^{-1} NaCl溶液，边加边振荡，直至砖红色沉淀消失，白色沉淀生成为止。解释观察到的现象。

4. 沉淀的溶解

（1）在试管中加入2mL 0.1mol·L^{-1} $MgSO_4$溶液，加入2mol·L^{-1}氨水数滴，判断此时生成的沉淀是什么。再向此溶液中加入0.1mol·L^{-1} NH_4Cl溶液，观察沉淀是否溶解，用离子平衡移动的观点解释上述现象。

（2）取10滴0.1mol·L^{-1} $ZnCl_2$溶液倒入试管中，加入2滴0.1mol·L^{-1} Na_2S溶液，观察沉淀的生成和颜色，再在试管中加入数滴2mol·L^{-1} HCl，观察沉淀是否溶解，试解释。

（3）重做本实验内容（1），在混合溶液中，再加入少量固体$NaNO_3$，振荡试管，观察PbI_2沉淀又溶解，试解释。

5. 沉淀法分离混合离子

（1）Pb^{2+}、Ca^{2+}、K^+的混合溶液的沉淀分离　把0.1mol·L^{-1} $Pb(NO_3)_2$、0.1mol·L^{-1} $Ca(NO_3)_2$、0.1mol·L^{-1} KNO_3溶液各5滴滴入一支试管中，然后加入0.1mol·L^{-1} KI溶液数滴，观察产生什么沉淀。离心沉降后，在清液中再加1滴0.1mol·L^{-1} KI溶液，如无沉淀出现则表示Pb^{2+}已沉淀完全。离心分离，用滴管将清液移入另一试管中，在清液中加入 0.1mol·L^{-1} Na$_2$CO$_3$ 溶液，直至沉淀完全，离心分离。作出分离过程示意图。

(2) 混合 AgNO$_3$、Fe(NO$_3$)$_3$、Al(NO$_3$)$_3$ 溶液，用沉淀法使 Ag$^+$、Fe^{3+}、Al^{3+} 分离。

五、思考题

1. 沉淀生成的条件是什么？将 0.01mol·L^{-1} Pb(NO$_3$)$_2$ 溶液和 0.02mol·L^{-1} KI 溶液以等体积混合，根据溶度积规则，判断能否产生沉淀？

2. 什么叫分步沉淀？怎样根据溶度积的计算判断本实验中沉淀先后的次序？

3. 在 Ag$_2$CrO$_4$ 沉淀中加入 NaCl 溶液，将会产生什么现象？

4. 在 Mg(OH)$_2$ 沉淀中加入 NH$_4$Cl，在 ZnS 沉淀中加入稀 HCl，沉淀是否都能溶解？为什么？

5. 如何利用沉淀反应来分离 Ag$^+$、Fe^{3+}、Al^{3+}？试设计其分离过程。

实验 10 氧化还原反应

一、实验目的

1. 掌握电极电势与氧化还原反应的关系。
2. 掌握反应物浓度、介质对氧化还原反应的影响。
3. 掌握原电池、电解池的工作原理。

二、实验原理

电极电势的大小反映了物质在其水溶液中的氧化还原能力的强弱。根据氧化剂和还原剂所对应电极电势的相对大小，可以判断氧化还原反应进行的方向。

在通常情况下，可直接使用标准电极电势（$\varphi^{\ominus}$）来比较氧化剂或还原剂的强弱。但当两电对的标准电极电势差值小于 0.2V 时，则应考虑反应物的浓度、介质的酸碱性对电极电势的影响。此时，可用能斯特方程进行计算。若某电对的电极反应为：

$$a\text{ 氧化型} + ne^- \rightleftharpoons b\text{ 还原型}$$

则有
$$\varphi = \varphi^{\ominus} + \frac{0.0592}{n}\lg\frac{[\text{氧化态}]^a}{[\text{还原态}]^b}$$

原电池是通过氧化还原反应将化学能转化为电能的装置。其中负极发生氧化反应，给出电子，电子通过导线流入正极，在正极上发生得电子的还原反应。原电池的电动势 E 为：

$$E = \varphi_{(+)} - \varphi_{(-)}$$

利用电能使非自发的氧化还原反应能够进行的过程，称为电解。将电能转化为化学能的装置称为电解池。电解池中与电源的正极相连的为阳极，进行氧化反应；与电源的负极相连的为阴极，进行还原反应。电解时，离子的性质、离子浓度的大小及材料等因素都可以影响两极的产物。

三、仪器和试剂

1. 仪器：铜电极，锌电极，盐桥（含饱和 KCl 的琼脂），水浴锅。

2. 试剂：H$_2$SO$_4$（1.0mol·L^{-1}、2.0mol·L^{-1}），HAc（1.0mol·L^{-1}），H$_2$C$_2$O$_4$（0.1mol·L^{-1}），NaOH（2.0mol·L^{-1}），NH$_3$·H$_2$O（6mol·L^{-1}），KMnO$_4$（0.01mol·L^{-1}），KI（0.02mol·L^{-1}、0.10mol·L^{-1}），KBr（0.10mol·L^{-1}），Na$_2$SiO$_3$（0.50mol·L^{-1}），Na$_2$SO$_3$（0.10mol·L^{-1}），KIO$_3$（0.10mol·L^{-1}），ZnSO$_4$（0.50mol·L^{-1}），CuSO$_4$

（0.50mol·L^{-1}、0.005mol·L^{-1}），FeCl$_3$（0.10mol·L^{-1}），Pb(NO$_3$)$_2$（0.50mol·L^{-1}、1.0mol·L^{-1}），H$_2$O$_2$（3%）酚酞，蓝色石蕊试纸。

四、实验内容

1. 温度、浓度对氧化还原反应速率的影响

（1）温度的影响　在 A、B 两支试管中各加入 1mL KMnO$_4$ 溶液（0.01mol·L^{-1}），再各加入几滴 H$_2$SO$_4$ 溶液（1.0mol·L^{-1}）酸化。在 C、D 两支试管中各加入 H$_2$C$_2$O$_4$ 溶液（0.1mol·L^{-1}）。将 A、C 两支试管放入水浴中加热几分钟后取出，同时将 A 倒入 C 中，B 倒入 D 中。观察 C、D 试管中的溶液何者先褪色，并解释之。

（2）氧化剂浓度的影响　在分别盛有 3 滴 Pb(NO$_3$)$_2$ 溶液（0.50mol·L^{-1}）和 3 滴 Pb(NO$_3$)$_2$ 溶液（1.0mol·L^{-1}）的两支试管中，各加入 30 滴 HAc 溶液（1.0mol·L^{-1}），混合后，再逐滴加入 Na$_2$SiO$_3$ 溶液（0.50mol·L^{-1}）约 26~28 滴，摇匀，用蓝色石蕊试纸检验溶液仍呈酸性，在 90℃水浴中加热，此时两支试管中出现胶冻，从水浴中取出试管冷却后，同时往两支试管中插入相同表面积的锌片，观察哪支试管中"铅树"生长的速度快，并解释之。

2. 电极电势与氧化还原反应的关系

（1）在分别盛有 1mL Pb(NO$_3$)$_2$ 溶液（0.50mol·L^{-1}）和 1mL CuSO$_4$ 溶液（0.50mol·L^{-1}）的两支试管中，各放入一小块用砂纸擦净的锌片，放置一段时间后，观察锌片表面和溶液颜色有无变化。

（2）在分别盛有 1mL ZnSO$_4$ 溶液（0.50mol·L^{-1}）和 CuSO$_4$ 溶液（0.50mol·L^{-1}）的两支试管中，各放一表面已擦净的铅粒。放置一段时间后，观察铅粒表面和溶液颜色有无变化。

根据（1）、（2）的实验结果，确定锌、铅、铜在电势序中的相对位置。

（3）在试管中加入 10 滴 KI 溶液（0.020mol·L^{-1}）和 2 滴 FeCl$_3$ 溶液（0.10mol·L^{-1}），摇匀后，再加入 1mL CCl$_4$，充分摇荡，观察 CCl$_4$ 层的颜色有无变化。

（4）用 KBr 溶液（0.10mol·L^{-1}）代替 KI 溶液进行上述同样的实验，观察 CCl$_4$ 层的颜色有无变化。

（5）在试管中加入 5 滴 KI 溶液（0.10mol·L^{-1}），加入 2 滴 H$_2$SO$_4$ 溶液（1.0mol·L^{-1}）酸化，再加入 5 滴 H$_2$O$_2$ 溶液（3%），摇匀后，再加入 1mL CCl$_4$，充分摇荡，观察 CCl$_4$ 层的颜色有无变化。

（6）在试管中加入 2 滴 KMnO$_4$ 溶液（0.010mol·L^{-1}），加入 2 滴 H$_2$SO$_4$ 溶液（1.0mol·L^{-1}）酸化，再加入数滴 H$_2$O$_2$ 溶液（3%），观察反应现象。

根据（5）、（6）的实验结果，指出 H$_2$O$_2$ 在反应中各起什么作用。

3. 介质对氧化还原反应的影响

（1）在试管中加入 10 滴 KI 溶液（0.10mol·L^{-1}）和 2~3 滴 KIO$_3$ 溶液（0.10mol·L^{-1}）混合后，观察有无变化。再加入几滴 H$_2$SO$_4$ 溶液（2.0mol·L^{-1}），观察有无变化。再逐滴加入 NaOH 溶液（2.0mol·L^{-1}），使混合溶液呈碱性，观察反应现象。解释每一步反应现象，并指出介质对上述氧化还原反应的影响。

（2）在 3 支试管中各加入 5 滴 KMnO$_4$ 溶液（0.010mol·L^{-1}），在第一支试管中加入 5 滴 H$_2$SO$_4$ 溶液（2.0mol·L^{-1}），在第二支试管中加入 5 滴 H$_2$O$_2$，在第三支试管中加入 5 滴 NaOH 溶液（6.0mol·L^{-1}），再分别向各试管中加入 Na$_2$SO$_3$ 溶液（0.10mol·L^{-1}）。

观察反应现象。

4. 原电池

取 2 个 50mL 烧杯，往 1 个烧杯中加入约 30mL $ZnSO_4$ 溶液（$0.50mol \cdot L^{-1}$），插入连有铜丝的锌片，往另一烧杯中加入约 30mL $CuSO_4$ 溶液（$0.50mol \cdot L^{-1}$），插入连有铜丝的铜片。用盐桥（含有琼胶及 KCl 饱和溶液的 U 形管），把 2 个烧杯中的溶液连通，即组成了原电池。

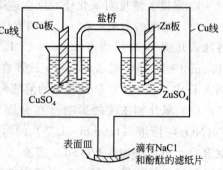

图 1 原电池电解 NaCl 装置

5. 电解

安装铜锌原电池，如图 1 所示。并用它作为电源电解 NaCl 溶液。取一滤纸片放在表面皿上，以 $1mol \cdot L^{-1}$ NaCl 溶液润湿，再加入 1 滴酚酞，原电池两极上的铜丝隔开一段距离并都与滤纸接触。几分钟后，观察滤纸上导线接触点附近颜色的变化。指出原电池的正、负极，电解池的阴、阳极，并分别写出原电池和电解池的两极反应。

五、思考题

1. $KMnO_4$ 与 Na_2SO_3 溶液进行氧化还原反应时，在酸性、中性、碱性介质中的产物各是什么？

2. 计算 25℃，下列原电池的电动势。

(1) $(-)Zn|ZnSO_4(0.10mol \cdot L^{-1}) \| CuSO_4(0.10mol \cdot L^{-1})|Cu(+)$

(2) $(-)Ag,AgCl|KCl(0.010mol \cdot L^{-1}) \| AgNO_3(0.010mol \cdot L^{-1})|Ag(+)$

实验 11 醋酸电离常数的测定

一、实验目的

1. 学习利用测定弱酸和缓冲溶液 pH 的方法来测定弱酸的解离常数。
2. 熟悉酸度计的使用方法。

二、实验原理

HAc 是一种常见的一元弱酸，在水溶液中存在如下的解离平衡：

$$HAc \rightleftharpoons H^+ + Ac^-$$

根据其解离平衡，可导出 $[H^+]$ 的最简计算公式：

$$[H^+] = \sqrt{cK_a^\ominus}$$

因此，通过用酸度计测出一定浓度的 HAc 溶液的 pH，可计算出 HAc 的 $\sqrt{K_a^\ominus}$。

缓冲溶液一般是由弱酸及其共轭碱或弱碱及其共轭酸组成的。对于弱酸及其共轭碱组成的缓冲溶液，有如下的计算公式：

$$pH = pK_a^\ominus + \lg \frac{c_{共轭碱}}{c_{酸}}$$

当溶液中 $c_{酸} = c_{共轭碱}$ 时，有 $pH = pK_a^\ominus$。

三、仪器和试剂

1. 仪器：酸度计，玻璃电极，饱和甘汞电极（或复合电极代替）。

2. 试剂：HAc（约 0.1mol·L^{-1}），NaAc（约 0.1mol·L^{-1}）。

四、实验内容

1. 配制不同浓度的 HAc 溶液

取 5 个 100mL 的小烧杯编号。按照表 1 所列数据分别在 1~4 号烧杯中准确加入一定体积的 HAc 标准溶液和去离子水，混合均匀。

2. 缓冲溶液的配制

在 5 号烧杯中准确加入 25.00mL HAc 标准溶液和 25.00mL NaAc 标准溶液，混合均匀。

3. 溶液 pH 的测定

用酸度计由稀到浓分别测量 1~4 号溶液的 pH，仔细洗净电极后再测量 5 号溶液的 pH。

五、实验数据的记录与处理

HAc 解离常数的实验数据记录与处理见表 1。

表 1 HAc 解离常数实验数据记录与处理

烧杯编号	0.1mol·L^{-1} HAc 溶液的体积/mL	去离子水的体积/mL	配制的 HAc 溶液的浓度/mol·L^{-1}	pH	解离常数 $K_a^\ominus$ 的测定值	$K_a^\ominus$ 的平均值	p$K_a^\ominus$
1	5.00	45.00					
2	10.00	40.00					
3	25.00	25.00					
4	50.00	0.00					
5	25.00	25.00mL 0.1mol·L^{-1} NaAc 溶液					

六、思考题

1. 实验中所用的烧杯是否要用 HAc 溶液润洗？
2. 通过测定等浓度的 HAc 和 NaAc 混合溶液的 pH 来确定 HAc 解离常数的基本原理是什么？
3. 测量 HAc 解离常数所用的 HAc 溶液浓度大点好还是小点好？为什么？
4. 测定不同浓度的 HAc 溶液的 pH 时为什么要依照溶液由稀到浓的顺序进行？

实验 12 离子交换法测定 CaSO$_4$ 的溶度积

一、实验目的

1. 了解用离子交换法测定难溶电解质的溶解度和溶度积的原理和方法。
2. 了解离子交换树脂的一般使用方法。
3. 进一步练习酸碱滴定的操作。

二、实验原理

常用的离子交换树脂是人工合成的固态、球状高分子聚合物，含有活性基团，并能与其它物质的离子进行选择性的离子交换反应。含有酸性基团而能与其它物质交换阳离子的称为阳离子交换树脂，含有碱性基团而能与其它物质交换阴离子的称为阴离子交换树脂。本实验用强酸型阳离子交换树脂（用 R—SO$_3$H 表示）交换硫酸钙饱和溶液中的 Ca^{2+}。其交换反应为：

$$2R-SO_3H + Ca^{2+} \rightleftharpoons (R-SO_3)_2Ca + 2H^+$$

由于 CaSO$_4$ 是微溶弱电解质，其溶解部分除了 Ca^{2+}、SO$_4^{2-}$ 外，还有离子对（分子）形式的硫酸钙存在于水溶液中，饱和溶液存在下列平衡：

$$CaSO_4 \rightleftharpoons Ca^{2+} + SO_4^{2-}$$

$$K^{\ominus} = \frac{[Ca^{2+}][SO_4^{2-}]}{[CaSO_4(aq)]}$$

已知 25℃时，$K^{\ominus} = 5.2 \times 10^{-3}$。

当溶液流经树脂时，由于 Ca^{2+} 被交换，上述平衡向右移动，使 CaSO$_4$(aq) 完全解离，结果全部 Ca^{2+} 被交换为 H$^+$，从流出液的 [H$^+$] 可计算出 CaSO$_4$ 的溶解度 s（以 mol·L^{-1} 表示）：

$$s = [Ca^{2+}] + [CaSO_4(aq)] = [H^+]/2$$

溶液的 pH 可由酸度计测定。CaSO$_4$ 的溶度积 $K_{sp}^{\ominus} = [Ca^{2+}][SO_4^{2-}]$。

三、仪器和试剂

1. 仪器：移液管（25mL），离子交换柱，碱式滴定管，锥形瓶（250mL），量筒（100mL）。

2. 试剂：新过滤的 CaSO$_4$ 饱和溶液，强酸型阳离子交换树脂（732 型），氢氧化钠标准溶液（0.05mol·L^{-1}），溴百里酚蓝（0.01%），HCl（2.0mol·L^{-1}），pH 试纸。

四、实验内容

1. 洗涤

调节交换柱下端的螺丝夹，使溶液以每分钟约 50 滴的速度通过交换柱，待柱中溶液液面降低至略高于树脂时，分批加入约 50mL 去离子水洗涤树脂，直到流出液呈中性（用 pH 试纸检验）。此流出液全部弃去。

注意：在使用交换树脂时，都应使之常处于湿润状态。为此，在任何情况下交换树脂上方都应保持有足够的溶液或去离子水。

2. 交换和洗涤

用移液管准确量取 25.00mL CaSO$_4$ 饱和溶液，注入交换柱内。流出液用 250mL 锥形瓶承接，流出液的流出速度控制在每分钟 40～50 滴，不宜太快。待柱内 CaSO$_4$ 饱和溶液的液面降低至略高于树脂时，分 4 次加入总共约 80mL（用量筒量取）去离子水洗涤树脂，直到流出液呈中性（用 pH 试纸检验）。全部的流出液用同一锥形瓶承接。在整个交换和洗涤过程中应注意勿使流出液损失。

3. 滴定

往装有全部流出液的锥形瓶中加入 2～3 滴溴百里酚蓝指示剂，用标准氢氧化钠溶液滴定至终点（溶液由黄色变为鲜明的蓝色，且半分钟内不褪色，此时溶液的 pH＝6.2～7.6）。

记录实验时的温度，并根据所用氢氧化钠标准溶液的浓度和体积，计算该温度下 CaSO$_4$ 的溶解度（s）和溶度积（$K_{sp}^{\ominus}$）。

4. 再生

注蒸馏水于交换柱中，液面高于树脂。

五、思考题

1. 如何根据实验结果计算溶解度和溶度积?
2. 操作过程中,为什么要控制液体的流速不宜太快?
3. $CaSO_4$ 饱和溶液通过交换柱时,为什么要用去离子水洗涤至溶液呈中性,且不允许流出液有所损失?

附:

(1) $CaSO_4$ 溶解度的文献值

温度/℃	0	10	20	30
溶解度/mol·L^{-1}	1.29×10^{-2}	1.43×10^{-2}	1.50×10^{-2}	1.54×10^{-2}

(2) $CaSO_4$ 饱和溶液的制备 过量 $CaSO_4$(分析纯)加到蒸馏水中,加热到80℃,搅拌,冷却至室温。实验前过滤。

实验13 酸碱标准溶液的配制和体积的比较

一、实验目的

1. 练习酸碱滴定管的使用方法及滴定操作。
2. 练习酸碱标准溶液的配制和体积的比较。
3. 熟悉甲基橙和酚酞的使用和终点的颜色变化。

二、实验原理

标准溶液的配制有直接法和间接法两种。直接法要求配制标准溶液的物质应符合基准物质的要求,不满足基准物质要求的物质则应用间接的方法来配制。

用间接法配制标准溶液时,要先将该物质配制成近似所需浓度的溶液,再通过它来滴定已知准确量的基准物质,根据滴定时各自的消耗量,通过计算求出该溶液的准确浓度。

本实验采用间接法配制 HCl 和 NaOH 溶液。并在下一实验单元中予以标定。

$0.1\ mol\cdot L^{-1}$ HCl 溶液与 $0.1\ mol\cdot L^{-1}$ NaOH 溶液的滴定反应,其理论上 pH 值的突跃范围是 4.3~9.7(在化学计量点附近),本实验选用甲基橙(变色 pH 值的范围是 3.1~4.4)、酚酞(变色 pH 值的范围是 8.0~10.0)作指示剂,指示盐酸和氢氧化钠溶液相互滴定的终点,并根据滴定得到的数据计算两种溶液的体积比。

三、仪器和试剂

1. 仪器:酸式、碱式滴定管(25mL),锥形瓶(250mL),量筒(10mL、100mL),试剂瓶(1000mL,带玻璃塞和橡胶塞各一只)。
2. 试剂:浓盐酸(A.R.),氢氧化钠(A.R.),0.1%甲基橙水溶液,1%酚酞乙醇溶液。

四、实验内容

1. 酸、碱溶液的配制

(1) $0.1\ mol\cdot L^{-1}$ HCl 溶液(500mL) 用量筒取计算量浓盐酸,置于1000mL带玻璃塞的试剂瓶中,加入约500mL纯水,塞上玻璃塞,充分摇匀,贴上标签,备用。

(2) $0.1\ mol\cdot L^{-1}$ NaOH 溶液(500mL) 在台秤上放一洁净的250mL烧杯,称取计算量的氢氧化钠固体。用量筒向烧杯中加入约50mL纯水,用玻璃棒搅拌,待溶解后转入

1000mL 带橡胶塞的试剂瓶中,再加入约 450mL 纯水,塞上橡胶塞,充分摇匀,贴上标签,备用。

2. 酸碱溶液的体积比较

(1) 准备滴定管　按照玻璃器皿的洗涤方法,分别将酸式、碱式滴定管洗涤干净。酸式滴定管应重新涂抹凡士林,并检查是否漏水;碱式滴定管需检查下部乳胶管是否老化,乳胶管内玻璃珠的大小是否合适,有无漏水现象等。

用待装的 $0.1\,mol\cdot L^{-1}$ HCl 溶液淌洗酸式滴定管三次,每次用 5～10mL 溶液,再装入 $0.1\,mol\cdot L^{-1}$ HCl 溶液到"0"刻度以上,排除滴定管下端的气泡,调节液面在"0.00mL"附近。放置片刻,准确读取并记录读数。

同样,用待装的 $0.1\,mol\cdot L^{-1}$ NaOH 溶液淌洗碱式滴定管三次,再装入 NaOH 溶液到"0"刻度以上,仔细排除乳胶管内的气泡,调节液面在"0.00mL"附近。放置片刻,准确读取并记录读数。

(2) 体积比较(甲基橙作指示剂)　从碱式滴定管中放出约 10mL NaOH 溶液于 250mL 锥形瓶中,加入约 25mL 纯水,加 0.1% 甲基橙溶液 1～2 滴,将锥形瓶置于酸式滴定管下,用 HCl 溶液滴定,边滴边摇,在接近终点时应半滴半滴地加入 HCl 溶液,当溶液由黄色恰好变为橙色时,停止滴定。准确记录 NaOH 和 HCl 溶液的终体积。

将锥形瓶移至碱式滴定管下,再从碱式滴定管中放出约 10mL NaOH 溶液,继续用 HCl 溶液滴定至溶液由黄色变橙色,分别记录 HCl 和 NaOH 的累积体积,然后再向锥形瓶中加入约 5mL NaOH 溶液,然后用 HCl 滴定至橙色,再记录一次累积体积,此时得到三组数据。

重复上述实验,一共得到六组数据,分别计算每次的体积比值,其相对平均偏差应小于 0.2%,否则应重做。

(3) 体积比较(酚酞作指示剂)　用酚酞作指示剂时,NaOH 溶液作滴定剂,滴定 HCl 溶液。具体方法同(2),终点时颜色为浅红色,并且 30s 内不褪色,滴定结果的要求同(2)。

滴定结束后,把滴定管内剩余的溶液倒出,用自来水将滴定管充分洗涤后,倒置于滴定管架上。

五、数据记录与处理

数据记录与处理见表 1。

表 1　数据记录与处理

项　　目	Ⅰ	Ⅱ	Ⅲ	Ⅳ	Ⅴ	Ⅵ
HCl 终读数						
HCl 初读数						
V_{HCl}/mL						
NaOH 终读数						
NaOH 初读数						
V_{NaOH}/mL						
V_{HCl}/V_{NaOH}						
体积平均值						
相对平均偏差						

六、思考题

1. 容量仪器洗涤干净的标志是什么?

2. 怎样才能逐去酸式、碱式滴定管嘴部或乳胶管内的气泡？若不逐去，对滴定结果是否会有影响？

3. 滴定管在装入标准溶液前为什么要用该溶液淌洗三次？用于滴定的锥形瓶是否也要淌洗？

4. 为什么在接近终点时，要半滴半滴地向锥形瓶中加入标准溶液？并且要将锥形瓶充分摇动？

5. 锥形瓶的摇动与试管的摇荡有哪些不同？摇动锥形瓶时应注意什么？

6. 为什么用甲基橙作指示剂与酚酞作指示剂时，求出的体积比值会有不同？

实验 14　酸碱标准溶液浓度的标定

一、实验目的

1. 进一步练习并掌握滴定操作。
2. 掌握甲基橙（或酚酞）指示剂终点颜色的正确判断。
3. 熟练掌握酸碱标准溶液浓度的标定方法。

二、实验原理

标定酸碱溶液所用的基准物质有多种。

1. 酸（HCl）溶液的标定

常用无水碳酸钠（Na_2CO_3）或硼砂（$Na_2B_4O_7 \cdot 10H_2O$）作基准物质来标定盐酸溶液的准确浓度。本实验选用 Na_2CO_3 作基准物质，标定反应为：

$$Na_2CO_3 + 2HCl = 2NaCl + H_2O + CO_2 \uparrow$$

用 HCl 滴定 Na_2CO_3 至生成 CO_2 计量点时，溶液 pH=3.89，可选用甲基橙作指示剂指示滴定终点，达到化学计量点时：

$$n_{HCl} = 2n_{Na_2CO_3}$$

2. 碱（NaOH）溶液的标定

可用邻苯二甲酸氢钾（$C_6H_4 \cdot COOH \cdot COOK$，记作 KHP）或草酸（$H_2C_2O_4 \cdot 2H_2O$）作基准物质标定碱溶液浓度，标定反应分别为：

$$KHP + NaOH = KNaP + H_2O$$

或

$$H_2C_2O_4 \cdot 2H_2O + 2NaOH = Na_2C_2O_4 + 4H_2O$$

前者计量点时 pH=9.1，可用酚酞作指示剂；后者计量点 pH=8.4，也可用酚酞作指示剂。

NaOH 标准溶液与 HCl 标准溶液的浓度，一般只需标定其中一种，另一种则通过 NaOH 溶液与 HCl 溶液滴定的体积比算出。标定 NaOH 溶液还是标定 HCl 溶液，要视采用何种标准溶液测定何种试样而定。原则上，应标定测定时所用的标准溶液，这样标定时的条件与测定时的条件（例如指示剂、被测成分等）应尽可能一致。

本实验只需标定 HCl 溶液浓度，NaOH 溶液浓度可由其互滴时的体积比及 HCl 浓度准确求出。

三、仪器和试剂

1. 仪器：分析天平，酸式滴定管（50mL），锥形瓶（250mL），量筒（100mL），容量瓶（250mL），烧杯（250mL），移液管（10mL）。

2. 试剂：无水 Na_2CO_3(G.R.)，0.1%甲基橙水溶液。

四、实验步骤

1. HCl 溶液浓度的标定

方法一 在分析天平上，用差减法准确称取 3 份无水 Na_2CO_3 0.18~0.22g，分别置于 3 个已做好编号的锥形瓶中（称准至±0.0001g），各加蒸馏水 40~50mL，摇动使其全溶，再各加 1~2 滴甲基橙指示剂，用 HCl 溶液滴定至锥形瓶内的溶液由黄色恰好转变为橙色，记下消耗 HCl 溶液的体积。

三次滴定的相对平均偏差在 0.3% 以内，否则应当重做。

根据 Na_2CO_3 的质量 m(g)，HCl 耗用体积 V_{HCl}(mL)，按下式计算标准溶液的准确浓度 c_{HCl}(mol·L^{-1})：

$$c_{HCl}=\frac{\frac{2m}{M_{Na_2CO_3}}}{V_{HCl}\times 10^{-3}}=\frac{2m}{V_{HCl}\times 10^{-3}\times 106.0}$$

此法用于称量 Na_2CO_3 的质量仅 0.2g 左右，称量误差较大，为减少称量误差，也可按方法二标定。

方法二 用差减法准确称取 1.2~1.5g Na_2CO_3 于干净的 250mL 烧杯中，加 50~100mL 蒸馏水，搅拌使其溶解，将此溶液定量转入一洗净的 250mL 容量瓶中，冲洗烧杯至少三次，洗涤液全部转入容量瓶中，加蒸馏水稀释至刻度、定容、摇匀、备用。

用洗净的 10mL 移液管，移取 10.00mL 溶液于锥形瓶中，加蒸馏水 20~30mL，加 1~2 滴甲基橙指示剂，用 HCl 溶液滴定至溶液由黄色变为橙色为终点。重复测定三次，相对平均偏差在 0.2% 以内，否则应重做。

HCl 溶液浓度的计算公式为：

$$c_{HCl}=\frac{\frac{2m}{M_{Na_2CO_3}}\times\frac{10.00}{250}}{V_{HCl}\times 10^{-3}}$$

2. 碱溶液浓度的标定

方法一 用差减法准确称取邻苯二甲酸氢钾 3 份，每份质量为 0.48~0.52g（称准至±0.0001g），分别置于 3 个已编号的锥形瓶中，各加入蒸馏水 40~50mL，温热使之溶解，冷却后加 2~3 滴酚酞指示剂，用 NaOH 溶液滴定，直到呈淡红色并在 30s 内不褪色为终点。重复测定三次，相对平均偏差在 0.2% 以内，否则应重做。计算公式自行列出。

方法二 比较法求出，即根据 HCl 滴定 NaOH 时的体积比及 HCl 溶液的浓度由下式计算得到：

$$c_{NaOH}=\frac{V_{HCl}}{V_{NaOH}}c_{HCl}$$

五、思考题

1. 作为标定的基准物质应具备哪些条件？
2. 溶解 Na_2CO_3 或 KHP 时，加水应以量筒量取还是用移液管？为什么？
3. 本实验使用的烧杯、锥形瓶是否必须烘干？为什么？要不要使用标准溶液润洗？
4. 用 Na_2CO_3 作基准物质标定 HCl 时为什么用甲基橙作指示剂？能用酚酞吗？试用酚酞作指示剂标定一次，看看结果如何？
5. 标定 NaOH 溶液时，基准物质 KHP 为什么要称量 0.5g 左右？标定 HCl 溶液时，基

准物质 Na_2CO_3 为什么要称量 0.2g 左右？称得太多或太少有何不好？

实验 15　混合碱的分析（双指示剂法）

一、实验目的
1. 了解并掌握双指示剂法测定碱液中 NaOH 和 Na_2CO_3（或 Na_2CO_3 和 $NaHCO_3$）含量的原理和方法。
2. 熟练掌握酚酞、甲基橙指示剂终点颜色变化的判定方法。

二、实验原理

碱液中 NaOH 和 Na_2CO_3（或 Na_2CO_3 和 $NaHCO_3$）各自含量的测定，可在同一份试液中，先后加入两种指示剂，用同一种酸标准溶液进行滴定，则可分别求出其各自含量的方法称为双指示剂法。此法方便、快速，在生产中应用普遍，现以 NaOH 和 Na_2CO_3 测定讨论如下。

常用的两种指示剂是酚酞和甲基橙。先在试液中加入酚酞，用 HCl 标准溶液滴定至红色刚好消失。由于酚酞的变色 pH＝8～10，此时试液中 NaOH 完全被中和，而 Na_2CO_3 被中和成 $NaHCO_3$，即中和了一半，其反应为：

$$NaOH + HCl = NaCl + H_2O \text{（计量点 pH=7.0）}$$
$$Na_2CO_3 + HCl = NaHCO_3 + NaCl \text{（第一个计量点 pH=8.3）}$$

设此时消耗 HCl 标准溶液的体积为 V_1(mL)。再向溶液中加入甲基橙指示剂，溶液呈黄色，继续用 HCl 标准溶液滴定至橙色为终点。此时 $NaHCO_3$ 被中和成 H_2O 和 CO_2，即 Na_2CO_3 另一半被中和完毕，反应为：

$$NaHCO_3 + HCl = NaCl + H_2O + CO_2 \uparrow \text{（第二个计量点 pH=3.9）}$$

设此时又消耗 HCl 标准溶液的体积为 V_2(mL)。

可见酚酞变色时所耗 HCl 体积 V_1 是用在中和 NaOH 全部和 Na_2CO_3 一半，甲基橙变色时所耗 HCl 体积 V_2 是用在中和 Na_2CO_3 另一半。在此种情况下 $V_1 > V_2$。根据 V_1、V_2 可以计算出试液中 NaOH 和 Na_2CO_3 的含量，计算公式如下：

$$NaOH(g \cdot L^{-1}) = \frac{c_{HCl}(V_1 - V_2) \times 40.00}{V_{试}}$$

$$Na_2CO_3(g \cdot L^{-1}) = \frac{c_{HCl} \times 2V_2 \times 106.00}{2V_{试}}$$

式中，c_{HCl} 为 HCl 标准溶液的浓度，$mol \cdot L^{-1}$；$V_{试}$ 为所取碱液的体积，mL。

若把碱液中的 NaOH 和 Na_2CO_3 的含量都折算成 1L 含多少克 Na_2O 来表示，称为碱液的总碱度，计算公式为：

$$Na_2O(g \cdot L^{-1}) = \frac{c_{HCl}(V_1 + V_2) \times 61.98}{2V_{试}}$$

根据双指示剂法中消耗标准酸的体积 V_1 和 V_2 的关系，可以判断碱液的组成，即：

(1) $V_1 > V_2 > 0$，含有 NaOH 和 Na_2CO_3；
(2) $V_2 > V_1 > 0$，含有 Na_2CO_3 和 $NaHCO_3$；
(3) $V_1 = V_2 \neq 0$，只含有 Na_2CO_3；
(4) $V_1 > 0$，$V_2 = 0$，只含有 NaOH；

(5) $V_1=0$,$V_2>0$,只含有 NaHCO$_3$。

其各自成分含量的计算可自己分析列出。

三、仪器和试剂

1. 仪器：酸式滴定管（50mL），移液管（25mL），锥形瓶。

2. 试剂：HCl 标准溶液（0.1mol·L^{-1} 准确浓度由实验 14 标定求出），混合碱试剂（实验室提供），0.1%甲基橙水溶液，1%酚酞乙醇溶液。

四、实验步骤

用 25mL 移液管移取 25.00mL 混合碱试液于 250mL 锥形瓶中，加不含二氧化碳的蒸馏水约 30mL，加酚酞指示剂 2~3 滴，用 0.1mol·L^{-1} HCl 标准溶液滴定，边滴加边充分摇动，以免局部 Na$_2$CO$_3$ 直接被滴至 H$_2$CO$_3$（即 H$_2$O 和 CO$_2$），滴定至酚酞恰好褪色为止，此时即为终点，记下所用 HCl 标准溶液的体积 V_1。

在上述溶液中，再加 1~2 滴甲基橙指示剂，继续用 HCl 标准溶液滴定，直到溶液由黄色变为橙色为终点，记下滴定管读数，算出从酚酞褪色到甲基橙变为橙色所消耗 HCl 标准溶液的体积 V_2。

平行测定至少三次，根据 V_1 和 V_2 大小，判断混合碱液组成，并计算各组分的含量以及总碱度（g·L^{-1}）。碱液中总碱度的精密度（用相对平均偏差表示）要求在 0.2% 左右，否则应重做。

五、思考题

1. 为什么说用 HCl 滴定 Na$_2$CO$_3$ 至酚酞褪色时，Na$_2$CO$_3$ 的量只被中和了一半？

2. 试分析用双指示剂法测混合碱液时，两个终点哪个准确一些？

3. 如何根据所消耗 HCl 标准溶液的体积 V_1 和 V_2 判断混合碱液的组成？

4. 有四瓶溶液，因标签损坏或失落，仅知是 NaOH、Na$_2$CO$_3$、NaHCO$_3$ 和 Na$_2$CO$_3$＋NaHCO$_3$ 四种溶液，但不知哪瓶装哪种溶液，现用以下方法检验：

① 溶液甲　加入酚酞，溶液不显色；

② 溶液乙　以酚酞为指示剂，用 HCl 标准溶液滴定，用去 V_1 mL 时溶液红色褪去，然后以甲基橙为指示剂，则需要再加 HCl 标准溶液 V_2 mL 使指示剂变色，并且 $V_1 < V_2$；

③ 溶液丙　用 HCl 标准溶液滴定至酚酞指示剂的红色褪去后，再加入甲基橙指示剂，溶液呈黄色，当再加入半滴 HCl 标准溶液时，溶液立刻呈橙色；

④ 溶液丁　取 2 份等量的溶液，分别以酚酞和甲基橙为指示剂，用 HCl 标准溶液滴定，前者用去 HCl 为 V_1 mL，后者用去 HCl 为 $2V_1$ mL。

问甲、乙、丙、丁四种溶液各是什么？

5. 某固体试样，可能含有 Na$_3$PO$_4$ 和 Na$_2$HPO$_4$ 及惰性杂质。试拟定分析方案，测定 Na$_3$PO$_4$ 和 Na$_2$HPO$_4$ 的含量。注意考虑以下问题：①方法原理；②用什么标准溶液；③用什么指示剂；④测定结果的计算公式。

实验 16　氯、溴、碘

一、实验目的

1. 比较卤化氢的还原性。

2. 了解氯的含氧酸及其盐的性质。

3. 了解卤素离子的分离和鉴定方法。

二、实验原理

卤素都是氧化剂,其氧化性按下列顺序变化:

$$F_2 > Cl_2 > Br_2 > I_2$$

而卤素离子的还原性,按相反顺序变化:

$$F^- < Cl^- < Br^- < I^-$$

次氯酸和次氯酸盐都是强氧化剂。

氯酸盐在中性溶液中,没有明显的氧化性,但在酸性溶液中氧化性较强。

Cl^-、Br^-、I^- 能和 Ag^+ 生成难溶于水的 $AgCl$(白色)、$AgBr$(浅黄色)、AgI(黄色),它们都不溶于稀 HNO_3。$AgCl$ 在氨水和 $(NH_4)_2CO_3$ 溶液中,因生成配离子 $[Ag(NH_3)_2]^+$ 而溶解,$AgBr$ 在 $Na_2S_2O_3$ 溶液中溶解生成 $[Ag(S_2O_3)_2]^{3-}$,AgI 在 $NaCN$ 溶液中生成配离子 $[Ag(CN)_2]^-$ 而溶解。

三、仪器和试剂

1. 仪器:略。

2. 试剂:KCl(A.R.),KBr(A.R.),KI(A.R.),$KClO_3$(A.R.),Zn 粉,S 粉,$Pb(Ac)_2$($0.1\,mol \cdot L^{-1}$),淀粉(5%),$NaOH$($2\,mol \cdot L^{-1}$),氯水,HCl(浓,$2\,mol \cdot L^{-1}$),$KClO_3$(饱和),KI($0.1\,mol \cdot L^{-1}$),H_2SO_4(浓,1:1,$1\,mol \cdot L^{-1}$),$NaCl$($0.1\,mol \cdot L^{-1}$),HNO_3($2\,mol \cdot L^{-1}$、$6\,mol \cdot L^{-1}$),$AgNO_3$($0.1\,mol \cdot L^{-1}$),氨水($6\,mol \cdot L^{-1}$),KBr($0.1\,mol \cdot L^{-1}$),CCl_4,$NaNO_2$($0.1\,mol \cdot L^{-1}$),pH 试纸,KI-淀粉试纸,$Pb(Ac)_2$ 试纸,品红溶液。

四、实验内容

1. 卤化氢还原性的比较(应在通风橱中操作)

取 3 支试管,在第一支试管中加入 KCl 晶体数粒,再加数滴浓 H_2SO_4,微热。观察试管中的颜色有无变化,并用 pH 试纸、KI-淀粉试纸和 $Pb(Ac)_2$ 试纸分别试验试管中产生的气体。在第二支试管中加入 KBr 晶体数粒,在第三支试管中加入 KI 晶体数粒,分别进行与第一支试管相同的实验。根据实验结果,比较 HCl、HBr、HI 的还原性。写出相应反应的方程式。

2. 次氯酸盐的氧化性

取 2mL 氯水加入试管中,逐滴加入 $2\,mol \cdot L^{-1}$ NaOH 溶液直至呈碱性为止(用 pH 试纸检验),将所得溶液分盛于 3 支试管中。在第一支试管中加入数滴 $2\,mol \cdot L^{-1}$ HCl,用 KI-淀粉试纸检验放出的气体。在第二支试管中加入 KI 溶液,再加入淀粉溶液数滴,观察现象。在第三支试管中加入数滴品红溶液,观察现象。

根据上面的实验,说明 NaClO 具有什么性质。

实验思考:如果在溴水中逐滴加入 NaOH 溶液至碱性为止,再用上面的方法试验,是否也有相似的现象出现?

3. 氯酸盐的氧化性

(1) 在 10 滴饱和 $KClO_3$ 溶液中,加入 2~3 滴浓 HCl,检验所产生的气体。

(2) 取 2 滴 $0.1\,mol \cdot L^{-1}$ KI 溶液于试管中,加入少量饱和 $KClO_3$ 溶液,再逐滴加入 1:1 的 H_2SO_4,并不断振荡试管,观察溶液颜色的变化。观察加入过量 $KClO_3$ 溶液时,溶液颜色又将如何变化。

(3) 取绿豆大小干燥的 $KClO_3$ 晶体与硫粉在纸上均匀混合（$KClO_3$ 和 S 的质量比约是 2∶3）；用纸包好，在室外用锤捶打。

4. 卤素离子的鉴定

(1) Cl^- 的鉴定 取 2 滴 $0.1mol·L^{-1}$ NaCl 溶液于试管中，加入 1 滴 $2mol·L^{-1}$ HNO_3，再加入 2 滴 $0.1mol·L^{-1}$ $AgNO_3$，观察沉淀的颜色。离心沉降后，弃去清液，在沉淀中加入数滴 $6mol·L^{-1}$ 氨水，振荡后，观察沉淀消失，然后再加入 $6mol·L^{-1}$ HNO_3 酸化，又有白色沉淀析出（或再加入 $0.1mol·L^{-1}$ KI 溶液，又有黄色沉淀析出）。此两种方法均可鉴定 Cl^- 的存在。

(2) Br^- 的鉴定 取 2 滴 $0.1mol·L^{-1}$ KBr 溶液加入试管中，加入新配制的氯水，边加边摇，若 CCl_4 层出现棕色至黄色，表示有 Br^- 存在。

(3) I^- 的鉴定

① 取 2 滴 $0.1mol·L^{-1}$ KI 溶液和 5～6 滴 CCl_4 滴入试管中，然后逐滴加入氯水，边加边摇荡，若 CCl_4 层出现紫色，表示有 I^- 的存在（若加入过量氯水，紫色又褪去，因生成 IO_3^-）。

② 取 2 滴 $0.1mol·L^{-1}$ KI 溶液滴入试管中，加入 1 滴 $2mol·L^{-1}$ H_2SO_4 和 1 滴淀粉溶液，然后加入 1 滴 $0.1mol·L^{-1}$ $NaNO_2$ 溶液，出现蓝色表示有 I^- 存在。

5. Cl^-、Br^-、I^- 混合物的分离和鉴定

在试管中加入 $0.1mol·L^{-1}$ NaCl、$0.1mol·L^{-1}$ KBr、$0.1mol·L^{-1}$ KI 溶液各 2 滴，混合后加入 2 滴 $6mol·L^{-1}$ HNO_3，再加入 $0.1mol·L^{-1}$ $AgNO_3$ 溶液至沉淀完全，离心沉降弃去清液，沉淀用水洗两次。

(1) Cl^- 的鉴定 将上面得到的沉淀加入 10～15 滴 $120g·L^{-1}$ $(NH_4)_2CO_3$ 溶液，充分搅动，并温热 1min，AgCl 转化为 [$Ag(NH_3)_2$]Cl 而溶解，AgBr 和 AgI 则仍为沉淀。离心沉降，将沉淀与清液分开。先在清液中加入 $0.1mol·L^{-1}$ KI 溶液数滴，若有黄色沉淀生成，则表示有 Cl^- 存在。也可在清液中加入 $0.1mol·L^{-1}$ HNO_3 酸化，若有白色沉淀产生，表示有 Cl^- 存在。

(2) Br^- 和 I^- 的鉴定 将得到的沉淀用水洗涤 2 次，弃去洗液，在沉淀上加 5 滴水和少量锌粉，再加入 2～4 滴 $1mol·L^{-1}$ H_2SO_4，加热，搅动，离心沉降，清液中存在 Br^- 和 I^-（因 Zn 与 AgBr、AgI 作用，Ag 被置换出来，而 Br^-、I^- 则进入溶液）。吸取清液于另一试管中，加入 10 滴 CCl_4 再加入 2 滴氯水，摇动后若 CCl_4 层呈红紫色，则表示有 I^- 存在。继续加入氯水至红紫色褪去，而 CCl_4 层呈橙黄色则表示有 Br^- 存在。

五、思考题

1. 卤化氢的还原性有什么变化规律？实验中怎么验证？
2. 次氯酸有哪些主要的性质？
3. 在水溶液中氯酸盐的氧化性与介质有何关系？

实验 17 过氧化氢、硫的化合物

一、实验目的

1. 了解过氧化氢的氧化还原性。

2. 了解硫化物、硫的含氧化合物的化学性质。

二、试剂和材料

1. 试剂：KI($0.1mol·L^{-1}$)，H_2O_2($30g·L^{-1}$)，CCl_4，$KMnO_4$ ($0.01mol·L^{-1}$)，饱和 H_2S 水溶液，$FeCl_3$($0.1mol·L^{-1}$)，NaCl($0.1mol·L^{-1}$)，$ZnSO_4$($0.1mol·L^{-1}$)，$CdSO_4$($0.1mol·L^{-1}$)，$CuSO_4$($0.1mol·L^{-1}$)，HCl($2mol·L^{-1}$、$6mol·L^{-1}$)，浓 HNO_3，Na_2S($0.1mol·L^{-1}$)、$Na_2[Fe(CN)_5NO]$(1‰)，Na_2SO_3($0.1mol·L^{-1}$)，$Na_2S_2O_3$($0.1mol·L^{-1}$)，KBr($0.1mol·L^{-1}$)，$AgNO_3$($0.1mol·L^{-1}$)，饱和 $ZnSO_4$，$K_4[Fe(CN)_6]$($0.1mol·L^{-1}$)，H_2SO_4($1mol·L^{-1}$)，SO_2 饱和溶液，品红溶液，碘水。

2. 材料：蓝色石蕊试纸，白色点滴板。

三、实验原理

过氧化氢是一种既有氧化性又有还原性的物质。主要表现为氧化性，只有和强氧化剂如高锰酸钾反应时，才表现为还原性。

H_2S 是强还原性物质，并能与多种金属离子生成不同颜色的硫化物沉淀，这些硫化物在水中的溶解度是不同的。利用这一特性，可以分离和鉴定金属离子。

S^{2-} 能与稀酸反应生成 H_2S 气体，该气体能使 $Pb(Ac)_2$ 试纸变黑而检出 S^{2-}。

H_2SO_3 既具有氧化性，又有还原性。主要用作还原剂。SO_2 和某些有色的有机物生成无色加成物，所以具有漂白性。加成物受热往往容易分解。

SO_3^{2-} 能与 $Na_2[Fe(CN)_5NO]$ 反应生成红色化合物，加入 $ZnSO_4$ 饱和溶液和 $K_4[Fe(CN)_6]$ 溶液，可使红色显著加深（其组成尚未确定），利用这个反应可以鉴定 SO_3^{2-} 的存在。

$S_2O_3^{2-}$ 与 Ag^+ 反应生成不稳定的白色沉淀 $Ag_2S_2O_3$，再转化为黑色的 Ag_2S 沉淀，过程中，沉淀的颜色由白→黄→棕→黑，这是 $S_2O_3^{2-}$ 的特征反应。

四、实验内容

1. 过氧化氢的性质

(1) 在试管中加入 10 滴 $0.1mol·L^{-1}$ KI 溶液，酸化后加 5 滴 $30g·L^{-1}$ H_2O_2 溶液和 10 滴 CCl_4 充分振荡，观察溶液的颜色变化，写出反应方程式。

(2) 取 5 滴 $0.01mol·L^{-1}$ $KMnO_4$ 溶液，酸化后滴加 $30g·L^{-1}$ H_2O_2 溶液，观察现象，写出反应方程式。

2. 硫化氢和硫化物

(1) 硫化氢的还原性

① 取 5 滴 $0.01mol·L^{-1}$ $KMnO_4$ 溶液，加入数滴 $1mol·L^{-1}$ H_2SO_4 后，再加入 1mL H_2S 水溶液，观察现象。

② 取 10 滴 $0.1mol·L^{-1}$ $FeCl_3$ 溶液，加入 1mL H_2S 水溶液，观察现象。

(2) 硫化物的溶解性　在 5 支离心试管中，分别加入 $0.1mol·L^{-1}$ NaCl、$0.1mol·L^{-1}$ $ZnSO_4$、$0.1mol·L^{-1}$ $CdSO_4$、$0.1mol·L^{-1}$ $CuSO_4$ 溶液各 5 滴，然后再加入 1mL H_2S 水溶液，观察现象。离心沉淀，弃去上清液，在沉淀中分别加入 $2mol·L^{-1}$ HCl 溶液数滴，观察现象。

将不溶解的沉淀离心分离，用数滴 $6mol·L^{-1}$ HCl 溶液分别处理沉淀，观察现象。

将不溶解的沉淀离心分离，用数滴浓 HNO_3 处理沉淀，微热，观察现象。

(3) S^{2-} 的鉴定 在点滴板上，滴加 1 滴 0.1mol·L^{-1} Na$_2$S 溶液，再加 1 滴 1‰ Na$_2$[Fe(CN)$_5$NO]，出现紫红色，表示有 S^{2-} 的存在。

3. 硫的含氧化合物性质

(1) H$_2$SO$_3$ 的性质

① 用蓝色石蕊试纸检验 SO$_2$ 饱和溶液。

② 在 10 滴品红溶液中，加入 SO$_2$ 饱和溶液。

③ 在 10 滴 H$_2$S 饱和溶液中，滴加 SO$_2$ 饱和溶液。

(2) 硫代硫酸及其盐的性质

① H$_2$S$_2$O$_3$ 的性质。在 10 滴 0.1mol·L^{-1} Na$_2$S$_2$O$_3$ 溶液中，加入 10 滴 2mol·L^{-1} HCl，片刻后，观察溶液是否变浑浊，有无 SO$_2$ 的气味。并说明 H$_2$S$_2$O$_3$ 具有什么性质。

② Na$_2$S$_2$O$_3$ 的性质。在 10 滴碘水中逐滴加入 0.1mol·L^{-1} Na$_2$S$_2$O$_3$ 溶液，观察碘水的颜色是否褪去。写出反应方程式。

另取一试管加入几滴 0.1mol·L^{-1} KBr 和 0.1mol·L^{-1} AgNO$_3$ 溶液，得沉淀后，逐滴加入 0.1mol·L^{-1} Na$_2$S$_2$O$_3$ 溶液，观察沉淀是否溶解。

③ SO_3^{2-} 的鉴定。在点滴板上，滴加 2 滴饱和 ZnSO$_4$ 溶液，再加 1 滴新配制的 0.1mol·L^{-1} K$_4$[Fe(CN)$_6$] 和 1‰ Na$_2$[Fe(CN)$_5$NO]，再加 1 滴 SO_3^{2-} 的溶液，搅动，出现红色沉淀，表示有 SO_3^{2-} 的存在。

④ $S_2O_3^{2-}$ 的鉴定。在点滴板上，滴加 2 滴 0.1mol·L^{-1} Na$_2$S$_2$O$_3$，再加 1 滴 0.1mol·L^{-1} AgNO$_3$ 溶液，直至出现白色沉淀，观察沉淀颜色的变化（由白→黄→棕→黑），利用 Ag$_2$S$_2$O$_3$ 分解时颜色的变化可以鉴定 $S_2O_3^{2-}$ 的存在。

(3) 过二硫酸盐的氧化性 往试管中加入 5.0mL 1mol·L^{-1} H$_2$SO$_4$、5.0mL 蒸馏水和 4 滴 0.002mol·L^{-1} MnSO$_4$ 溶液，混合均匀后，将溶液分成两份。

① 往一份溶液中加一滴 0.1mol·L^{-1} AgNO$_3$ 溶液和少量 K$_2$S$_2$O$_8$ 固体，微热之，观察溶液颜色有何变化。写出反应方程式。

② 另一份溶液中只加少量 K$_2$S$_2$O$_8$ 固体，微热之，观察溶液颜色有无变化。比较两个试验结果有什么不同？为什么？

五、思考题

1. 金属硫化物的溶解情况可分为几类？
2. H$_2$SO$_3$ 有哪些主要性质？
3. 在实验中如何验证 H$_2$S$_2$O$_3$ 及其盐的性质。

实验 18 氮、磷

一、实验目的

1. 了解氮的重要化合物的性质。
2. 了解磷的化合物的性质。

二、试剂和材料

1. 试剂：NaNO$_2$(0.1mol·L^{-1})，H$_2$SO$_4$(1∶1)，KI(0.1mol·L^{-1})，CCl$_4$，Na$_2$SO$_3$

($0.1\text{mol} \cdot \text{L}^{-1}$)，$BaCl_2$($0.1\text{mol} \cdot \text{L}^{-1}$)，$KMnO_4$($0.01\text{mol} \cdot \text{L}^{-1}$)，$H_2SO_4$($2\text{mol} \cdot \text{L}^{-1}$)，$NH_4Cl$($0.1\text{mol} \cdot \text{L}^{-1}$)，HAc($2\text{mol} \cdot \text{L}^{-1}$、$6\text{mol} \cdot \text{L}^{-1}$)，$FeSO_4 \cdot 7H_2O$ 晶体，KNO_3($0.1\text{mol} \cdot \text{L}^{-1}$)，浓 H_2SO_4，$CaCl_2$($0.1\text{mol} \cdot \text{L}^{-1}$)，$Na_3PO_4$($0.1\text{mol} \cdot \text{L}^{-1}$)，$Na_2HPO_4$($0.1\text{mol} \cdot \text{L}^{-1}$)，$NaH_2PO_4$($0.1\text{mol} \cdot \text{L}^{-1}$)，浓 HNO_3，钼酸铵试剂，奈斯勒试剂，铜，锌粒，对氨基苯磺酸，α-萘胺。

2. 材料：白色点滴板。

三、实验原理

(1) NH_4^+ 的鉴定 NH_4^+ 的鉴定方法有两种：一是与 NaOH 反应生成 NH_3，使 pH 试纸变蓝；二是与奈斯勒试剂反应生成红棕色沉淀。

HNO_3 是强氧化剂。它与非金属反应时，常被还原为 NO；与金属反应时，情况较复杂。浓硝酸一般被还原为 NO_2；稀硝酸通常被还原为 NO。当与较活泼的金属反应时，主要被还原为 N_2O；若酸很稀，则主要被还原为 NH_3，后者与硝酸反应生成铵盐。

HNO_2 不稳定，易分解。

$$2HNO_2 \rightleftharpoons H_2O + N_2O_3 \rightleftharpoons NO\uparrow + NO_2\uparrow + H_2O$$

HNO_2 具有氧化性，但遇到强氧化剂时，也可呈还原性。

(2) NO_3^- 的鉴定 在含 NO_3^- 溶液中加入少量 $FeSO_4$ 固体，混匀，沿试管缓慢加入浓硫酸，在浓硫酸与混合溶液的接界处，出现棕色环。

$$NO_3^- + 3Fe^{2+} + 4H^+ = 3Fe^{3+} + NO + 2H_2O$$
$$Fe^{2+} + NO = [Fe(NO)]^{2+}$$

NO_2^- 也能发生上述反应，故应事先除去。

在 NO_2^- 中，加入稀 H_2SO_4 和 KI，再加入 CCl_4 振荡，CCl_4 层呈紫红色。

在硝酸溶液中，PO_4^{3-} 与钼酸铵作用生成黄色磷钼酸铵沉淀。

$$PO_4^{3-} + 3NH_4^+ + 12MoO_4^{2-} + 24H^+ = (NH_4)_3PO_4 \cdot 12MoO_3 \cdot 6H_2O\downarrow + 6H_2O$$

四、实验内容

1. 氮的化合物性质

(1) 亚硝酸的生成和性质 在试管中加入 10 滴 $0.1\text{mol} \cdot \text{L}^{-1}$ $NaNO_2$ 溶液（如果室温较高，应放在冰水中冷却），然后滴加 1:1 H_2SO_4。观察溶液的颜色和液面上方气体的颜色，解释现象，写出反应方程式。

(2) 亚硝酸盐的氧化性和还原性

① 在 $0.1\text{mol} \cdot \text{L}^{-1}$ $NaNO_2$ 溶液中加入 $0.1\text{mol} \cdot \text{L}^{-1}$ KI 溶液，观察现象。然后加酸酸化，观察现象，再加入 CCl_4 证明是否有 I_2 生成。

② 在 $0.1\text{mol} \cdot \text{L}^{-1}$ $NaNO_2$ 溶液中加入 $0.1\text{mol} \cdot \text{L}^{-1}$ Na_2SO_3 溶液，观察现象。然后加酸酸化，并检验是否有 SO_4^{2-} 生成。

③ 在 $0.1\text{mol} \cdot \text{L}^{-1}$ $NaNO_2$ 溶液中加入 $0.01\text{mol} \cdot \text{L}^{-1}$ $KMnO_4$ 溶液，观察颜色是否褪去。然后用 $2\text{mol} \cdot \text{L}^{-1}$ H_2SO_4 酸化，观察现象。

(3) 硝酸的氧化性

① 浓硝酸与非金属的反应。在少许硫粉中加入 1.0mL 浓硝酸，水浴加热，反应一段时间后取几滴清液，检查有无 SO_4^{2-}。写出反应方程式。

② 硝酸与铜的反应。分别试验浓硝酸和稀硝酸与铜的反应（若反应慢可加热）。写出反应方程式。

③ 与锌反应。往 1.0mL 2.0mol·L^{-1} HNO$_3$ 中加几粒锌粒，放置一段时间。取出少许溶液，检验有无 NH$_4^+$ 生成（用气室法）。实验后将锌粒洗净回收。

(4) NH$_4^+$、NO$_2^-$、NO$_3^-$ 的鉴定

① NH$_4^+$ 的鉴定　在点滴板上，滴加数滴 0.1mol·L^{-1} NH$_4$Cl 溶液，再逐滴地加入奈斯勒试剂，产生红棕色的沉淀，表示有 NH$_4^+$ 的存在。

② NO$_2^-$ 的鉴定　取 10 滴 0.1mol·L^{-1} NaNO$_2$ 溶液于试管中，加入数滴 2mol·L^{-1} HAc 酸化，再加入少量 FeSO$_4$·7H$_2$O 晶体，若有棕色出现，证明有 NO$_2^-$ 的存在（或取 1 滴 0.1mol·L^{-1} NaNO$_2$ 溶液于试管中，滴入 1 滴去离子水，再滴入数滴 6.0mol·L^{-1} HAc，然后加 1 滴对氨基苯磺酸和 1 滴 α-萘胺，溶液显红色）。

③ NO$_3^-$ 的鉴定　取 10 滴 0.1mol·L^{-1} KNO$_3$ 溶液于试管中，再加入少量 FeSO$_4$·7H$_2$O 晶体，摇荡使其溶解后，将试管斜持，沿试管壁慢慢滴加 1 滴管浓硫酸，由于浓硫酸的相对密度比上述液体大，流入试管底部形成两层（注意：不要振动），这时两层液体界面上有一棕色环。

2. 磷的化合物的性质

(1) 磷酸的各种钙盐的溶解性　在 3 支试管中分别加入 10 滴 0.1mol·L^{-1} CaCl$_2$ 溶液，然后分别加入等量的 0.1mol·L^{-1} Na$_3$PO$_4$、0.1mol·L^{-1} Na$_2$HPO$_4$、0.1mol·L^{-1} NaH$_2$PO$_4$，观察各试管中是否有沉淀生成，说明磷酸的三种钙盐的溶解性。

(2) PO$_4^{3-}$ 的鉴定　在 5 滴 0.1mol·L^{-1} Na$_3$PO$_4$ 溶液中，加入 10 滴浓 HNO$_3$，再加入 20 滴钼酸铵试剂，微热至 40～50℃。观察黄色沉淀的产生。

五、思考题

1. 怎样来制备亚硝酸？亚硝酸是否稳定？怎样证明亚硝酸盐的氧化还原性？
2. 怎样鉴定 NH$_4^+$、NO$_2^-$、NO$_3^-$、PO$_4^{3-}$？
3. 磷酸的各种钙盐的溶解性有什么区别？

实验 19　锡、铅、锑、铋

一、实验目的

1. 了解锡、铅、锑、铋的氢氧化物的酸碱性，低价化合物的还原性和高价化合物的氧化性，硫化物和硫代酸盐的性质。
2. 掌握锡、铅、锑、铋的离子鉴定反应。

二、实验原理

1. 锡、铅的化合物

Sn(Ⅱ)（如碱性溶液中的 SnO$_2^{2-}$）是强还原剂，Pb(Ⅳ)（如 PbO$_2$）是强氧化剂。

Sn(Ⅱ) 和 Pb(Ⅱ) 的氢氧化物都呈现两性。

锡和铅都能生成有色硫化物，SnS 为棕色，SnS$_2$ 为黄色，PbS 为黑色。它们都不溶于水和稀酸。SnS$_2$ 偏酸性，在（NH$_4$）$_2$S 或 Na$_2$S 中，能溶解生成硫代酸盐。

$$SnS_2 + (NH_4)_2S = (NH_4)_2SnS_3$$

SnS 不溶于 $(NH_4)_2S$ 中，但溶于多硫化物 $(NH_4)_2S_2$。

$$SnS + S_2^{2-} = SnS_3^{2-}$$

硫代锡酸盐不稳定，遇酸分解。

$$SnS_3^{2-} + 2H^+ = H_2SnS_3 \longrightarrow SnS_2 + H_2S$$

SnS 能溶于浓盐酸。

$$SnS + 4HCl(浓) = H_2[SnCl_4] + H_2S$$

PbS 不溶于稀酸和碱金属硫化物，但可溶于硝酸和浓盐酸。

铅能生成许多难溶的化合物。Pb^{2+} 能生成难溶的黄色 $PbCrO_4$ 沉淀，溶于 NaOH 溶液，在分析上常用这个反应来鉴定 Pb^{2+}。

$SnCl_2$ 与 $HgCl_2$ 反应：

$$2HgCl_2 + SnCl_2 = SnCl_4 + Hg_2Cl_2 \downarrow$$
$$Hg_2Cl_2 + SnCl_2 = SnCl_4 + 2Hg$$

$SnCl_2$ 易水解，在溶液中易被氧化。配制 $SnCl_2$ 溶液时，应加相应酸和少量 Sn。

$PbCl_2$ 为白色固体，在冷水中微溶，能溶于热水，并溶于过量浓 HCl 和过量 NaOH。

2. 锑和铋的化合物

Sb(Ⅲ) 的氧化物和氢氧化物呈现两性。Bi(Ⅲ) 的氧化物和氢氧化物只呈现碱性。和 Sb(Ⅲ) 比较，Bi(Ⅲ) 是弱还原剂，Bi(Ⅴ) 呈强氧化性，能将 Mn^{2+} 氧化为 MnO_4^-。

$$5NaBiO_3 + 2Mn^{2+} + 14H^+ = 2MnO_4^- + 5Bi^{3+} + 5Na^+ + 7H_2O$$

锑和铋都能生成不溶于稀酸的有色硫化物，黄色的 Sb_2S_3，棕色的 Sb_2S_5，黑色的 Bi_2S_3。锑的硫化物偏酸性，能溶于 $(NH_4)_2S$ 或 Na_2S 中生成硫代酸盐 SbS_3^{3-}。铋的硫化物属于碱性，不溶于 $(NH_4)_2S$ 或 Na_2S。

Sb^{3+} 和 SbO_4^{3-} 在锡片上可以被还原为金属锑，使锡片呈黑色，利用这个反应可以鉴定 Sb^{3+} 和 SbO_4^{3-}。

$$2Sb^{3+} + 3Sn = 2Sb \downarrow + 3Sn^{2+}$$

Bi^{3+} 在碱性溶液中可被亚锡酸钠还原为金属铋，利用这个反应可以鉴定 Bi^{3+}。

$$2Bi(OH)_3 + 3SnO_2^{2-} = 2Bi \downarrow + 3SnO_3^{2-} + 3H_2O$$

三、仪器和试剂

1. 仪器：离心机。

2. 试剂：$HCl(2mol \cdot L^{-1}、6mol \cdot L^{-1})$，$HNO_3(2mol \cdot L^{-1}、6mol \cdot L^{-1})$，$NaOH(2mol \cdot L^{-1})$，$SnCl_2(0.1mol \cdot L^{-1})$，$Pb(NO_3)_2(0.1mol \cdot L^{-1})$，$Na_2S(0.1mol \cdot L^{-1}、0.5mol \cdot L^{-1})$，$K_2CrO_4(0.1mol \cdot L^{-1})$，$BiCl_3(0.1mol \cdot L^{-1})$，$SbCl_3(0.1mol \cdot L^{-1})$，$HgCl_2(0.1mol \cdot L^{-1})$，$MnSO_4(0.1mol \cdot L^{-1})$，$PbO_2$ 固体，$NaBiO_3$ 固体，锡片或锡箔。

四、实验内容

1. +2 价锡和铅的氢氧化物的酸碱性

(1) 在 10 滴 $0.1mol \cdot L^{-1}$ $SnCl_2$ 溶液中，逐滴加入 $2mol \cdot L^{-1}$ NaOH（12~15 滴），直至生成白色沉淀，经振荡后不再溶解为止。将沉淀分装两支试管中，分别加入 $2mol \cdot L^{-1}$ NaOH 和 $6mol \cdot L^{-1}$ HCl，振荡试管。观察沉淀是否溶解。写出反应方程式。

(2) 在 5 滴 $0.1mol \cdot L^{-1}$ $Pb(NO_3)_2$ 溶液中，逐滴加入 $2mol \cdot L^{-1}$ NaOH（约 3 滴），

制得 $Pb(OH)_2$ 沉淀，用实验证明 $Pb(OH)_2$ 是否具有两性（注意：试验其碱性应该用什么酸）。写出反应方程式。

2. +2 价锡的还原性和+4 价铅的氧化性

（1）在 10 滴 $0.1mol \cdot L^{-1}$ $HgCl_2$ 溶液中，逐滴加入 $0.1mol \cdot L^{-1}$ $SnCl_2$，观察沉淀颜色的变化（Hg_2Cl_2 为白色，Hg 为黑色）。写出反应方程式。

（2）在试管中放入少量 PbO_2，加入 1mL $6mol \cdot L^{-1}$ HNO_3 和 3 滴 $0.1mol \cdot L^{-1}$ $MnSO_4$ 溶液，加热，静置片刻，使溶液逐渐澄清。观察溶液的颜色，试解释之，并写出反应方程式。

3. +3 价锑和+3 价铋的氢氧化物的酸碱性

（1）在 5 滴 $0.1mol \cdot L^{-1}$ $SbCl_3$ 溶液中，加入 $2mol \cdot L^{-1}$ NaOH（约 5 滴），将生成的沉淀分装两试管中，分别加入 $2mol \cdot L^{-1}$ NaOH 和 $2mol \cdot L^{-1}$ HCl，振荡试管。观察沉淀是否溶解。写出反应方程式。

（2）在 3 滴 $0.1mol \cdot L^{-1}$ $BiCl_3$ 溶液中，加入 $2mol \cdot L^{-1}$ NaOH（约 5 滴），将生成的沉淀分装两试管中，分别加入 $2mol \cdot L^{-1}$ NaOH 和 $2mol \cdot L^{-1}$ HCl，振荡试管。观察沉淀是否溶解。写出反应方程式。

4. +5 价铋的氧化性

在试管中加入 2 滴 $0.1mol \cdot L^{-1}$ $MnSO_4$ 溶液和 1mL $6mol \cdot L^{-1}$ HNO_3，再加入 $NaBiO_3$ 固体，振荡，并加微热，观察溶液的颜色。解释现象，写出反应方程式。

5. +3 价锑和+3 价铋的硫化物

（1）在试管中加入 10 滴 $0.1mol \cdot L^{-1}$ $SbCl_3$，加入 5~6 滴 $0.5mol \cdot L^{-1}$ Na_2S 溶液，观察沉淀的颜色，静置片刻使沉淀沉降，吸去上层清液，用少量蒸馏水洗涤沉淀，离心分离，将沉淀分为两份，分别逐滴加入 $6mol \cdot L^{-1}$ HCl 和 $0.5mol \cdot L^{-1}$ Na_2S 溶液，振荡，观察沉淀是否溶解。在加入 $0.5mol \cdot L^{-1}$ Na_2S 溶液的试管中，再逐滴加入 $2mol \cdot L^{-1}$ HCl，观察沉淀能否产生。解释观察到的现象，写出反应方程式。

（2）在试管中加入 10 滴 $0.1mol \cdot L^{-1}$ $BiCl_3$，用上面相同的方法，试验 Bi_2S_3 在 $6mol \cdot L^{-1}$ HCl 和 $0.5mol \cdot L^{-1}$ Na_2S 溶液中的溶解情况。并和 Sb_2S_3 比较有什么区别。

6. Sn^{2+}、Pb^{2+}、Sb^{3+}、Bi^{3+} 的鉴定

（1）Pb^{2+} 的鉴定 在试管中加入 $0.1mol \cdot L^{-1}$ $Pb(NO_3)_2$ 溶液 2 滴，然后逐滴加入 $0.1mol \cdot L^{-1}$ K_2CrO_4，出现铬黄沉淀，表示有 Pb^{2+} 存在。

（2）Sb^{3+} 的鉴定 在一小片光亮的锡片或锡箔上滴加 1 滴 $0.1mol \cdot L^{-1}$ $SbCl_3$ 溶液，锡片上出现黑色，可证明 Sb^{3+} 的存在。

（3）Bi^{3+} 的鉴定 在亚锡酸钠溶液中（自己配制），加入 2 滴 $0.1mol \cdot L^{-1}$ $BiCl_3$ 溶液，有黑色沉淀产生，表示有 Bi^{3+} 存在。相反也可用来鉴定 Sn^{2+} 的存在。

五、思考题

1. 如何根据实验结果说明 Sn(Ⅱ) 和 Pb(Ⅱ) 的氢氧化物具有两性？在证明 $Pb(OH)_2$ 具有碱性时，应该用什么酸？

2. Sn(Ⅱ) 的强还原性和 Pb(Ⅳ) 的氧化性是如何证明的？

3. 如何鉴定 Sn^{2+} 和 Pb^{2+}？

4. 如何鉴定 Sb(Ⅲ) 和 Bi(Ⅲ) 的氢氧化物的酸碱性？

5. 如何说明 Bi(Ⅴ) 的化合物是强氧化剂？

6. 如何分离和鉴定 Sb^{3+} 和 Bi^{3+}？

实验 20　硫代硫酸钠标准溶液的配制和标定

一、实验目的
1. 掌握 $Na_2S_2O_3$ 溶液的配制方法与保存条件。
2. 掌握用基准物质 $K_2Cr_2O_7$ 标定 $Na_2S_2O_3$ 溶液浓度的原理和反应条件及其控制方法。
3. 学习使用碘量瓶和正确判断淀粉指示剂终点颜色的变化。

二、实验原理
硫代硫酸钠（$Na_2S_2O_3 \cdot 5H_2O$）一般含有少量杂质，如 S、Na_2SO_3、Na_2SO_4、Na_2CO_3 及 NaCl 等，同时还容易风化和潮解，因此，不能用直接法配制其准确浓度的溶液，只能先配成近似浓度的溶液，然后再标定。

$Na_2S_2O_3$ 溶液不稳定，容易分解，配成溶液后，浓度会逐渐变化。引起 $Na_2S_2O_3$ 分解的原因有以下几点。

（1）溶解在水中的 CO_2 的作用　$Na_2S_2O_3$ 在中性或弱碱性溶液中较稳定，当 pH<4.6 时不稳定。溶液中含有 CO_2 时，会促进 $Na_2S_2O_3$ 分解。

$$Na_2S_2O_3 + H_2CO_3 \Longrightarrow NaHSO_3 + NaHCO_3 + S\downarrow$$

此分解作用一般发生在溶液配成后的最初 10d 内。在 pH=9~10 $Na_2S_2O_3$ 溶液最为稳定，所以要在 $Na_2S_2O_3$ 溶液中加入少量 Na_2CO_3 或 $NaHCO_3$。

（2）空气中氧的氧化作用
$$2Na_2S_2O_3 + O_2 \Longrightarrow 2Na_2SO_4 + 2S\downarrow$$

（3）微生物的作用
$$Na_2S_2O_3 \xrightarrow{\text{微生物}} Na_2SO_3 + S\downarrow$$

这是使 $Na_2S_2O_3$ 分解的主要原因。但当 pH=9~10 时，微生物活力最低。

为了减少溶解在水中的 CO_2 和 O_2，并杀死嗜硫细菌，应使用新煮沸且冷却的蒸馏水配制溶液，并加入少量 Na_2CO_3（浓度约为 0.02%），以防止 $Na_2S_2O_3$ 分解。

日光照射也能促进 $Na_2S_2O_3$ 溶液分解，所以 $Na_2S_2O_3$ 溶液应储存于棕色瓶中，放置暗处，经 7~14d 后再标定。长期使用的溶液应定期标定。若保存得好可每两个月标定一次。

标定 $Na_2S_2O_3$ 溶液的基准物质有 $KBrO_3$、KIO_3、$K_2Cr_2O_7$ 等，但 $K_2Cr_2O_7$ 便宜、稳定、易提纯，最常用。以 $K_2Cr_2O_7$ 标定 $Na_2S_2O_3$ 溶液的浓度，是在强酸性条件下，$K_2Cr_2O_7$ 先与 KI 反应析出 I_2，以淀粉为指示剂，用 $Na_2S_2O_3$ 溶液滴定析出的 I_2，有关反应为：

$$Cr_2O_7^{2-} + 6I^- + 14H^+ \Longrightarrow 2Cr^{3+} + 3I_2 + 7H_2O$$
$$I_2 + 2S_2O_3^{2-} \Longrightarrow S_4O_6^{2-} + 2I^-$$

$K_2Cr_2O_7$ 与 KI 的反应条件如下。

（1）溶液的酸度越大，反应速率越快，但酸度太大时，I^- 容易被空气中的 O_2 氧化，所以在开始滴定时，酸度一般以 0.8~1.0 mol·L^{-1} 为宜。

（2）$K_2Cr_2O_7$ 与 KI 反应速率较慢，应将溶液置于碘量瓶或磨口锥形瓶中（塞好磨口塞），并避光放置5～10min，反应才能定量进行，待反应完全后，再进行滴定。若滴定至终点后，溶液很快又转变为I_2-淀粉的蓝色，表示KI与$K_2Cr_2O_7$的反应未进行完全，应另取溶液重新标定。

$Na_2S_2O_3$与I_2的反应条件有以下两点。

（1）必须控制溶液的酸度为中性或弱酸性。因为在碱性溶液中，I_2与$S_2O_3^{2-}$将发生下列副反应：

$$S_2O_3^{2-} + 4I_2 + 10OH^- = 2SO_4^{2-} + 8I^- + 5H_2O$$

而且I_2在较强的碱性溶液中会发生歧化反应：

$$3I_2 + 6OH^- = IO_3^- + 5I^- + 3H_2O$$

会给测定带来误差。若在强酸性溶液中，$Na_2S_2O_3$溶液会发生分解反应：

$$S_2O_3^{2-} + 2H^+ = SO_2 + S\downarrow + H_2O$$

同时，I^-在酸性溶液中容易被空气中的O_2氧化：

$$4I^- + 4H^+ + O_2 = 2I_2 + 2H_2O$$

（2）应避免阳光直接照射，因为光线照射能促进I^-被空气中的O_2氧化。所以，用$Na_2S_2O_3$溶液滴定析出的I_2之前，溶液应先加水稀释，一为降低酸度，二为使终点时溶液中的Cr^{3+}离子浓度降低，不致颜色太深，终点颜色好观察。

三、仪器与试剂

1. 仪器：碱式滴定管（25mL），碘量瓶（250mL），移液管（10mL），容量瓶（100mL），棕色试剂瓶（1000mL），烧杯（250mL），量筒（10mL、100mL），分析天平，烘箱，电炉。

2. 试剂：$Na_2S_2O_3 \cdot 5H_2O$(A.R.)，Na_2CO_3(A.R.)，$K_2Cr_2O_7$（基准物质），KI溶液（20%），HCl(6mol·L^{-1})溶液，0.2% 淀粉指示液。

四、实验步骤

1. 0.1mol·L^{-1} $Na_2S_2O_3$溶液的配制

台秤上称取25g $Na_2S_2O_3 \cdot 5H_2O$（摩尔质量为248.11g·mol^{-1}）于250mL烧杯中，加入100～150mL新煮沸且已冷却的蒸馏水，待完全溶解后，加入0.2g Na_2CO_3，转移至棕色试剂瓶中，然后用新煮沸并已冷却的蒸馏水稀释至1L，在暗处放置7～14d后标定。

2. $Na_2S_2O_3$溶液的标定

（1）$K_2Cr_2O_7$标准溶液的配制 用分析天平准确称取0.8～1.0g $K_2Cr_2O_7$（120℃烘干的）于250mL烧杯中，加水使之溶解，定量转移到100mL容量瓶中，加水至刻线，摇匀，备用。

（2）$Na_2S_2O_3$溶液的标定 用10mL移液管移取上述$K_2Cr_2O_7$溶液10.00mL于碘量瓶中，加10～15mL蒸馏水，加20% KI溶液5mL和6mol·L^{-1} HCl溶液5mL，盖好瓶塞并充分摇匀，水封后置暗处放5～10min，使反应进行完全。取出碘量瓶，加50mL蒸馏水稀释，立即用$Na_2S_2O_3$溶液滴定，滴定过程中不要剧烈摇晃碘量瓶（为什么？）。当溶液的颜色由暗红色变为浅黄绿色时，加入0.2% 淀粉溶液5mL，继续用$Na_2S_2O_3$滴定，直至溶液蓝色突然消失变为亮绿色为终点。记录消耗$Na_2S_2O_3$溶液的体积，再重复测定两次，相对偏差不能超过0.3%。按下式计算$Na_2S_2O_3$溶液的准确浓度：

$$c_{Na_2S_2O_3} = \frac{6 \times \frac{m_{K_2Cr_2O_7}}{M_{K_2Cr_2O_7}} \times \frac{10.00}{100.0}}{V_{Na_2S_2O_3} \times 10^{-3}}$$

五、注意事项

1. 滴定开始时要快滴慢摇，以减少 I_2 的挥发，近终点时，要慢滴，用力振摇，以减少淀粉对 I_2 的吸附。

2. 生成的 Cr^{3+} 显蓝绿色，妨碍终点观察。滴定前预先稀释，可使 Cr^{3+} 离子浓度降低，蓝绿色变浅，终点时溶液由蓝色变到绿色，容易观察。同时稀释也使溶液的酸度降低，适于用 $Na_2S_2O_3$ 滴定 I_2。

3. 以淀粉作指示剂时，应先用 $Na_2S_2O_3$ 溶液滴定至溶液呈浅黄色（大部分 I_2 已被滴定），然后再加入淀粉溶液。若淀粉指示剂过早加入，大量的 I_2 与淀粉结合成蓝色物质，这一部分 I_2 就不容易与 $Na_2S_2O_3$ 反应，因而使滴定发生误差。

4. 滴定完了的溶液放置后会变蓝色。如果不是很快变蓝（经过 5～10min），那就是由于空气氧化 I^- 所致，可不予考虑。如果很快而且又不断变蓝，说明 $K_2Cr_2O_7$ 和 KI 的作用在滴定前进行得不完全，溶液稀释得太早。遇此情况，实验应重做。

六、思考题

1. 如何配制和保存 $Na_2S_2O_3$ 标准溶液？

2. 用 $K_2Cr_2O_7$ 作基准物质标定 $Na_2S_2O_3$ 溶液时，为什么要加入过量的 KI 和 HCl 溶液？为什么放置一定时间后才加水稀释？如果：(1) 加 KI 溶液而不加 HCl 溶液；(2) 加酸后不放置暗处；(3) 不放置或少放置一定时间即加水稀释，会产生什么影响？

3. 为什么在滴定至近终点时才加入淀粉指示剂？过早加入会出现什么现象？淀粉指示剂的用量为什么要多达 5mL（0.2%）？和其它滴定方法一样，只加几滴行不行？

4. 碘量法的主要误差来源是什么？如何避免？

5. KI 为什么必须过量？其作用是什么？

6. 实验中所用碘化钾试剂倘若出现黄色，还能使用吗？如何避免黄色的出现？

7. 在用 $Na_2S_2O_3$ 标准溶液滴定前为什么要用纯水稀释至近 100mL？如何稀释？

8. 如何防止 I_2 的挥发和空气氧化 I^-？

实验 21 高锰酸钾标准溶液的配制和标定

一、实验目的

1. 熟悉高锰酸钾标准溶液的配制方法和保存条件。
2. 掌握用 $Na_2C_2O_4$ 作基准物质标定高锰酸钾溶液浓度的原理、方法及滴定条件。
3. 了解自身指示剂指示终点的方法。

二、实验原理

由于市售 $KMnO_4$ 试剂常含有少量 MnO_2 和其它杂质（如硫酸盐、氯化物及硝酸盐等），因此，不能用直接法配制准确浓度的 $KMnO_4$ 溶液，常采用间接法配制。

另外，$KMnO_4$ 氧化力强，易和水中有机物、空气中的尘埃及氨等还原性物质作用。同时 $KMnO_4$ 还能自行分解，其分解反应为：

$$4KMnO_4 + 2H_2O = 4MnO_2\downarrow + 4KOH + 3O_2\uparrow$$

分解速率随溶液的 pH 而改变。在中性溶液中，分解很慢，但 Mn^{2+} 和 MnO_2 的存在能加速其分解，见光分解更快。因此，$KMnO_4$ 溶液的浓度容易改变，必须正确配制和保存。方法是：将粗配制好的 $KMnO_4$ 溶液放在棕色瓶中并在暗处放置 7~10d，让水中的还原性气体和有机物与 $KMnO_4$ 充分作用完，待 $KMnO_4$ 浓度趋于稳定后，再用微孔玻璃漏斗过滤，将溶液中的沉淀（主要是 MnO_2）滤去，然后再用基准物质进行标定即可。如果长期使用必须定期进行标定。

标定 $KMnO_4$ 溶液的基准物质很多，如 $H_2C_2O_4 \cdot 2H_2O$、$Na_2C_2O_4$、$(NH_4)_2C_2O_4$、$FeSO_4 \cdot 7H_2O$、As_2O_3 和纯铁丝等，其中 $Na_2C_2O_4$ 最常用，因 $Na_2C_2O_4$ 不含结晶水，易提纯精制、不易吸湿、性质稳定。用 $Na_2C_2O_4$ 标定 $KMnO_4$ 的反应为：

$$2KMnO_4 + 5Na_2C_2O_4 + 8H_2SO_4 == K_2SO_4 + 2MnSO_4 + 5Na_2SO_4 + 8H_2O + 10CO_2\uparrow$$

滴定时利用 $KMnO_4$ 本身的紫红色指示终点，$KMnO_4$ 被称为自身指示剂。

滴定时，必须控制好反应条件。

(1) 温度 室温下，此反应速率较慢，因此，应将溶液加热至 75~85℃，滴定完毕时，溶液温度不得低于 60℃；但温度不能高于 90℃，否则形成的 $H_2C_2O_4$ 分解，使标定的结果偏高。$H_2C_2O_4$ 分解反应为：

$$H_2C_2O_4 == CO_2 + CO + H_2O$$

(2) 酸度 溶液保持足够的酸度，一般开始滴定时，溶液的酸度为 $0.5\sim 1 mol \cdot L^{-1}$。酸度过高将促使 $H_2C_2O_4$ 分解加快，即：

$$C_2O_4^{2-} + 2H^+ == H_2C_2O_4 \longrightarrow CO_2 + CO + H_2O$$

(3) 滴定速度 滴定时，第一滴 $KMnO_4$ 溶液褪色很慢，在第一滴 $KMnO_4$ 溶液没有褪色以前，不要加入第二滴。等几滴 $KMnO_4$ 溶液已经作用完全后，反应生成的 Mn^{2+} 对反应有催化作用，使反应速率加快，$KMnO_4$ 滴定速度就可以稍快一些，但不能让 $KMnO_4$ 溶液像流水似的流下去。如果滴定速度过快，部分 $KMnO_4$ 将来不及与 $Na_2C_2O_4$ 反应，而会按下式分解：

$$4MnO_4^- + 4H^+ == 4MnO_2 + 3O_2\uparrow + 2H_2O$$

$KMnO_4$ 溶液准确浓度按下式计算：

$$c_{KMnO_4} = \frac{\frac{2}{5} \times \left(\frac{m}{M}\right)_{Na_2C_2O_4}}{V_{KMnO_4} \times 10^{-3}} (mol \cdot L^{-1}) \quad (M_{Na_2C_2O_4} = 134.0)$$

三、仪器和试剂

1. 仪器：酸式滴定管（50mL），锥形瓶（250mL），量筒（10mL、100mL），棕色试剂瓶（500mL），烧杯（1000mL），微孔玻璃漏斗，抽滤装置，水浴锅，电炉，台秤，分析天平，称量瓶。

2. 试剂：$KMnO_4$(A.R.)，$Na_2C_2O_4$（基准物质 G.R. 或 A.R.，于 105℃干燥 2h，储存于干燥器中备用），H_2SO_4($3mol \cdot L^{-1}$)。

四、实验步骤

1. $0.02 mol \cdot L^{-1}$ $KMnO_4$ 溶液的配制（500mL）

台秤上称取约 1.6g $KMnO_4$ 于大烧杯中，加水 500mL 搅拌溶解，放电炉上加热煮沸 20~30min（随时加水以补充因蒸发而损失的水）。冷却后在暗处放置一周以上，然后用玻璃砂芯漏斗或玻璃纤维过滤除去 MnO_2 等杂质。滤液储存于洁净的棕色试剂瓶中，然后标定。如果溶液经煮沸并在水浴上保温 1h，冷却后过滤，则不必长期放置，就可标定其浓度。

2. $KMnO_4$ 标准溶液（$0.02 mol \cdot L^{-1}$）的标定

分析天平上准确称取 0.12~0.15g（准确至 0.1mg）基准物质 $Na_2C_2O_4$ 于 250mL 锥形瓶中，加约 30mL 水和 10mL $3mol \cdot L^{-1}$ H_2SO_4，溶解后在水浴上加热到 75~85℃（刚开始冒蒸汽的温度），趁热用 $KMnO_4$ 溶液滴定。开始滴定时滴定速度要慢，待溶液中产生了 Mn^{2+} 后，滴定速度可适当加快，直到溶液呈现微红色并持续 30s 不褪色即达到终点，滴定完成时溶液温度不应低于 60℃。平行标定 3 次。根据 $Na_2C_2O_4$ 的质量和消耗 $KMnO_4$ 溶液的体积计算 $KMnO_4$ 浓度。相对平均偏差应在 0.2% 以内。

五、注意事项

1. $KMnO_4$ 溶液受热或受光照会慢慢分解，其反应为：
$$4MnO_4^- + 2H_2O = 4MnO_2 \downarrow + 3O_2 \uparrow + 4OH^-$$
分解产物 MnO_2 会加速此分解反应。因此，配好的 $KMnO_4$ 溶液应储存于棕色试剂瓶中，并置于阴暗处保存。

2. $KMnO_4$ 标准溶液应放在酸式滴定管中，由于 $KMnO_4$ 溶液颜色很深，液面凹下弧线不易看出，因此，应该从液面最高边上读数。

3. 草酸钠溶液的酸度在开始滴定时为 0.5~$1mol \cdot L^{-1}$，这样能促使反应正常进行，并且防止 MnO_2 的形成。滴定过程如果发生棕色浑浊（MnO_2），应立即加入 H_2SO_4 补救，使棕色浑浊消失。

4. $KMnO_4$ 标准溶液滴定时的终点较不稳定，这是由于 $KMnO_4$ 在酸性介质中是强氧化剂，滴定到达终点后的粉红色溶液在空气中放置时，与空气中的还原性气体以及灰尘作用而逐渐褪色。故当溶液出现微红色并在 30s 内不褪色时，滴定就可认为已经完成，滴定时不要超过计量点。

六、思考题

1. $KMnO_4$ 标准溶液可采用何种方法配制？配制时应注意什么问题？
2. 配制 $KMnO_4$ 标准溶液时，为什么要将 $KMnO_4$ 溶液煮沸一定时间并放置数天？配好的 $KMnO_4$ 溶液为什么要过滤后才能保存？过滤时是否可以用滤纸？
3. 用 $Na_2C_2O_4$ 标定 $KMnO_4$ 溶液时，应注意哪些重要的反应条件？
4. 本实验用 H_2SO_4 控制溶液酸度，可以用 HCl 或 HNO_3 代替吗？为什么？
5. 盛放 $KMnO_4$ 溶液的烧杯或锥形瓶等容器放置较久后，其壁上常有棕色沉淀物，是什么？此棕色沉淀物用通常方法不容易洗净，应怎样洗涤才能除去此沉淀？
6. 用 $KMnO_4$ 溶液滴定 $Na_2C_2O_4$ 溶液时，$KMnO_4$ 溶液为什么一定要装在酸式滴定管中？为什么第一滴 $KMnO_4$ 溶液加入后红色褪去很慢，而以后褪色较快？

实验 22 胆矾中铜含量的测定

一、实验目的

1. 掌握铜盐中铜的测定原理和碘量法的测定方法。
2. 了解碘量法的误差来源，掌握其消除方法。
3. 掌握淀粉指示剂终点的判断和观察。
4. 加深理解影响氧化还原电极电势的因素。

二、方法原理

胆矾的化学式是 $CuSO_4 \cdot 5H_2O$，用途广泛，是制取其它铜盐的主要原料，常用作印染工业的媒染剂、农业的杀虫剂、水的杀菌剂、木材的防腐剂，也是电镀铜的主要原料。本实验用间接碘量法进行测定。在弱酸性溶液中，Cu^{2+} 与过量的 I^- 作用，生成不溶性 CuI 沉淀并定量析出 I_2。

$$2Cu^{2+} + 4I^- \rightleftharpoons 2CuI\downarrow + I_2$$

生成的 I_2 用 $Na_2S_2O_3$ 标准溶液滴定，以淀粉为指示剂，滴定至溶液的蓝色刚好消失即为终点。

$$I_2 + 2S_2O_3^{2-} \rightleftharpoons 2I^- + S_4O_6^{2-}$$

这里 Cu^{2+} 与 I^- 反应是可逆的，为促使反应实际上向右趋于完全，必须加入过量的 KI。KI 既是 Cu^{2+} 的还原剂，又是生成的 Cu^+ 的沉淀剂，还是生成的 I_2 的配合剂，增加 I_2 的溶解度，减少 I_2 的挥发。

由于 CuI 沉淀强烈吸附 I_2，致使分析结果偏低，为减少 CuI 沉淀对 I_2 的吸附，可在大部分 I_2 被 $Na_2S_2O_3$ 溶液滴定后，再加入 KSCN 或 NH_4SCN，使 CuI（$K_{sp}^{\ominus}=1.1\times 10^{-12}$）转化为溶解度更小的 CuSCN（$K_{sp}^{\ominus}=4.8\times 10^{-15}$）。

$$CuI + SCN^- \rightleftharpoons CuSCN\downarrow + I^-$$

可释放出被 CuI 吸附的 I_2。而 CuSCN 对 I_2 的吸附较小，因而可提高测定结果的准确度。但 KSCN 或 NH_4SCN 只能在接近终点时加入，否则 SCN^- 可能直接还原 Cu^{2+} 或 I_2，而使结果偏低。

$$6Cu^{2+} + 7SCN^- + 4H_2O \rightleftharpoons 6CuSCN\downarrow + SO_4^{2-} + HCN + 7H^+$$

为防止 Cu^{2+} 的水解，反应必须在酸性介质中进行（一般控制 pH=3~4）。若酸度过低，Cu^{2+} 易水解，使反应不完全，结果偏低，而且反应速率慢，终点拖长；酸度过高，则 I^- 被空气中的 O_2 氧化为 I_2 的反应被 Cu^{2+} 催化而加速，使结果偏高。控制溶液的酸度常用 H_2SO_4 或 HAc，而不用 HCl，因 Cu^{2+} 易与 Cl^- 生成 $CuCl_4^{2-}$ 配离子不利于测定。

若试样中含有 Fe^{3+}，会对测定有干扰，因 Fe^{3+} 也能氧化 I^- 为 I_2。

$$2Fe^{3+} + 2I^- \rightleftharpoons 2Fe^{2+} + I_2$$

使结果偏高，可加入 NH_4F，使 Fe^{3+} 生成稳定的 FeF_6^{3-} 配离子，降低了 Fe^{3+}/Fe^{2+} 电对的电极电势，使 Fe^{3+} 不能将 I^- 氧化为 I_2。

三、仪器和试剂

1. 仪器：碱式滴定管（50mL），碘量瓶（250mL），量筒（10mL、100mL），分析天平。
2. 试剂：$Na_2S_2O_3$（$0.1mol \cdot L^{-1}$，已标定好），H_2SO_4（$2mol \cdot L^{-1}$），KI 溶液（20%），KSCN 溶液（10%），淀粉（0.2%），胆矾试样（固体）。

四、实验内容

洗净 3 个碘量瓶，并编号。

分析天平上准确称取 $CuSO_4 \cdot 5H_2O$ 试样 0.4~0.5g 3 份，分别置于 3 个碘量瓶中，各加 1mL $2mol \cdot L^{-1}$ H_2SO_4 溶液和 100mL 水，振摇使之溶解，再各加入 20% KI 溶液 5mL，盖好瓶塞，水封置于暗处放置 5min。取出后立即用 $0.1mol \cdot L^{-1}$ $Na_2S_2O_3$ 溶液滴定至悬浊液由红棕色变为浅黄色，加入 5mL 0.2%淀粉作指示剂，这时溶液呈深蓝色或蓝黑色，继续用 $Na_2S_2O_3$ 溶液滴定至浅灰蓝色。再加 10mL 10% KSCN，盖塞，充分振摇（约 2min），此时溶液的蓝色加深,再继续用 $Na_2S_2O_3$ 标准溶液滴定至蓝色刚好消失为终点,此时溶液为 CuSCN 米色悬浮液,记录所耗 $Na_2S_2O_3$ 的体积。平行测定 3 次。按下式计算铜的百分含量:

$$Cu\% = \frac{c_{Na_2S_2O_3} V_{Na_2S_2O_3} \times 10^{-3} \times M_{Cu}}{W_{样}} \times 100$$

五、思考题

1. 硫酸铜易溶于水,溶解时为什么要加硫酸?用盐酸或硝酸行吗?为什么?

2. 测定铜含量时,加入 KI 为何要过量?此量是否要求很准确?加 KSCN 的作用是什么?为什么只能在临近终点前才能加入 KSCN?

3. 测定反应为什么一定要在弱酸性溶液中进行?如在强酸性(或强碱性)溶液中进行有何影响?

4. 已知 $\varphi^{\ominus}_{Cu^{2+}/Cu^+} = 0.158V$,$\varphi^{\ominus}_{I_2/I^-} = 0.54V$,为什么在本实验中 Cu^{2+} 却能氧化 I^- 成为 I_2?

实验 23 废水中化学耗氧量的测定(高锰酸钾法)

一、实验目的

1. 初步了解水中化学耗氧量(COD)的定义及测定意义。
2. 初步了解水中化学耗氧量(COD)与水体污染的关系。
3. 掌握高锰酸钾法测定废水中 COD 的基本原理、方法和操作步骤。

二、实验原理

自然界中的水都含有一定的溶解氧,它是鱼类等水生生物赖以生存的条件。当废水排入水体时,废水中的一些还原性物质(如硫化物、亚硝酸盐、亚铁盐等)及有机物(包括可降解的和不可降解的),将消耗水中的溶解氧,溶解氧降至一定限度后将危害水中生物。严重的情况如赤潮爆发,就是因水体中有机营养物过剩,导致藻类爆炸性生长繁殖,耗尽水体中的氧气,最终造成水中生态系统的崩溃。同时因死亡的生物被微生物分解产生有刺激性气味的气体,这样的水体也就成了臭水。因此,废水排入自然界水体时,必须严格控制排放指标,以减少对水质的污染。在排放的指标中最重要的一项指标就是化学耗氧量。

水中化学耗氧量(chemical oxygen demand,COD)是指在一定条件下,用强氧化剂处理水样时所消耗氧化剂的量,以每升多少毫克氧表示($mg \cdot L^{-1}$)。不同条件下测得的 COD 值不同,因此,必须严格控制反应条件。化学耗氧量反映了水体受还原性物质污染的程度,由于水体中有机物污染很普遍,所以 COD 也作为有机物相对含量的综合指标之一。化学耗氧量越大,说明水体受有机物的污染越严重,水的质量也就越差。清洁海水的 COD 小于 $0.5 mg \cdot L^{-1}$。清洁地面水中有机物的含量较低,COD 小于 $3 \sim 4 mg \cdot L^{-1}$。轻度污染的水源 COD 可达 $4 \sim 10 mg \cdot L^{-1}$,若水中 COD 大于 $10 mg \cdot L^{-1}$,认为水质受到较严重的污染。

COD 的测定目前多采用 $KMnO_4$ 和 $K_2Cr_2O_7$ 两种方法。对于工业污水和生活污水,因含有较多成分复杂的污染物质,我国规定用 $K_2Cr_2O_7$ 法测定,测得的值称为 COD_{Cr}。$KMnO_4$ 法测得的值称为 COD_{Mn},有文献又称"高锰酸盐指数",该法简便快速,适合测定地面水、河水等污染不十分严重的水。本实验采用 $KMnO_4$ 法,其原理如下。

在酸性条件下，水样中加入过量的 $KMnO_4$ 溶液，加热使水中的有机物充分与之作用。剩余的 $KMnO_4$ 用一定量的 $Na_2C_2O_4$ 还原，再以 $KMnO_4$ 标准溶液返滴定 $Na_2C_2O_4$ 的过量部分。反应式如下：

$$4MnO_4^- + 12H^+ + 5C^* = 4Mn^{2+} + 5CO_2\uparrow + 6H_2O$$

$$2MnO_4^- + 5C_2O_4^{2-} + 16H^+ = 2Mn^{2+} + 8H_2O + 10CO_2\uparrow$$

注意：C^* 是指水样中还原性物质总和，反应过程相当复杂。

水样中 Cl^- 的含量大于 $300mg \cdot L^{-1}$ 时，对测定有干扰，因 Cl^- 能被 $KMnO_4$ 氧化而额外消耗 $KMnO_4$ 溶液，将使测定结果偏高，通常可加 Ag_2SO_4 消除其干扰。1g Ag_2SO_4 可消除 $200mg\ Cl^-$ 的干扰。也可将水样稀释消除干扰。一般取水样后应立即进行分析，如需放置可加入少量 $CuSO_4$ 以抑制生物对有机物的分解。

三、仪器和试剂

1. 仪器：酸式滴定管(50mL)，容量瓶(500mL)，锥形瓶(250mL)，烧杯(250mL)，量筒(10mL、100mL)，移液管(10mL、50mL)，棕色试剂瓶(500mL)，水浴锅，电炉，计时器，分析天平，称量瓶，烘箱。

2. 试剂：$KMnO_4$ 标准溶液（$0.02mol \cdot L^{-1}$），$KMnO_4$ 标准溶液（$0.002mol \cdot L^{-1}$），$Na_2C_2O_4$ 标准溶液（$0.005000mol \cdot L^{-1}$），H_2SO_4 (1∶3)，Ag_2SO_4 固体。

四、实验步骤

1. 水样的测定

视水质污染程度用移液管准确移取 10～100mL 水样于 250mL 锥形瓶中（如取样少，用去离子水稀释至总体积为 100mL），加 1∶3 H_2SO_4 溶液 10mL（必要时可加入少许 Ag_2SO_4 固体，以除去水样中少量的 Cl^-），并用移液管准确加入 $0.002mol \cdot L^{-1}\ KMnO_4$ 溶液 10.00mL（记为 V_1），将锥形瓶放入沸水浴中加热煮沸 10min（准确计时，从开始冒第一个大气泡起计时。加热过程中若观察到红色褪去，应适量补加 $KMnO_4$ 溶液，或减少废水取样量，再重新测定）。取下锥形瓶，溶液应为浅红色，立即准确加入 $0.005000mol \cdot L^{-1}$ $Na_2C_2O_4$ 标准溶液 10.00mL，摇匀，此时溶液应无色（若仍为红色，再补加 $Na_2C_2O_4$ 标准溶液数毫升）。然后在 70～85℃ 下用 $0.002mol \cdot L^{-1}\ KMnO_4$ 溶液滴定至微红色，并在 30s 内不褪色即为终点（终点时溶液温度不应低于 60℃），记录高锰酸钾溶液用量（记为 V_2）。

2. 高锰酸钾溶液与草酸钠溶液的换算系数 f

在 250mL 锥形瓶中加入蒸馏水 100mL 和 1∶3 H_2SO_4 溶液 10mL，加入 $0.005000mol \cdot L^{-1}\ Na_2C_2O_4$ 标准溶液 10.00mL，摇匀，也在水浴中加热到 70～85℃，马上用 $0.002mol \cdot L^{-1}\ KMnO_4$ 溶液滴定至微红色，并在 30s 内不褪色即为终点（终点时溶液温度不应低于 60℃），记录高锰酸钾溶液用量（记为 V_3）。

3. 空白实验

在 250mL 锥形瓶中加入蒸馏水 100mL 和 1∶3 H_2SO_4 溶液 10mL，也在水浴中加热到 70～85℃，立即用 $0.002mol \cdot L^{-1}\ KMnO_4$ 溶液滴定至微红色，并在 30s 内不褪色即为终点（终点时溶液温度不应低于 60℃），记录高锰酸钾溶液用量（记为 V_4）。

化学耗氧量（COD）计算公式为：

$$COD_{Mn} = \frac{[(V_1+V_2-V_4) \times f - 10.00] \times c_{Na_2C_2O_4} \times 16.00}{V_{水样} \times 10^{-3}}$$

其中，换算系数 $f = \dfrac{10.00}{V_3 - V_4}$，即每毫升高锰酸钾溶液相当于 $f(\text{mL})$ 草酸钠标准溶液。

五、注意事项

1. 水样采集后，应加入 H_2SO_4 使 pH<2，抑制微生物繁殖。试样尽快分析，必要时在 0～5℃保存，应在 48h 内测定。取水样的量由外观可初步判断：洁净透明的水样取 100mL，污染严重、浑浊的水取样 10～30mL，补加蒸馏水至 100mL。

2. 高锰酸钾法适合用于测定地表水、饮用水和轻度生活污水。

3. 煮沸时，水浴液面要高于锥形瓶内的液面，使其中的还原性物质被充分氧化，并控制好温度，不能太高，防止溶液溅出。超过 90℃时，草酸钠会分解，使测量的结果偏高。

4. 严格控制煮沸时间，亦即氧化还原反应进行的时间，才能得到较好的重现性。

5. 由于含量较低，使用的 $KMnO_4$ 溶液浓度也低（$0.002 \text{mol} \cdot \text{L}^{-1}$），所以终点的颜色很浅（淡淡的微红色），因此，注意不要过量了。

六、思考题

1. 测定水中 COD 的意义何在？有哪些方法测定 COD？
2. 水样的采集与保存应当注意哪些事项？
3. 水样加入 $KMnO_4$ 煮沸后，若红色消失说明什么？应采取什么措施？
4. 水样中 Cl^- 含量高时对测定有何干扰？应采用什么方法消除？
5. 用 $KMnO_4$ 测定时，滴定操作应注意哪些问题？
6. 加热煮沸 10min 应如何控制？时间要求是否严格？为什么？

实验 24 结晶氯化钡中水分的测定

一、实验目的

1. 练习重量分析中的挥发法的测定操作。
2. 熟练分析天平的称量操作。
3. 练习干燥器、烘箱的使用及恒重操作。

二、实验原理

结晶水是水合结晶物质中结构内部的水，加热至一定温度时即可失去。失去结晶水的温度往往随物质的不同而异。对于氯化钡（$BaCl_2 \cdot 2H_2O$）来说，当将其加热至 120～125℃时，结晶水就可失去。

任何试样在空气中放置时，表面会有少量吸湿水，通常在 105℃下烘干，即可将吸湿水除去。

本实验为保证全部水分快速烘干除去，采用的烘干温度为 125℃。

称取一定质量的氯化钡试样，在上述温度下加热到质量不再改变为止。试样减轻的质量就等于水分的质量。

三、仪器和试剂

1. 仪器：分析天平，干燥器，低型称量瓶，高型称量瓶，烧杯（250mL），烘箱。
2. 试剂：结晶氯化钡 3～4g。

四、实验步骤

1. 空称量瓶的洗涤

取两个低型称量瓶,用铅笔在磨砂处编号(底、盖均需编号),按玻璃仪器洗涤规则将其洗涤干净,放入烧杯中,用蒸馏水淌洗干净。

将洁净的低型称量瓶放入教师指定的搪瓷盘中(烘时应将瓶盖斜置于瓶口上),统一送入烘箱烘干。

2. 空称量瓶的烘干与恒重

将称量瓶置于温度已恒定在125℃左右的烘箱中烘1.5～2h后取出,立即放入干燥器内,冷却至室温(约需30min),在分析天平上准确称其质量,记录于记录本上。再将称量瓶放入烘箱中,烘约30min,取出冷却、称重,如此重复进行,直至前后两次称得的质量相差不超过0.2mg为止(即达到恒重要求)。

3. 称取试样

在两个已恒重的称量瓶中各称入1.4～1.5g氯化钡试样,称准至0.0001g。

4. 烘干水分与恒重

将盛有试样的称量瓶放入指定的搪瓷盘中,统一放入125℃的烘箱内(此时瓶盖应打开),烘2h,然后取出。立即将取出的称量瓶移入干燥器内,冷却(与空称量瓶的冷却时间相同),称重,再统一放入烘箱中烘约0.5h,取出冷却、称重。如此反复,直至恒重。

五、数据记录与计算

设称量瓶+试样质量为$G(g)$,空称量瓶质量为$G_1(g)$,称量瓶+试样烘干后质量为$G_2(g)$,则水分的百分含量为:

$$H_2O\% = \frac{G-G_2}{G-G_1} \times 100\%$$

数据记录见表1。

表1 数据记录

天平室编号:　　　　　天平编号:　　　　　天平零点变动0.2mg

项 目	I	II
空称量瓶质量/g(1)		
(2)		
称量瓶+试样质量/g		
试样质量/g		
称量瓶+试样烘干后质量/g(1)		
(2)		
水分质量/g		
水分百分含量/%		
平均值/%		
相对平均偏差/%		

六、思考题

1. 烘干试样的温度是如何确定的?烘干温度太高或达不到规定会产生什么不良影响?

2. 什么叫恒重?为什么空称量瓶和烘干后的试样都要恒重?

3. 为什么每次将称量瓶放在干燥器中冷却的时间都要尽可能一致?

实验 25 可溶性氯化物中氯的测定（莫尔法）

一、实验目的
1. 掌握沉淀滴定法的基本原理。
2. 练习标准溶液的配制、标定。

二、实验原理
莫尔法是在中性或弱酸性溶液中，以 K_2CrO_4 为指示剂，用 $AgNO_3$ 标准溶液直接滴定待测试液中的 Cl^-。主要反应如下：

$$Ag^+ + Cl^- =\!=\!= AgCl \downarrow \text{（白色）}$$

$$2Ag^+ + CrO_4^{2-} =\!=\!= Ag_2CrO_4 \downarrow \text{（砖红色）}$$

由于 AgCl 的溶解度小于 K_2CrO_4，所以当 AgCl 定量沉淀后，微过量的 Ag^+ 即与 CrO_4^{2-} 形成砖红色的 Ag_2CrO_4 沉淀，它与白色的 AgCl 沉淀一起，使溶液略带橙红色即为终点。

三、仪器和试剂
1. 仪器：略。
2. 试剂：$AgNO_3$（A.R.），NaCl（A.R.，使用前在高温炉中于 500～600℃下干燥 2～3h，储于干燥器内备用），K_2CrO_4（$50g \cdot L^{-1}$）。

四、实验内容
1. 配制 $0.10 mol \cdot L^{-1}$ $AgNO_3$ 溶液

称取 $AgNO_3$ 晶体 8.5g 于小烧杯中，用少量水溶解后，转入棕色试剂瓶中，稀释至 500mL 左右，摇匀置于暗处，备用。

2. $0.10 mol \cdot L^{-1}$ $AgNO_3$ 溶液浓度的标定

准确称取 0.55～0.60g 基准试剂 NaCl 于小烧杯中，用水溶解完全后，定量转移到 100mL 容量瓶中，稀释至刻度，摇匀。用移液管移取 20.00mL 此溶液置于 250mL 锥形瓶中，加入 20mL 水和 1mL $50g \cdot L^{-1}$ K_2CrO_4 溶液，在不断摇动下，用 $AgNO_3$ 溶液滴定至溶液呈橙红色即为终点。平行做 3 份，计算 $AgNO_3$ 溶液的准确浓度。

3. 试样中 NaCl 含量的测定

准确称取含氯试样（含氯质量分数约为 60%）1.6g 左右于小烧杯中，加水溶解后，定量地转移到 250mL 容量瓶中，稀释至刻度，摇匀。准确移取 20.00mL 此试液 3 份，分别置于 250mL 锥形瓶中，加入 20mL 水和 1mL $50g \cdot L^{-1}$ K_2CrO_4 溶液，在不断摇动下，用 $AgNO_3$ 标准溶液滴定至溶液呈橙红色即为终点。根据试样质量、$AgNO_3$ 标准溶液的浓度和滴定中消耗的体积，计算试样中 Cl^- 的含量。

必要时进行空白测定，即取 20.00mL 蒸馏水按上述同样操作测定，计算时应扣除空白测定所消耗 $AgNO_3$ 标准溶液的体积。

五、思考题
1. 配制好的 $AgNO_3$ 溶液要储于棕色瓶中，并置于暗处，为什么？
2. 做空白测定有何意义？K_2CrO_4 溶液的浓度大小或用量多少对测定结果有何影响？
3. 能否用莫尔法以 NaCl 标准溶液直接滴定 Ag^+？为什么？

实验 26 铬、锰

一、实验目的
1. 掌握铬、锰某些重要化合物的性质。
2. 了解铬、锰各种重要价态化合物的生成，以及各种价态物质之间的相互转化。
3. 了解铬、锰化合物的氧化还原性以及介质对氧化还原反应的影响。
4. 掌握 $Cr(Ⅲ)$、Mn^{2+} 的鉴定方法。

二、实验原理

铬和锰分别为周期系 ⅥB、ⅦB 族元素，它们都具有可变的氧化数。铬的化合物中氧化数为 +3、+6 的最常见；锰的化合物中氧化数为 +2、+4、+7 的最常见，而 +3、+5 的化合物不稳定。铬和锰的各种氧化数的化合物有不同的颜色。如 MnO_4^- 紫红色，MnO_4^{2-} 绿色，Mn^{2+} 无色至浅红色，$Cr_2O_7^{2-}$ 橙色，CrO_4^{2-} 黄色，Cr^{3+} 蓝紫色等。

1. 铬的化合物

$Cr(OH)_3$ 具有两性。

$$Cr(OH)_3 + 3H^+ \Longleftrightarrow Cr^{3+} + 3H_2O$$
$$Cr(OH)_3 + OH^- \Longleftrightarrow [Cr(OH)_4]^-$$

Cr^{3+} 的盐容易水解，向 Cr^{3+} 溶液中加入 Na_2S 不会生成 Cr_2S_3，因为 Cr^{3+}、S^{2-} 在水中完全水解。

$$2Cr^{3+} + 3S^{2-} + 6H_2O \Longleftrightarrow 2Cr(OH)_3\downarrow + 3H_2S\uparrow$$

在碱性溶液中，$[Cr(OH)_4]^-$ 具有较强的还原性，易被 H_2O_2 氧化为 CrO_4^{2-}。

$$2[Cr(OH)_4]^- + 3H_2O_2 + 2OH^- \Longleftrightarrow 2CrO_4^{2-} + 8H_2O \text{（绿色→黄色）}$$

但在酸性溶液中，Cr^{3+} 的还原性较弱，只有强氧化剂 $K_2S_2O_8$ 或 $KMnO_4$ 才能将 Cr^{3+} 氧化为 $Cr_2O_7^{2-}$。

$$2Cr^{3+} + 3S_2O_8^{2-} + 7H_2O \xrightarrow{\triangle} Cr_2O_7^{2-} + 6SO_4^{2-} + 14H^+$$

在酸性溶液中，$Cr_2O_7^{2-}$ 为强氧化剂，易被还原成 Cr^{3+}。例如：

$$K_2Cr_2O_7 + 14HCl(浓) \xrightarrow{\triangle} 2CrCl_3 + 3Cl_2\uparrow + 7H_2O + 2KCl$$

铬酸盐和重铬酸盐在水溶液中存在如下平衡：

$$2CrO_4^{2-}(\text{黄色}) + 2H^+ \Longleftrightarrow Cr_2O_7^{2-}(\text{橙红色}) + H_2O$$

该平衡在酸性介质中向右移动，而在碱性介质中向左移动，因此，随溶液酸碱性变化常常会伴有溶液颜色的变化。

铬酸盐的溶解度较重铬酸盐的溶解度要小，因此，向重铬酸盐溶液中加入 Ag^+、Pb^{2+}、Ba^{2+} 等离子时，常生成铬酸盐沉淀。例如：

$$Cr_2O_7^{2-} + 4Ag^+ + H_2O \Longleftrightarrow 2Ag_2CrO_4\downarrow + 2H^+$$

在酸性溶液中，$Cr_2O_7^{2-}$ 与 H_2O_2 反应时，生成蓝色的过氧化铬 $CrO(O_2)_2$：

$$Cr_2O_7^{2-} + 4H_2O_2 + 2H^+ \Longleftrightarrow 2CrO(O_2)_2 + 5H_2O$$

蓝色 $CrO(O_2)_2$ 在水溶液中不稳定，会很快分解，但在有机试剂乙醚或戊醇中则稳定得多。这一反应常用来鉴定 Cr^{3+}、CrO_4^{2-}、$Cr_2O_7^{2-}$。

2. 锰的化合物

在碱性溶液中，Mn(Ⅱ) 不稳定，易被空气中的 O_2 氧化生成棕色 $MnO(OH)_2$，如白色的 $Mn(OH)_2$ 在空气中很快被氧化而逐渐变成棕色的 $MnO(OH)_2$。

$$2Mn(OH)_2(白色)+O_2 = 2MnO(OH)_2（棕色）$$

在酸性溶液中，Mn^{2+} 相当稳定，然而还原性较弱，须用强氧化剂如 $K_2S_2O_8$ 或 $(NH_4)_2S_2O_8$、PbO_2、$NaBiO_3$，才能将其氧化为 MnO_4^-。

$$2Mn^{2+}+5NaBiO_3(s)+14H^+ = 2MnO_4^-（紫红色）+5Bi^{3+}+7H_2O+5Na^+$$

$$2Mn^{2+}+5S_2O_8^{2-}+8H_2O = 2MnO_4^-（紫红色）+10SO_4^{2-}+16H^+$$

这两个反应常用来鉴定 Mn^{2+}。

在中性或弱碱性溶液中，MnO_4^- 和 Mn^{2+} 反应生成棕色 MnO_2 沉淀。

$$2MnO_4^-+3Mn^{2+}+2H_2O = 5MnO_2\downarrow+4H^+$$

在酸性介质中，MnO_2 是较强的氧化剂，易被还原为 Mn^{2+}。例如：

$$MnO_2+4HCl(浓)\xrightarrow{\triangle}MnCl_2+Cl_2\uparrow+2H_2O$$

此反应常用于实验室中制取少量 Cl_2。

在强碱性条件下，强氧化剂能将 MnO_2 氧化成 MnO_4^{2-}。

$$2MnO_4^-+MnO_2+4OH^- = 3MnO_4^{2-}（绿色）+2H_2O$$

MnO_4^{2-} 只有在强碱性（pH>13.5）溶液中才能稳定存在，在中性或酸性介质中，MnO_4^{2-} 发生歧化反应。

$$3MnO_4^{2-}+4H^+ = 2MnO_4^-+MnO_2\downarrow+2H_2O$$

$KMnO_4$ 无论在酸性介质还是在碱性介质中都具有氧化性，但在酸性介质中氧化性最强，被还原的产物为 Mn^{2+}；在中性或弱碱性介质中被还原为 MnO_2；而在强碱性介质中被还原为 MnO_4^{2-}。

$$2MnO_4^-+5SO_3^{2-}+6H^+ = 2Mn^{2+}（无色）+5SO_4^{2-}+3H_2O$$

$$2MnO_4^-+3SO_3^{2-}+H_2O = 2MnO_2\downarrow（棕黑色）+3SO_4^{2-}+2OH^-$$

$$2MnO_4^-+SO_3^{2-}+2OH^- = 2MnO_4^{2-}（绿色）+SO_4^{2-}+H_2O$$

三、仪器和试剂

1. **仪器**：离心机。
2. **试剂**：H_2SO_4(1mol·L^{-1}、3mol·L^{-1})，HCl(6mol·L^{-1}，浓)，HNO_3(6mol·L^{-1})，NaOH(2mol·L^{-1}、6mol·L^{-1}，40%)，$CrCl_3$(0.1mol·L^{-1})，$K_2Cr_2O_7$(0.1mol·L^{-1})，K_2CrO_4(0.1mol·L^{-1})，$KMnO_4$(0.01mol·L^{-1})，$MnSO_4$(0.1mol·L^{-1})，KI(0.1mol·L^{-1})，Na_2SO_3(0.1mol·L^{-1})，Na_2S(0.5mol·L^{-1})，$Pb(NO_3)_2$(0.1mol·L^{-1})，$AgNO_3$(0.1mol·L^{-1})，$BaCl_2$(0.1mol·L^{-1})，3% H_2O_2，固体 $NaBiO_3$，固体 MnO_2，乙醚或戊醇，KI-淀粉试纸，pH 试纸。

四、实验内容

（一）铬的化合物

1. $Cr(OH)_3$ 的制备和性质

试管中加入 8 滴 0.1mol·L^{-1} $CrCl_3$ 溶液，再逐滴加入 2mol·L^{-1} NaOH 溶液，观察沉淀的生成和颜色。写出反应式。将所得沉淀分成两份，分别加入 6mol·L^{-1} HCl 和 6mol·

L^{-1} NaOH 溶液，并观察溶液的颜色，写出反应式。

2. 铬（Ⅲ）盐的水解性

试管中加入 4 滴 0.1mol·L^{-1} $CrCl_3$ 溶液，测出 pH，然后再逐滴加入 0.5mol·L^{-1} Na_2S 溶液，观察产物的颜色与状态，并通过实验证明产物是 $Cr(OH)_3$，而不是 Cr_2S_3。

3. 铬（Ⅲ）的还原性

(1) 试管中加入 2 滴 0.1mol·L^{-1} $CrCl_3$ 溶液，加入 10 滴 3% H_2O_2，微热，注意溶液颜色变化。若加入过量 6mol·L^{-1} NaOH 溶液，微热，观察有何现象，解释原因，并写出反应式。

(2) 取 2 滴 0.1mol·L^{-1} $CrCl_3$ 溶液，加入 5 滴 3mol·L^{-1} H_2SO_4 溶液和几滴 0.01mol·L^{-1} $KMnO_4$ 溶液，微热，观察颜色变化。若变化不明显，可重复滴加 0.01mol·L^{-1} $KMnO_4$ 溶液和加热溶液的操作。

4. $K_2Cr_2O_7$ 的氧化性

在两支试管中各加入 2 滴 0.1mol·L^{-1} $K_2Cr_2O_7$ 溶液和 2 滴 3mol·L^{-1} H_2SO_4 溶液，其中一支试管中滴加 0.1mol·L^{-1} KI 溶液，另一支试管中滴加浓 HCl，加热，并用 KI-淀粉试纸检验所产生的气体，观察实验现象，写出反应式。

5. 难溶铬酸盐的生成

在 3 支试管中各加入 2 滴 0.1mol·L^{-1} $K_2Cr_2O_7$ 溶液，再分别加入 2 滴 0.1mol·L^{-1} $Pb(NO_3)_2$ 溶液、2 滴 0.1mol·L^{-1} $AgNO_3$ 溶液、2 滴 0.1mol·L^{-1} $BaCl_2$ 溶液，观察产物的颜色和状态，解释实验结果，写出反应式。

若用 0.1mol·L^{-1} K_2CrO_4 溶液代替上述 0.1mol·L^{-1} $K_2Cr_2O_7$ 溶液，重复上述实验，观察沉淀的颜色有无不同。

6. Cr 的各种价态之间的转化

(1) Cr(Ⅲ) $\longrightarrow$ Cr(Ⅵ) 的转化　在 2 滴 0.1mol·L^{-1} $CrCl_3$ 溶液中，加入过量的 6mol·L^{-1} NaOH 溶液，再加入几滴 3% H_2O_2 溶液，加热，观察溶液颜色变化，写出反应式。

(2) Cr(Ⅵ) $\longrightarrow$ Cr(Ⅲ) 的转化　在 2 滴 0.1mol·L^{-1} $K_2Cr_2O_7$ 溶液中，加入 2 滴 3mol·L^{-1} H_2SO_4 溶液和 6 滴 0.1mol·L^{-1} Na_2SO_3 溶液，观察现象，写出反应式。

(3) $Cr_2O_7^{2-}$ 与 CrO_4^{2-} 相互转化　在 3 滴 0.1mol·L^{-1} $K_2Cr_2O_7$ 溶液中，加入 5 滴 2mol·L^{-1} NaOH 溶液，观察现象；再加入数滴 3mol·L^{-1} H_2SO_4 溶液酸化，观察现象，写出反应式。

7. Cr^{3+} 的鉴定

在试管中加入 2 滴 0.1mol·L^{-1} $CrCl_3$ 溶液，加入过量 6mol·L^{-1} NaOH 溶液，使 Cr^{3+} 转化为 [$Cr(OH)_4$]$^-$，再过量 2 滴，然后加入 3 滴 3% H_2O_2 溶液，微热，观察现象。待试管冷却后，慢慢滴加几滴 6mol·L^{-1} HNO_3 溶液酸化，然后加入 3 滴 3% H_2O_2 溶液和 0.5mL 乙醚或戊醇，摇动试管，静置，观察乙醚（或戊醇）层和溶液中的颜色。若在乙醚（或戊醇）层中出现深蓝色，表示有 Cr^{3+} 存在。

（二）锰的化合物

1. $Mn(OH)_2$ 的生成和性质

在 3 支试管中各加入 5 滴 0.1mol·L^{-1} $MnSO_4$ 溶液，然后分别加入 3 滴 2mol·L^{-1} NaOH 溶液，其中两支试管中分别迅速滴加 6mol·L^{-1} HCl 溶液和 6mol·L^{-1} NaOH 溶

液，观察现象；另一支试管在空气中振荡，观察沉淀颜色的变化，写出反应式。

2. 二价锰的还原性和 Mn^{2+} 的鉴定

取 3 滴 $0.1mol \cdot L^{-1}$ $MnSO_4$ 溶液，加几滴 $6mol \cdot L^{-1}$ HNO_3 溶液酸化，再加入少量固体 $NaBiO_3$，水浴微热后离心沉降，观察上层清液的颜色，写出反应式。此反应可用来鉴定 Mn^{2+}。

3. 二氧化锰的生成和四价锰的氧化还原性

(1) 在 10 滴 $0.01mol \cdot L^{-1}$ $KMnO_4$ 溶液中，逐滴滴入 $0.1mol \cdot L^{-1}$ $MnSO_4$ 溶液，观察沉淀的颜色，往沉淀中加入 $1mol \cdot L^{-1}$ H_2SO_4 溶液和 $0.1mol \cdot L^{-1}$ Na_2SO_3 溶液，观察沉淀是否溶解，解释现象，写出有关的反应式。

(2) 取少量固体 MnO_2（绿豆粒大）于试管中，加入 2mL 浓 HCl，水浴加热一段时间，观察颜色。用 KI-淀粉试纸检验所产生的气体，写出反应式。

(3) 取少量固体 MnO_2（绿豆粒大）于试管中，加入 10 滴 40% NaOH 溶液和 5 滴 $0.01mol \cdot L^{-1}$ $KMnO_4$ 溶液，加热，振动后离心沉降，观察溶液颜色。取出上层溶液于另一支试管中，加入 5 滴 $3mol \cdot L^{-1}$ H_2SO_4 溶液酸化，观察溶液颜色的变化和沉淀的析出，写出反应式。

4. $KMnO_4$ 在不同介质中的氧化性

在 3 支试管中各加入 2 滴 $0.01mol \cdot L^{-1}$ $KMnO_4$ 溶液和 0.5mL $0.1mol \cdot L^{-1}$ Na_2SO_3 溶液，再分别加入 0.5mL $1mol \cdot L^{-1}$ H_2SO_4 溶液酸化、0.5mL 水、0.5mL $6mol \cdot L^{-1}$ NaOH 溶液，观察产物的颜色与状态，比较它们的产物有何不同，写出反应式。

五、注意事项

1. 在 Cr^{3+} 的鉴定实验中，加入 HNO_3 既要中和过量的碱，又要使 CrO_4^{2-} 转化为 $Cr_2O_7^{2-}$，所以 HNO_3 用量必须稍过量。

2. 在 $Cr_2O_7^{2-} \longrightarrow Cr^{3+}$ 转化反应中，取 $K_2Cr_2O_7$ 量要少，如用浓 HCl 为还原剂，还需要加热。

3. 在 Mn^{2+} 的鉴定实验中，为了得到明显的实验效果，必须严格控制 $MnSO_4$ 的用量，即必须在强酸性条件下，加入少量 $MnSO_4$ 才能使实验现象明显，否则过量的 Mn^{2+} 会使 MnO_4^- 还原，使实验失败。

六、思考题

1. 如何用实验确定 $Cr(OH)_3$ 是两性物质？$Mn(OH)_2$ 是否呈两性？将 $Mn(OH)_2$ 放在空气中，将产生什么变化？

2. 如何实现 $Cr^{3+} \longrightarrow [Cr(OH)_4]^- \longrightarrow CrO_4^{2-} \longrightarrow Cr_2O_7^{2-} \longrightarrow CrO_5$ 的转化？如何实现 $Mn^{2+} \longrightarrow MnO_2 \longrightarrow MnO_4^{2-} \longrightarrow MnO_4^- \longrightarrow Mn^{2+}$ 的转化？试用反应式表示之。

3. 如何鉴定 Cr^{3+} 或 Mn^{2+} 的存在？

4. 在试验 $K_2Cr_2O_7$ 的氧化性时，用 H_2SO_4 酸化而不用 HCl 酸化，为什么？

5. 在酸性介质中，H_2O_2 溶液能否将 Cr^{3+} 氧化为 $[Cr(OH)_4]^-$？

6. $NaBiO_3$ 在酸性介质中能将 Mn^{2+} 氧化成 MnO_4^-，为了保持反应时酸性，能否加入 HCl？

7. $KMnO_4$ 的还原产物和介质有什么关系？

8. 实验室洗涤玻璃仪器，常用的洗液是用固体 $K_2Cr_2O_7$ 溶于浓 H_2SO_4 配成。分析推断这种洗液为什么有洗涤效能？它可以重复使用，用久后会变绿，这时洗液是否失效？

实验27 铁、钴、镍

一、目的要求

1. 试验并掌握二价铁、钴、镍的还原性和三价铁、钴、镍的氧化性。
2. 试验并掌握二价铁、钴、镍配合物的生成以及 Fe^{2+}、Fe^{3+}、Co^{2+}、Ni^{2+} 的鉴定方法。
3. 了解金属铁腐蚀的基本原理和防止腐蚀的方法。

二、试剂和仪器

1. 试剂：硫酸亚铁，硫氰酸钾，氯化铵，锌片，锡片（或锌粒、锡粒），KI-淀粉试纸，H_2SO_4（1∶1，1mol·L^{-1}），HCl（1∶1，5%，浓），NaOH（6mol·L^{-1}、2mol·L^{-1}），$(NH_4)_2Fe(SO_4)_2$（0.2mol·L^{-1}），$CoCl_2$（0.5mol·L^{-1}），$NiSO_4$（0.2mol·L^{-1}），KI（0.5mol·L^{-1}），$K_4[Fe(CN)_6]$（0.5mol·L^{-1}），氨水（浓），氯水，溴水，碘水，四氯化碳，戊醇，乙醚，H_2O_2（3%），丁二酮肟，混合液（在1L溶液中含600g NaOH）。

2. 仪器：砂纸，铁钉，回形针，细铁丝。

三、实验原理

铁、钴、镍是周期系第Ⅷ族元素，性质很相似，在化合物中常见的氧化数为+2、+3。

铁、钴、镍的简单离子在水溶液中都呈现一定的颜色。

铁、钴、镍的+2价氢氧化物都呈碱性，具有不同的颜色，空气中 O_2 对它们的作用情况各不相同，$Fe(OH)_2$ 很快被氧化成红棕色的 $Fe(OH)_3$，但在氧化过程中可以生成绿色到几乎黑色的各种中间产物，而 $Co(OH)_2$ 缓慢地被氧化成褐色的 $Co(OH)_3$。$Ni(OH)_2$ 则与氧不起作用。若用强氧化剂（溴水），则可使 $Ni(OH)_2$ 氧化成 $Ni(OH)_3$。

$$2NiSO_4 + Br_2 + 6NaOH == 2Ni(OH)_3\downarrow + 2NaBr + 2Na_2SO_4$$

除 $Fe(OH)_3$ 外，$Co(OH)_3$、$Ni(OH)_3$ 与浓 HCl 作用，都能产生氯气。

$$2Co(OH)_3 + 6HCl == 2CoCl_2 + Cl_2\uparrow + 6H_2O$$

$$2Ni(OH)_3 + 6HCl == 2NiCl_2 + Cl_2\uparrow + 6H_2O$$

由此可以得出+2价铁、钴、镍氢氧化物的还原性及+3价铁、钴、镍氢氧化物的氧化性的变化规律。

Fe（Ⅱ、Ⅲ）的水溶液易水解。Fe^{2+} 为还原剂，而 Fe^{3+} 为弱氧化剂。

铁、钴、镍都能生成不溶于水而易溶于稀酸的硫化物，自溶液中析出的 CoS、NiS 经放置后，由于结构的改变成为不再溶于稀酸的难溶物质。

铁、钴、镍能生成很多配合物，其中常见的有 $K_4[Fe(CN)_6]$、$K_3[Fe(CN)_6]$、$[Co(NH_3)_6]Cl_2$、$[Ni(NH_3)_4]SO_4$ 等。Co(Ⅱ) 的配合物不稳定，易被氧化为 Co(Ⅲ) 的配合物。而镍的配合物则以+2价的最为稳定。

在 Fe^{3+} 溶液中加入 $K_4[Fe(CN)_6]$ 溶液，在 Fe^{2+} 溶液中加入 $K_3[Fe(CN)_6]$ 溶液，都能产生铁蓝沉淀，经结构研究证明，二者的组成与结构相同。

$$Fe^{3+} + [Fe(CN)_6]^{4-} + K^+ + H_2O == KFe[Fe(CN)_6]\cdot H_2O\downarrow$$

$$Fe^{2+} + [Fe(CN)_6]^{3-} + K^+ + H_2O \rightleftharpoons KFe[Fe(CN)_6] \cdot H_2O \downarrow$$

在 Co^{2+} 溶液中，加入饱和 KSCN 溶液，可生成蓝色配合物 $[Co(SCN)_4]^{2-}$，配合物在水溶液中不稳定，易溶于有机溶剂，如丙酮，它能使配合物蓝色更为显著。

Ni^{2+} 溶液与丁二酮肟（二乙酰二肟）在氨性溶液中作用，生成鲜红色螯合物沉淀。

四、实验内容

（一）二价铁、钴、镍的还原性

1. 二价铁的还原性

（1）在酸性介质中，往盛有 1mL 溴水的试管中注入 3 滴 1：1 H_2SO_4 溶液，然后滴入 $(NH_4)_2Fe(SO_4)_2$ 溶液，观察现象，写出反应式。

（2）在碱性介质中，在一支试管中注入 1mL 蒸馏水和一些稀硫酸，煮沸后赶尽溶于其中的空气，然后加入少量硫酸亚铁铵晶体使之溶解。在另一支试管中注入 1mL 6mol·L^{-1} NaOH 溶液，煮沸（为什么？）。冷却后，用一支长滴管吸取 NaOH 溶液，插入前一支试管的硫酸亚铁铵溶液（直至试管底部）内，慢慢放出 NaOH 溶液（整个操作都要避免将空气带进溶液中），观察产物颜色和状态。振荡后放置一段时间，观察又有何变化。写出反应式。溶液留作下面实验用。

2. 二价钴和二价镍的还原性

（1）往盛有 $CoCl_2$ 和 $NiSO_4$ 溶液的试管中注入氯水，观察有何变化。

（2）在两支盛有 0.5mL $CoCl_2$ 溶液的试管中分别滴入稀 NaOH 溶液，所得沉淀一份置于空气中，一份注入氯水，观察有何变化，第二份留作下面实验用。

（3）用 $NiSO_4$ 溶液按（2）实验，观察现象，第二份留作下面实验用。

（二）三价铁、钴、镍的氧化性

1. 在上面保留下来的氢氧化铁（Ⅲ）、氢氧化钴（Ⅲ）和氢氧化镍（Ⅲ）沉淀里分别注入浓盐酸，观察振荡后各有何变化，并用 KI-淀粉试纸检验所放出的气体。

2. 在上述制得的 $FeCl_3$ 溶液中注入 KI 溶液，再注入四氯化碳，振荡后观察现象，写出反应式。

综合上述实验所观察到的现象，总结二价的铁、钴、镍化合物的还原性和三价的铁、钴、镍化合物的氧化性变化规律。

（三）配合物的生成以及 Fe^{2+}、Fe^{3+}、Co^{2+}、Ni^{2+} 的鉴定方法

1. 铁的配合物

（1）往盛有 2mL $K_4[Fe(CN)_6]$ 溶液的试管里注入碘水，摇动试管后，滴入数滴 $(NH_4)_2Fe(SO_4)_2$ 溶液，观察有何现象发生。此为 Fe^{2+} 的鉴定反应。

（2）向盛有 2mL $(NH_4)_2Fe(SO_4)_2$ 溶液的试管里注入约 0.5mL 碘水，摇动试管后，将溶液分成两份，并各滴入数滴 KSCN 溶液，然后向其中一支试管中注入约 1mL 3% H_2O_2 溶液，观察现象。此为 Fe^{3+} 的鉴定反应。

试从配合物的生成对电极电势的改变来解释 $Fe(CN)_6^{4-}$ 能把 I_2 还原成 I^-，而 Fe^{3+} 则不能的原因。

（3）往 $FeCl_3$ 溶液中注入亚铁氰化钾溶液，观察现象，写出反应式。这也是鉴定 Fe^{3+} 的一种常用的方法。

（4）向盛有 1mL 0.2mol·L^{-1} $FeCl_3$ 溶液的试管中滴入浓氨水直至过量，观察沉淀是否溶解。

2. 钴的配合物

(1) 往盛有 2mL $CoCl_2$ 溶液的试管里加入少量的固体 KSCN，观察固体周围的颜色，再注入 1mL 戊醇或 1mL 乙醚，振荡后观察水相和有机相的颜色，这个反应可用来鉴定钴（Ⅱ）离子。

(2) 往 1mL $CoCl_2$ 溶液中，加入少许固体 NH_4Cl，然后滴入浓氨水至生成的沉淀刚好溶解为止，静置一段时间后，观察溶液的颜色有何变化。

3. 镍的配合物

往 1mL $NiSO_4$ 溶液中，滴入浓氨水至生成的沉淀刚好溶解为止。观察现象，然后滴入几滴丁二酮肟（二乙酰二肟）试剂则有鲜红色内络盐沉淀生成，这是鉴定 Ni^{2+} 的特征反应。

（四）铁的腐蚀和防腐

1. 铁的腐蚀

在两支试管中，各注入 1/2 试管的水，加 2 滴稀盐酸和几滴 $K_3[Fe(CN)_6]$ 溶液，然后将两个分别夹有同样大小、同样纯度的锌片和锡片（或锌粒和锡粒）（均用砂纸擦净）的回形针（可事先将回形针在 HNO_3 里稍浸泡一下，除去其表面的 Ni 镀层）分别投入这两支试管中。数分钟后观察试管中溶液的颜色，应用 Fe、Zn、Sn 的电位顺序分析上述所发生的反应。明白白铁（镀锌铁）和马口铁（镀锡铁）的腐蚀过程。

2. 铁的防腐

把擦净了的铁钉系在细铁丝上，先用 5% HCl 洗涤，后用水洗涤，取 1L 溶液中含有 600g 氢氧化钠和 60g 亚硝酸钠的混合溶液 60mL 于小烧杯中加热至沸腾。将铁钉浸在其中，几分钟后取出铁钉，观察现象，写出反应式。

五、思考题

1. 混合溶液中含有 Fe^{3+}、Cr^{3+} 和 Ni^{2+}，试加以分析。
2. 写出鉴别 Fe^{3+}、Fe^{2+}、Co^{2+}、Ni^{2+} 的方法。
3. $FeCl_3$ 的水溶液为黄色，当它遇到几种物质时可以呈现出紫色、血红色、褐色、棕红色、浅绿色，说出各物质的名称，并指出 $FeCl_3$ 溶液遇到这些物质表现的不同颜色分别有何用途？
4. 有一浅绿色晶体 A 可溶于水得到溶液 B，于 B 中注入饱和 $NaHCO_3$ 溶液，有白色沉淀 C 和气体 D 生成。C 在空气中逐渐变成棕色，将气体 D 通入澄清的石灰水会变浑浊。若将溶液 B 加以酸化，再滴入一滴紫红色溶液 E，则得到浅黄色溶液 F，于 F 中注入黄血盐溶液，立即产生深蓝色沉淀 G。若溶液 B 中注入 $BaCl_2$ 溶液，有白色沉淀 H 析出，此沉淀不溶于强酸。问 A、B、C、D、E、F、G、H 分别是什么物质？写出分子式，并写出有关的反应式。

实验 28 EDTA 标准溶液的配制和标定

一、实验目的

1. 掌握 EDTA 标准溶液的配制和标定方法。
2. 掌握 EDTA 配位滴定原理，了解配位滴定的特点。

3. 熟悉钙指示剂（NN）或二甲酚橙（XO）指示剂的应用条件和终点颜色的正确判断。

二、实验原理

乙二胺四乙酸（简称 EDTA，常用 H_4Y 表示）在水中的溶解度很小，22℃时每 100mL 水中仅溶解 0.02g，相当于 7×10^{-4} mol·L^{-1}，浓度太稀不适合于作滴定剂。在分析中通常使用其二钠盐配制标准溶液。乙二胺四乙酸二钠盐（也简称 EDTA，常用 $Na_2H_2Y\cdot2H_2O$ 表示）在水中溶解度较大，22℃时每 100mL 水中可溶解 11.1g，即其饱和溶液的浓度约为 0.3mol·L^{-1}，水溶液的 pH=4.8，可配成所需浓度的标准溶液使用。在工厂和实验室中其标准溶液常采用间接法配制。

标定 EDTA 溶液的基准物质较多，如 Zn、Bi、Cu、Ni 等纯金属以及 ZnO、MgO、$CaCO_3$、$MgSO_4\cdot7H_2O$ 等金属氧化物或其盐类。通常选用其中与被测物组分相同或相近的物质作为基准物，这样标定条件和测定条件较一致，可减小滴定误差。否则，常带来较大的误差，这是因为：①不同金属离子与 EDTA 反应完全程度不同；②不同指示剂变色范围不同；③在不同条件下溶液中存在的杂质干扰情况不同。如配制 EDTA 所用的蒸馏水中含有少量 Ca^{2+} 和 Pb^{2+}，若用此 EDTA 在碱性条件下滴定，二者均有影响；若在弱酸性溶液中滴定，只有 Pb^{2+} 有影响；在强酸性溶液中滴定，二者均不干扰。

EDTA 溶液若用于测定水样的硬度或白云石中 CaO、MgO 等，则宜用 $CaCO_3$ 作为基准物，以钙指示剂作为指示剂。为此，先用 HCl 将 $CaCO_3$ 溶解，将此溶液定量转移到容量瓶中并定容，制成钙标准溶液。吸取一定量钙标准溶液，调节溶液 pH≥12，但 pH<13，加入钙指示剂，用 EDTA 溶液滴定至溶液由酒红色变为纯蓝色为终点。有关反应及变色原理如下：

基准物溶解　　　　　　　$CaCO_3+2HCl =\!=\!= CaCl_2+H_2O+CO_2\uparrow$

钙指示剂配合物生成　　$Ca^{2+}+HIn^{2-}+OH^- =\!=\!= CaIn^{2-}+H_2O$
　　　　　　　　　　　　　　　纯蓝色　　　　　　　酒红色

计量点前的反应　　　　$Ca^{2+}+H_2Y^{2-}+2OH^- =\!=\!= CaY^{2-}+2H_2O$

计量点附近　　　　　　$CaIn^{2-}+H_2Y^{2-}+OH^- =\!=\!= CaY^{2-}+HIn^{3-}+H_2O$
　　　　　　　　　　　酒红色　　　　　　　　　　　　　　无色　　　纯蓝色

EDTA 溶液若用于测定 Pb^{2+}、Al^{3+}、Cu^{2+} 等易水解金属离子，则宜用 ZnO 或金属 Zn 为基准物，以二甲酚橙为指示剂。故需加 HCl 将 ZnO 或 Zn 溶解，制成锌标准溶液。吸取一定量锌标准溶液，在 pH=5～6 的 $(CH_2)_6N_4$-HCl 缓冲溶液中，加二甲酚橙指示剂，用 EDTA 溶液滴定至溶液由紫红色变为亮黄色为终点。

三、仪器和试剂

1. 仪器：分析天平，台秤，电炉，酸式滴定管（50mL），移液管（25mL），容量瓶（250mL），锥形瓶（250mL），烧杯（250mL），量筒（10mL、100mL），试剂瓶（1000mL）。

2. 试剂

（1）以 $CaCO_3$ 为基准物时所用试剂 $CaCO_3$（G.R. 或 A.R.），EDTA（$Na_2H_2Y\cdot2H_2O$，A.R.），HCl（6mol·L^{-1}），NaOH（20%），钙指示剂（由 0.5g 钙指示剂与 50g NaCl 混合研磨均匀而得）。

（2）以 ZnO 或 Zn 为基准物时所用试剂 ZnO 或 Zn（G.R. 或 A.R.），EDTA（$Na_2H_2Y\cdot2H_2O$，A.R.），HCl（6mol·L^{-1}），六亚甲基四胺（20%）水溶液，二甲酚橙（0.2%）水溶液，1:1 氨水。

四、实验内容

1. 0.02mol·L^{-1} EDTA 溶液的配制

在台秤上称取配制 1000mL 浓度为 0.02mol·L^{-1} EDTA($Na_2H_2Y·2H_2O$ 摩尔质量 372.2g·mol^{-1})溶液所需的 EDTA 的质量（自己计算）于 250mL 烧杯中，加入 150~200mL 蒸馏水，加热溶解，待溶液冷却后，转入 1000mL 试剂瓶中，稀释至 1000mL，充分摇匀，备用。

2. 以 $CaCO_3$ 为基准物标定 EDTA 溶液

(1) 钙标准溶液配制（约 0.02mol·L^{-1}） 在分析天平上，用差减法准确称取 $CaCO_3$ 0.5~0.6g（准确至 0.0001g）于洗净的 250mL 烧杯中，用少量水润湿，盖上表面皿，用胶头吸管吸取 6mol·L^{-1} HCl，从烧杯嘴处逐滴加入，并边摇边滴加（切勿加入太快，以防反应过于剧烈而产生大量 CO_2 气泡，使 $CaCO_3$ 飞溅损失），使 $CaCO_3$ 完全溶解为止。然后，在电炉上加热煮沸片刻（小心，勿溅失），冷却至室温，以少量蒸馏水冲洗表面皿，定量转移至 250mL 容量瓶中，稀释至刻度，摇匀。

(2) EDTA 溶液标定　用移液管移取 25.00mL Ca^{2+} 标准溶液于锥形瓶中，加入约 25mL 蒸馏水，加少量钙指示剂（约绿豆大小的体积），再用胶头滴管滴入 20% NaOH 溶液，边摇边滴，至溶液呈现稳定的酒红色时，再加 20% NaOH 0.5~1mL（以不产生沉淀为宜），然后在摇动下，用待标定的 EDTA 溶液滴定至溶液由酒红色变成紫红色，再变成紫蓝色，最后完全变为纯蓝色为终点。记下所消耗的 EDTA 溶液的体积。

平行测定三次，计算 EDTA 溶液准确浓度及相对平均偏差等。

3. 以 ZnO 或 Zn 为基准物标定 EDTA

(1) 锌标准溶液配制（约 0.02mol·L^{-1}）　准确称取在 800~1000℃灼烧过（需 20min 以上）的基准物 ZnO 0.5~0.6g 于 250mL 烧杯中（若为纯金属锌粒，则称取 0.3~0.4g），用少量水润湿，盖上表面皿，然后逐滴加入 6mol·L^{-1} HCl，边加边摇至完全溶解（HCl 量不宜过多），以少量蒸馏水冲洗表面皿，将溶液定量转入 250mL 容量瓶中，定容，摇匀。

(2) EDTA 溶液标定　用移液管吸取 25.00mL Zn^{2+} 标准溶液于 250mL 锥形瓶中，加 20~30mL 蒸馏水，2~3 滴二甲酚橙指示剂，先滴加 1∶1 氨水至溶液由黄色刚变为橙色（不能多加），然后滴加 20%六亚甲基四胺至溶液呈稳定的紫红色后再多加 3mL[此处六亚甲基四胺用作缓冲剂。它在酸性溶液中能生成 $(CH_2)_6N_2H^+$，此共轭酸与过量的 $(CH_2)_6N_4$ 构成缓冲溶液，从而能使溶液的酸度稳定在 pH=5~6 范围内。先加氨水调节酸度是为了节约六亚甲基四胺，因六亚甲基四胺试剂较昂贵]，用 EDTA 溶液滴定至溶液由紫红色恰好变为亮黄色为终点。记下所消耗的 EDTA 体积，平行测定三次，计算 EDTA 溶液准确浓度及相对平均偏差等。

五、注意事项

1. 配合反应进行的速率较慢（不像酸碱反应能在瞬间完成），故滴定时加入 EDTA 溶液的速度不能太快，在室温低时，尤其要注意。特别是在接近终点时，应逐滴加入，并充分振摇。

2. 指示剂的加入量要适宜，过多或过少都不易辨认终点，宜在实践中总结经验，加以掌握。

3. 滴定前调节溶液 pH 很关键，一定要在摇动溶液的情况下，逐滴加入碱（NaOH 或氨水）。

六、思考题

1. 为什么通常用乙二胺四乙酸二钠盐，而不是用乙二胺四乙酸配制 EDTA 标准溶液？
2. 用 HCl 溶液溶解基准物 $CaCO_3$（或 ZnO 或 Zn）时，在操作上应注意什么？
3. 用 $CaCO_3$ 作基准物，钙指示剂为指示剂，标定 EDTA 溶液浓度，溶液的酸度应控制在什么 pH 范围？为什么？如何控制？
4. 用 ZnO 或 Zn 作基准物，二甲酚橙为指示剂，标定 EDTA 溶液浓度，溶液的酸度控制在什么 pH 范围？为什么？如何控制？如果溶液中含酸量较多，怎么办？
5. 配位滴定法与酸碱滴定法相比，有哪些不同？操作中应注意哪些问题？

实验 29　水硬度的测定

一、实验目的

1. 了解水硬度的测定意义和常用的水硬度表示方法。
2. 掌握 EDTA 法测定水硬度的原理和方法。
3. 掌握铬黑 T 指示剂（EBT）和钙指示剂的应用，了解金属指示剂的特点。

二、实验原理

水中主要杂质阳离子是 Ca^{2+}、Mg^{2+}，还有微量的 Fe^{3+}、Al^{3+} 等，通常以水中 Ca^{2+}、Mg^{2+} 总量表示水的硬度，水中 Ca^{2+}、Mg^{2+} 的含量越高，水的硬度就越大。硬度有暂时硬度和永久硬度之分。

暂时硬度是指水中含有钙、镁的酸式碳酸盐，遇热即成碳酸盐沉淀或氢氧化物沉淀而失去其硬度。反应如下：

$$Ca(HCO_3)_2 \longrightarrow CaCO_3(完全沉淀) + H_2O + CO_2 \uparrow$$
$$Mg(HCO_3)_2 \longrightarrow MgCO_3(不完全沉淀) + H_2O + CO_2 \uparrow$$
$$\xrightarrow{+ H_2O} Mg(OH)_2 \downarrow + CO_2 \uparrow$$

永久硬度是指水中含有钙、镁的硫酸盐、氯化物、硝酸盐等，在加热时也不沉淀（但在锅炉运转温度下，一些溶解度较低的盐类可形成锅垢）。

暂时硬度和永久硬度的总和，即水中 Ca^{2+}、Mg^{2+} 总量，称为水的总硬度。由钙离子形成的硬度称为钙硬度，由镁离子形成的硬度称为镁硬度。

水硬度的表示方法有多种，随各国的习惯不同而有所不同。有将水中 Ca^{2+}、Mg^{2+} 总量折算成 $CaCO_3$，而以 $CaCO_3$ 的量作为硬度标准的。我国常以 Ca^{2+}、Mg^{2+} 总量折合成 CaO 来计算水的硬度，并以度（°）表示。而且规定：1L 水中含 10mg CaO 时，其硬度为 1°，即 $1° = 10mg \cdot L^{-1}$ CaO。故有如下计算公式：

$$硬度(°) = \frac{c_{EDTA} V_{EDTA} M_{CaO}}{V_{水} \times 10^{-3} \times 10}$$

式中，c_{EDTA} 为 EDTA 标准溶液的浓度，$mol \cdot L^{-1}$；$V_{水}$、V_{EDTA} 分别为水样和 EDTA 溶液的体积，mL；M_{CaO} 为 CaO 的摩尔质量，$56.08g \cdot mol^{-1}$。

按照硬度大小，可将水质分类（表 1）。

表 1　水质分类

总硬度	水质	总硬度	水质
0°～4°	很软水	16°～30°	硬水
4°～8°	软水	>30°	很硬水
8°～16°	中等硬水		

生活用水的总硬度不得超过25°。各种工业用水对硬度有不同的要求，有的工艺过程中要求硬度很低，有的可以较高，差别很大，所以水硬度是生活用水和工业用水水质检测的一项重要指标，测定水硬度有很重要的实际意义。

用EDTA配位滴定法测定水的总硬度，是在pH＝10的NH_4Cl-NH_3缓冲溶液中，以铬黑T为指示剂，用EDTA标准溶液滴定水中Ca^{2+}、Mg^{2+}的总量。反应如下：

滴定前　　　　　　$Mg^{2+} + HIn^{2-} + OH^- \rightleftharpoons MgIn^- + H_2O$
　　　　　　　　　纯蓝色　　　　　　　酒红色

　　　　　　　　　$Ca^{2+} + HIn^{2-} + OH^- \rightleftharpoons CaIn^- + H_2O$
　　　　　　　　　纯蓝色　　　　　　　酒红色

计量点前　　　　　$Mg^{2+} + H_2Y^{2-} + 2OH^- \rightleftharpoons MgY^{2-} + 2H_2O$
　　　　　　　　　$Ca^{2+} + H_2Y^{2-} + 2OH^- \rightleftharpoons CaY^{2-} + 2H_2O$
　　　　　　　　　　　　　　　　　　　　　　无色

计量点附近　　　　$MgIn^- + H_2Y^{2-} + OH^- \rightleftharpoons MgY^{2-} + HIn^{2-} + H_2O$
　　　　　　　　　$CaIn^- + H_2Y^{2-} + OH^- \rightleftharpoons CaY^{2-} + HIn^{2-} + H_2O$
　　　　　　　　　酒红色　　　　　　　　　　无色　　　纯蓝色

所以用EDTA溶液滴定至溶液由酒红色变为紫红色，再变为紫蓝色，最后变为纯蓝色为终点。

如果水中存在Fe^{3+}、Al^{3+}等离子干扰测定，可用三乙醇胺掩蔽。Cu^{2+}、Zn^{2+}、Pb^{2+}等离子的干扰可用Na_2S掩蔽。

钙硬度测定原理与以$CaCO_3$为基准物标定EDTA溶液浓度相同。由总硬度减去钙硬度即为镁硬度。

三、仪器和试剂

1. 仪器：酸式滴定管（50mL），移液管（25mL），锥形瓶（250mL），量筒（10mL、100mL）。

2. 试剂：水试样（由实验室提供）或自来水（自己取样），EDTA标准溶液（由上一实验配制标定），NaOH(20%)，NH_4Cl-NH_3缓冲溶液（pH＝10），铬黑T指示剂（0.5%，0.5g铬黑T，4.5g盐酸羟胺，用100mL无水乙醇溶解即可），钙指示剂（0.5g钙指示剂与50g NaCl混匀研细）。

四、实验步骤

1. 总硬度的测定

量取澄清水样100mL（若水样不澄清，必须过滤，过滤所用仪器和滤纸必须是干燥的，最初和最后的滤液宜弃去。非属必要，一般水样不用纯水稀释）或移取25.00mL模拟水样于锥形瓶中，加入10mL pH＝10的NH_4Cl-NH_3缓冲溶液，3～4滴铬黑T指示剂，摇匀，用EDTA标准溶液滴定至溶液由酒红色变为紫红色，再变为紫蓝色，最后完全变为纯蓝色为终点。至少平行测定三次。

2. 钙硬度的测定

量取澄清水样 100mL 或移取 25.00mL 模拟水样于锥形瓶中，加入 2mL 20% NaOH 溶液，摇匀，加钙指示剂，再摇匀，此时溶液呈浅酒红色浊液，再用 EDTA 标准溶液滴定至呈纯蓝色为终点。至少平行测定三次。

五、注意事项

1. 总硬度较大的水样，在加缓冲溶液后，常析出 $CaCO_3$ 等微粒，使滴定终点不稳定。遇此情况，可在水样中加适量稀盐酸，振摇后，再调至近中性，然后加缓冲溶液，则终点稳定。

2. 测钙硬度时，接近终点，EDTA 滴加速度要缓慢，并充分摇动溶液，避免 $Mg(OH)_2$ 沉淀吸附 Ca^{2+} 而引起钙结果偏低。

六、思考题

1. 用 EDTA 法怎样测出水的总硬度？用什么指示剂？产生什么反应？终点变色如何？试液的 pH 应控制在什么范围？如何控制？测定钙硬度又如何？

2. 用 EDTA 法测定水的总硬度时，哪些离子的存在有干扰？如何消除？

3. 从铬黑 T 与 Ca^{2+}、Mg^{2+} 形成的配合物稳定常数值（$lgK_{CaIn}=5.4$，$lgK_{MgIn}=7.0$）比较它们的稳定性。当水样中 Mg^{2+} 含量低时，以铬黑 T 作指示剂测定水中 Ca^{2+}、Mg^{2+} 总量，终点不明晰，因此，常在水样中先加入 MgY^{2-} 配合物，再用 EDTA 滴定，终点颜色变化很鲜明。这样做对测定结果有无影响？并说明理由。

实验 30　铅铋混合液中铅、铋含量的连续测定

一、实验目的

1. 掌握在控制酸度的条件下，用 EDTA 连续滴定多种金属离子的测定原理及方法。
2. 熟悉二甲酚橙（XO）指示剂的应用条件和确定终点的方法。

二、实验原理

1. 铅、铋离子均能与 EDTA 形成稳定的 1∶1 配合物，lgK 值分别为 18.04 和 27.94。由于二者的 lgK 值相差较大，故测定它们的最小 pH 有较大差别（Bi^{3+} 的 $pH_{min}\approx 0.7$，Pb^{2+} 的 $pH_{min}\approx 3.3$），因此，可以通过控制酸度，在不同 pH 下用 EDTA 分别连续测定 Bi^{3+} 和 Pb^{2+}。

2. 二甲酚橙（XO）指示剂的水溶液在 pH>6.3 时呈红色，在 pH<6.3 时呈黄色。而二甲酚橙与 Bi^{3+} 及 Pb^{2+} 都能生成紫红色的配合物。所以在酸性溶液中连续测定 Bi^{3+} 和 Pb^{2+}，可用同一种指示剂分别指示终点。

3. 测定时，先将试液的酸度调至 pH≈1，以二甲酚橙为指示剂，Bi^{3+} 与 XO 形成紫红色配合物（在此条件下 Pb^{2+} 不与 XO 作用），用 EDTA 标准溶液滴定至溶液由紫红色突变为亮黄色，即为 Bi^{3+} 的终点。然后再用 HAc-NaAc 为缓冲溶液，控制溶液 pH≈5，此时 Pb^{2+} 与 XO 形成紫红色配合物，用 EDTA 标准溶液继续滴定至溶液再次突变为亮黄色，即为 Pb^{2+} 的终点。

三、仪器和试剂

1. 仪器：酸式滴定管（50mL），移液管（25mL），锥形瓶（250mL），量筒（10mL）。

2. 试剂：EDTA 标准溶液（0.02mol·L^{-1}），铅铋混合试液（由实验室提供），NaOH（0.5mol·L^{-1}），HNO$_3$（0.1mol·L^{-1}），氨水（1:1），二甲酚橙水溶液（0.5%），HAc-NaAc 缓冲溶液（pH≈5），精密 pH 试纸（pH=0.5~5）。

四、实验内容

1. 铋含量的测定

移取 25.00mL 含有 Bi^{3+} 和 Pb^{2+} 的混合溶液于 250mL 锥形瓶中，用胶头滴管滴加 0.5mol·L^{-1} NaOH 溶液，调节 pH≈1（以精密 pH 试纸检验），记下 NaOH 用量（由于调节溶液酸度时，要以精密 pH 试纸检验。由于心中无数，检验次数必然较多，为了消除因溶液损失而产生的误差，需先探索加入 NaOH 的量），此步为探索试验。

用移液管移取 25.00mL 混合试液于另一锥形瓶中，滴加上述探索量的 NaOH 溶液，加 10mL 0.1mol·L^{-1} HNO$_3$ 和 1~2 滴 0.5%二甲酚橙指示剂，这时溶液呈紫红色，用 EDTA 标准溶液滴定至溶液由紫红色突变为亮黄色，即为终点。记下消耗 EDTA 标准溶液的体积 V_1(mL)。

2. 铅含量的测定

在已测定 Bi^{3+} 的溶液中，补加 1~2 滴二甲酚橙，并逐滴滴加 1:1 氨水，边滴边摇，至溶液由黄色变为稳定的橙红色 [不能多加，否则生成 Pb(OH)$_2$ 沉淀，影响测定]，再加入 5mL pH≈5 的 HAc-NaAc 缓冲溶液（此时溶液为紫红色），继续用 EDTA 标准溶液滴定至溶液由紫红色突变为亮黄色，即为终点。记下消耗 EDTA 标准溶液的体积 V_2(mL)。至少平行测定三次。计算每升试液中所含铋铅的含量。

$$铋(g·L^{-1}) = c_{EDTA}V_1 \times 209.0/V_试$$
$$铅(g·L^{-1}) = c_{EDTA}V_2 \times 207.2/V_试$$

五、注意事项

1. 滴定 Bi^{3+} 时，若酸度过低，Bi^{3+} 将水解，产生白色浑浊。
2. 滴定至近终点时，滴定速度要慢，并充分摇动溶液，以免滴过终点。

六、思考题

1. 滴定 Bi^{3+}、Pb^{2+} 混合试液时，溶液酸度应分别控制在什么 pH 范围？为什么？如何调节所需的 pH 范围？
2. 能否在同一份试液中先滴定 Pb^{2+}，而后滴定 Bi^{3+}？
3. 二甲酚橙指示剂变色和溶液 pH 有什么关系？
4. 为什么要先进行探索试验？

实验 31　铜、银

一、实验目的

1. 了解铜、银的氢氧化物、氧化物、配合物的生成与性质。
2. 了解 Cu^{2+} 与 Cu$^+$ 的相互转化条件及 Cu^{2+}、Ag$^+$ 的氧化性。
3. 掌握混合离子的分离与鉴定反应。

二、实验原理

铜、银是周期系第ⅠB 族元素，在化合物中铜的常见氧化数为+1 和+2，银的常见氧

化数为 +1。

1. $Cu(OH)_2$、CuO、Cu_2O

蓝色的 $Cu(OH)_2$ 具有两性，既能溶于酸，又能溶于浓碱，溶于浓碱生成 $[Cu(OH)_4]^{2-}$，并能氧化醛或糖。在加热时容易脱水而分解为黑色的氧化铜（CuO），氧化铜加热到 1000℃ 又可分解为红色的氧化亚铜。

$$2[Cu(OH)_4]^{2-} + \underset{\text{葡萄糖}}{C_6H_{12}O_6} =\!=\!= Cu_2O(s) + \underset{\text{葡萄糖酸}}{C_6H_{12}O_7} + 2H_2O + 4OH^-$$

2. Ag_2O

Ag^+ 和碱反应生成 $AgOH$，$AgOH$ 极不稳定，在室温时就极易脱水而转变为棕色的 Ag_2O。Ag_2O 又可溶于氨水。

$$2Ag^+ + 2OH^- =\!=\!= 2AgOH(s) \longrightarrow Ag_2O(s) + H_2O$$

$$Ag_2O + 4NH_3 + H_2O =\!=\!= 2[Ag(NH_3)_2]^+ + 2OH^-$$

3. 形成配合物

形成配合物是 Cu^{2+}、Cu^+ 和 Ag^+ 的特征。Cu^{2+} 与过量的氨水反应生成深蓝色的 $[Cu(NH_3)_4]^{2+}$，Ag^+ 与过量的氨水反应生成 $[Ag(NH_3)_2]^+$。

$$2Cu^{2+} + SO_4^{2-} + 2NH_3 + 2H_2O =\!=\!= Cu_2(OH)_2SO_4(s) + 2NH_4^+$$

$$Cu_2(OH)_2SO_4(s) + 6NH_3 + 2NH_4^+ =\!=\!= 2[Cu(NH_3)_4]^{2+} + SO_4^{2-} + 2H_2O$$

$$AgCl + 2NH_3 =\!=\!= [Ag(NH_3)_2]^+ + Cl^-$$

$$AgBr + 2S_2O_3^{2-} =\!=\!= [Ag(S_2O_3)_2]^{3-} + Br^-$$

Cu^{2+} 与 I^- 反应时，生成的不是 CuI_2，而是白色的 CuI 沉淀。

$$Cu^{2+} + 4I^- =\!=\!= 2CuI(s) + I_2(s)$$

白色的 CuI 能溶于过量的 KI 溶液中，可生成 $[CuI_2]^-$ 配离子。CuI 也能溶于 $KSCN$ 中，可生成 $[Cu(SCN)_2]^-$ 配离子。这两种配离子在稀释时，又分别重新沉淀为 CuI 和 $CuSCN$。

将 $CuCl_2$ 溶液和铜屑混合，加入浓 HCl，加热可得到泥黄色的配离子 $[CuCl_2]^-$ 溶液。将这种溶液稀释可得到白色的 $CuCl$ 沉淀。

$$Cu^{2+} + Cu + 2HCl =\!=\!= 2CuCl\downarrow + 2H^+$$

$$CuCl + HCl =\!=\!= H[CuCl_2]$$

4. Cu^{2+} 的鉴定反应

Cu^{2+} 能与 $K_4[Fe(CN)_6]$ 反应，生成豆沙棕色 $Cu_2[Fe(CN)_6]$ 沉淀，这个反应可用于鉴别 Cu^{2+}。

$$2Cu^{2+} + [Fe(CN)_6]^{4-} =\!=\!= Cu_2[Fe(CN)_6]\downarrow（红棕色）$$

$$Cu_2[Fe(CN)_6] + 8NH_3 =\!=\!= 2[Cu(NH_3)_4]^{2+} + [Fe(CN)_6]^{4-}$$

三、仪器和试剂

1. 仪器：离心机。

2. 试剂：$NaOH$（$2mol \cdot L^{-1}$、$6mol \cdot L^{-1}$，40%），$NH_3 \cdot H_2O$（$2mol \cdot L^{-1}$、$6mol \cdot L^{-1}$），H_2SO_4（$2mol \cdot L^{-1}$），HNO_3（$2mol \cdot L^{-1}$、$6mol \cdot L^{-1}$），HCl（浓），$CuSO_4$（$0.1mol \cdot L^{-1}$），$CuCl_2$（$1mol \cdot L^{-1}$），$AgNO_3$（$0.1mol \cdot L^{-1}$），KI（$0.1mol \cdot L^{-1}$、$2mol \cdot L^{-1}$、饱

和），$K_4[Fe(CN)_6]$（0.1mol·L^{-1}），NaCl（0.1mol·L^{-1}），葡萄糖（10%），淀粉（10g·L^{-1}），KSCN（饱和），铜屑。

四、实验内容

1. 铜和银的氢氧化物的制备和性质

（1）铜的氢氧化物　用 0.1mol·L^{-1} CuSO$_4$ 溶液和 2mol·L^{-1} NaOH 溶液制备Cu(OH)$_2$。

① 将制备的 Cu(OH)$_2$ 加热。

② 分别用 2mol·L^{-1} H$_2$SO$_4$ 溶液和 6mol·L^{-1} NaOH 溶液，检验 Cu(OH)$_2$ 的酸碱性。

（2）银的氢氧化物　取 2 滴 0.1mol·L^{-1} AgNO$_3$ 溶液，滴加 2mol·L^{-1} NaOH 溶液，观察现象，写出反应式。

2. 铜和银的氨的配位化合物

（1）用 0.1mol·L^{-1} CuSO$_4$ 溶液和 2mol·L^{-1} NaOH 溶液制备少量 Cu(OH)$_2$ 沉淀，离心分离，弃清液，再加 2mol·L^{-1} NH$_3$·H$_2$O，观察现象，写出反应式。

（2）用 0.1mol·L^{-1} AgNO$_3$ 溶液和 2mol·L^{-1} NaOH 溶液制备少量 Ag$_2$O 沉淀，离心分离，弃清液，再加 2mol·L^{-1} NH$_3$·H$_2$O，观察现象，写出反应式。

（3）用 0.1mol·L^{-1} AgNO$_3$ 溶液和 0.1mol·L^{-1} NaCl 溶液制备少量 AgCl 沉淀，离心分离，弃清液，再加 2mol·L^{-1} NH$_3$·H$_2$O，观察现象，写出反应式。

3. +2 价铜的氧化性和 +1 价铜的还原性

（1）在 3 滴 0.1mol·L^{-1} CuSO$_4$ 溶液中，加入 10 滴 0.1mol·L^{-1} KI 溶液，离心沉降，分离清液和沉淀，水洗沉淀两次，观察沉淀的颜色。检查清液中是否有 I$^-$ 离子。

将上面洗净的沉淀分成两份。

① 加入饱和的 KI 溶液至沉淀刚好溶解，取此溶液再用蒸馏水稀释，观察有何现象，写出反应式。

② 加饱和的 KSCN 至沉淀刚好溶解，然后再用蒸馏水稀释，观察有何现象，写出反应式。

（2）在 5 滴 1mol·L^{-1} CuCl$_2$ 溶液中，加 5 滴浓 HCl，再加少许铜屑，加热至沸腾，待溶液呈泥黄色时停止加热。吸取少量此溶液，加入盛有半杯水的小烧杯中，观察沉淀的颜色，写出反应式。

4. 银的其它配位化合物

取 3 滴 0.1mol·L^{-1} AgNO$_3$ 溶液，加 3 滴 0.1mol·L^{-1} KBr 溶液，观察沉淀的颜色。离心沉降，弃清液，在沉淀中加 0.1mol·L^{-1} Na$_2$S$_2$O$_3$ 溶液，搅动，观察沉淀是否溶解，写出反应式。

5. 银离子的氧化性（银镜反应）

在一支洁净的试管中，加 0.5mL 0.1mol·L^{-1} AgNO$_3$ 溶液，再逐滴加入 2mol·L^{-1} NH$_3$·H$_2$O 至生成的沉淀又溶解，再多加几滴，然后加 3~5 滴 2% 甲醛溶液，将此混合物在水浴上加热几分钟。观察现象，写出反应式。

6. 铜和银的鉴定

（1）在 2 滴 0.1mol·L^{-1} CuSO$_4$ 溶液中，加 1 滴 0.1mol·L^{-1} K$_4$[Fe(CN)$_6$] 溶液，观察现象，写出反应式。

(2) 在 2 滴 0.1mol·L^{-1} AgNO$_3$ 溶液中，滴加 2mol·L^{-1} HCl 溶液至沉淀完全。离心沉降，弃清液，沉淀水洗一次（弃洗液），在沉淀中加 6mol·L^{-1} NH$_3$·H$_2$O。待沉淀溶解后，加 1 滴 0.1mol·L^{-1} KI 溶液，观察沉淀的生成，写出反应式。

7. 混合离子的分离和鉴定（要求写预习报告）

取 0.1mol·L^{-1} CuSO$_4$ 溶液和 0.1mol·L^{-1} AgNO$_3$ 溶液各 5 滴，混合后自己设计方案将 Cu^{2+}、Ag$^+$ 分离，并分别加以鉴定。

五、思考题

1. 根据元素电势图，推断 Cu(Ⅰ) 和 Cu(Ⅱ) 图各自稳定存在和相互转化的条件是什么？

2. Cu^{2+} 鉴定反应的条件是什么？

实验 32　锌、镉、汞

一、实验目的

1. 掌握锌、镉、汞的氢氧化物、重要配合物、硫化物的生成和性质。
2. 了解 Hg(Ⅰ) 化合物的不稳定性，掌握 Hg(Ⅰ) 与 Hg(Ⅱ) 之间的相互转化。
3. 掌握 Zn^{2+}、Cd^{2+}、Hg^{2+} 的鉴定反应。

二、实验原理

镉、汞的化合物大多数是有毒的。锌的氢氧化物为两性，镉、汞的氢氧化物为碱性。Hg(OH)$_2$、Hg$_2$(OH)$_2$ 很不稳定，当 Hg^{2+}、Hg$_2^{2+}$ 与 NaOH 反应时只能得到 HgO、Hg$_2$O，Hg$_2$O 歧化为 Hg 和 HgO。

$$Hg^{2+} + 2OH^- = HgO\downarrow + H_2O$$

$$Hg_2^{2+} + 2OH^- = Hg_2O\downarrow + H_2O$$

$$Hg_2O = Hg + HgO$$

锌与镉的化合物有较多相似性。Zn^{2+}、Cd^{2+} 与适量的 NH$_3$·H$_2$O 反应生成白色氢氧化物沉淀，NH$_3$·H$_2$O 过量则生成配合物而使沉淀发生溶解。

$$M^{2+} + 2NH_3·H_2O = M(OH)_2\downarrow + 2NH_4^+ \quad (M=Zn,Cd)$$

$$M(OH)_2\downarrow + 2NH_3 + 2NH_4^+ = [M(NH_3)_4]^{2+} + 2H_2O$$

Hg(Ⅰ)、Hg(Ⅱ) 与 NH$_3$·H$_2$O 反应生成难溶于水的氨基化物，在大量 NH$_4^+$ 存在下，氨基化物溶于过量的 NH$_3$·H$_2$O，生成 [Hg(NH$_3$)$_4$]$^{2+}$。

$$HgCl_2 + 2NH_3 = Hg(NH_2)Cl\downarrow + NH_4Cl$$

$$Hg(NH_2)Cl + 2NH_3 + NH_4^+ = [Hg(NH_3)_4]^{2+} + Cl^-$$

$$2Hg^{2+} + NO_3^- + 4NH_3 + H_2O = HgO·NH_2HgNO_3\downarrow + 3NH_4^+$$

$$2Hg_2^{2+} + NO_3^- + 4NH_3 + H_2O = HgO·NH_2HgNO_3\downarrow + 2Hg + 3NH_4^+$$

$$HgO·NH_2HgNO_3 + 4NH_3 + 3NH_4^+ = 2[Hg(NH_3)_4]^{2+} + NO_3^- + H_2O$$

Hg$_2$Cl$_2$ 与 NH$_3$·H$_2$O 反应得到灰黑色沉淀，该反应可用来检验 Hg$_2^{2+}$。

$$Hg_2Cl_2 + 2NH_3 = Hg(NH_2)Cl\downarrow + Hg + NH_4Cl$$

Hg(Ⅱ) 的另一重要化合物是 [HgI$_4$]$^{2-}$。在 Hg(Ⅱ) 的溶液中加入适量的 KI 溶液，

生成金红色 HgI_2 沉淀，KI过量则生成无色的 $[HgI_4]^{2-}$。

$$Hg^{2+} + 2I^- \Longrightarrow HgI_2 \downarrow$$
$$HgI_2 + 2I^- \Longrightarrow [HgI_4]^{2-}$$

$K_2[HgI_4]$ 与一定量的 KOH 的混合溶液被称为奈斯勒试剂。

Hg_2^{2+} 与 KI 溶液反应生成黄绿色的 Hg_2I_2 沉淀，Hg_2I_2 沉淀歧化为 HgI_2 和 Hg。若 KI 过量则歧化为 $[HgI_4]^{2-}$ 和 Hg。

$$Hg_2^{2+} + 2I^- \Longrightarrow Hg_2I_2 \downarrow \longrightarrow HgI_2 \downarrow + Hg$$
$$Hg_2I_2 + 2I^- \Longrightarrow [HgI_4]^{2-} + Hg$$

这一反应表明 Hg(Ⅰ) 化合物的不稳定性，即 Hg(Ⅰ) 向 Hg(Ⅱ) 的转化。

Hg(Ⅱ) 具有氧化性，也能转化为 Hg(Ⅰ)。

$$Hg(NO_3)_2 + Hg \Longrightarrow Hg_2(NO_3)_2$$

在酸性溶液中，$HgCl_2$ 可被 $SnCl_2$ 还原为白色的 Hg_2Cl_2 沉淀，过量的 $SnCl_2$ 能将 Hg_2Cl_2 进一步还原为金属 Hg，该反应可用于鉴定 Hg^{2+} 或 Sn^{2+}。

$$2HgCl_2 + SnCl_2 \Longrightarrow Hg_2Cl_2 \downarrow + SnCl_4$$
$$Hg_2Cl_2 + SnCl_2 \Longrightarrow 2Hg + SnCl_4$$

ZnS 难溶于水和 HAc 而易溶于稀 HCl。CdS 难溶于稀 HCl 而易溶于浓 HCl，通常利用 Cd^{2+} 与 H_2S 反应生成黄色的 CdS 来鉴定 Cd^{2+}。HgS 溶于王水和 Na_2S 溶液。

$$3HgS + 2HNO_3 + 12HCl \Longrightarrow 3H_2[HgCl_4] + 3S \downarrow + 2NO \uparrow + 4H_2O$$
$$HgS + S^{2-} \Longrightarrow [HgS_2]^{2-}$$

在碱性溶液中，Zn(Ⅱ) 与二苯硫腙形成粉红色螯合物，该反应用于鉴定 Zn^{2+}。

三、仪器和试剂

1. 仪器：离心机。
2. 试剂：$HCl(2mol \cdot L^{-1})$，$HNO_3(2mol \cdot L^{-1})$，$NaOH(2mol \cdot L^{-1}、6mol \cdot L^{-1})$，$NH_3 \cdot H_2O(2mol \cdot L^{-1}、6mol \cdot L^{-1})$，$Na_2S(0.1mol \cdot L^{-1})$，$NH_4Cl(1mol \cdot L^{-1})$，$SnCl_2(0.1mol \cdot L^{-1})$，$Zn(NO_3)_2(0.1mol \cdot L^{-1})$，$Cd(NO_3)_2(0.1mol \cdot L^{-1})$，$HgCl_2(0.1mol \cdot L^{-1})$，$Hg(NO_3)_2(0.1mol \cdot L^{-1})$，$Hg_2(NO_3)_2(0.1mol \cdot L^{-1})$，二苯硫腙（含 CCl_4）。

四、实验内容

1. 锌、镉、汞的氢氧化物的制备及性质

(1) 在 $0.1mol \cdot L^{-1} Zn(NO_3)_2$ 溶液中，滴加少量的 $2mol \cdot L^{-1}$ NaOH 溶液，以制取 $Zn(OH)_2$ 沉淀，将沉淀分为两份，分别加入 $2mol \cdot L^{-1}$ HCl 和过量的 $2mol \cdot L^{-1}$ NaOH 溶液，观察沉淀是否能溶解。检验 $Zn(OH)_2$ 是否具有两性，写出反应方程式。

(2) 在 $0.1mol \cdot L^{-1} Cd(NO_3)_2$ 溶液中，滴加少量的 $2mol \cdot L^{-1}$ NaOH 溶液，以制取 $Cd(OH)_2$ 沉淀，将沉淀分为两份，分别加入 $2mol \cdot L^{-1}$ HCl 和过量的 $2mol \cdot L^{-1}$ NaOH 溶液，观察沉淀是否能溶解。检验 $Cd(OH)_2$ 是否具有两性，写出反应方程式。

(3) 在 $0.1mol \cdot L^{-1} Hg(NO_3)_2$ 溶液中，滴加少量的 $2mol \cdot L^{-1}$ NaOH 溶液，观察沉淀的生成和颜色，将沉淀分为两份，分别加入 $2mol \cdot L^{-1}$ HNO_3 和过量的 NaOH 溶液，观察沉淀是否能溶解。检验 HgO 是否具有两性，写出反应方程式。

(4) 在 $0.1mol \cdot L^{-1} Hg_2(NO_3)_2$ 溶液中，滴加少量的 $2mol \cdot L^{-1}$ NaOH 溶液，观察

沉淀的生成和颜色，写出反应方程式。

2. 锌、镉、汞的盐类和氨水的反应

(1) 在 10 滴 0.1mol·L^{-1} Zn(NO$_3$)$_2$ 溶液中，加入 2mol·L^{-1} NH$_3$·H$_2$O。观察沉淀的生成。然后加入过量的 2mol·L^{-1} NH$_3$·H$_2$O。观察沉淀是否能溶解，写出反应方程式。

(2) 在 10 滴 0.1mol·L^{-1} Cd(NO$_3$)$_2$ 溶液中，加入 2mol·L^{-1} NH$_3$·H$_2$O。观察沉淀的生成。然后加入过量的 2mol·L^{-1} NH$_3$·H$_2$O。观察沉淀是否能溶解，解释观察到的现象，写出反应方程式。

(3) 在 10 滴 0.1mol·L^{-1} HgCl$_2$ 溶液中，加入 2mol·L^{-1} NH$_3$·H$_2$O。观察沉淀的生成。然后加入过量的 6mol·L^{-1} NH$_3$·H$_2$O，观察沉淀是否能溶解，写出反应方程式。

(4) 在 2 滴 0.1mol·L^{-1} Hg$_2$(NO$_3$)$_2$ 溶液中，加入 2 滴 6mol·L^{-1} NH$_3$·H$_2$O，观察现象并解释，写出反应方程式。再继续加入 5 滴 1mol·L^{-1} NH$_4$Cl 和 10 滴 6mol·L^{-1} NH$_3$·H$_2$O，观察现象并解释，写出反应方程式。

3. Zn^{2+}、Cd^{2+}、Hg^{2+} 的鉴定

(1) Zn^{2+} 的鉴定　取 2 滴 0.1mol·L^{-1} Zn(NO$_3$)$_2$ 溶液于试管中，加入 5 滴 6mol·L^{-1} NaOH 溶液，再加入 10 滴二苯硫腙（含 CCl$_4$），搅动，并在水浴上将溶液加热，水溶液呈粉红色表示有 Zn^{2+} 存在。CCl$_4$ 层则由绿色变为棕色。

(2) Cd^{2+} 的鉴定　在 10 滴 0.1mol·L^{-1} Cd(NO$_3$)$_2$ 溶液中，滴加 0.1mol·L^{-1} Na$_2$S 溶液，若有黄色 CdS 沉淀产生，表示有 Cd^{2+} 存在。

(3) Hg^{2+} 的鉴定　在 10 滴 0.1mol·L^{-1} HgCl$_2$ 溶液中，滴加 0.1mol·L^{-1} SnCl$_2$ 溶液，若有白色 Hg$_2$Cl$_2$ 沉淀产生，继而转变为灰黑色的 Hg 沉淀，表示有 Hg^{2+} 存在。写出反应方程式。

五、思考题

1. Zn^{2+}、Cd^{2+}、Hg^{2+}、Hg$_2^{2+}$ 与 NaOH 反应的产物有何不同？
2. Zn^{2+}、Cd^{2+}、Hg^{2+} 与 NH$_3$·H$_2$O 反应的产物有何不同？
3. ZnS、CdS、HgS 的溶解性有何差别？
4. Hg^{2+}、Hg$_2^{2+}$ 与 KI 反应的产物有何不同？

实验 33　化学平衡常数的测定（光电比色法）

一、实验目的

1. 了解光电比色法测定化学平衡常数的方法。
2. 学习分光光度计的使用方法。

二、实验原理

化学平衡常数有时可用比色法来测定，比色法原理是：当一束波长一定的单色光通过有色溶液时，被吸收的光量和溶液的浓度、溶液的厚度以及入射光的强度等因素有关。

设 c 为溶液的浓度；l 为溶液的厚度；I_0 为入射光的强度；I 为透过溶液后光的强度。

根据实验的结果表明,有色溶液对光的吸收程度与溶液中有色物质的浓度和溶液的厚度的乘积成正比。这就是朗伯-比尔定律,其数学表达式为:

$$\lg \frac{I_0}{I} = \varepsilon c l \tag{1}$$

式中,$\lg \frac{I_0}{I}$ 为光线通过溶液时被吸收的程度,称为"吸光度";ε 为一个常数,称为吸光系数。如将 $\lg \frac{I_0}{I}$ 用 A 表示式(1)也可写成:

$$A = \varepsilon c l \tag{2}$$

根据式(2)有两种情况。

(1) 若同一种有色物质的两种不同浓度的溶液吸光度相同,则可得:

$$c_1 l_1 = c_2 l_2 \quad \text{或} \quad c_2 = \frac{l_1}{l_2} c_1 \tag{3}$$

如果已知标准溶液有色物质的浓度为 c_1,并测得标准溶液的厚度为 l_1,未知溶液的厚度为 l_2,则从式(3)即可求出未知溶液中有色物质的浓度 c_2。这就是目测比色法的依据。

(2) 若同一种有色物质的两种不同浓度的溶液厚度相同,则可得:

$$\frac{A_1}{A_2} = \frac{c_1}{c_2} \quad \text{或} \quad c_2 = \frac{A_2}{A_1} c_1 \tag{4}$$

如果已知标准溶液有色物质的浓度为 c_1,并测得标准溶液的吸光度为 A_1,未知溶液的吸光度为 A_2,则从式(4)即可求出未知溶液中有色物质的浓度 c_2。这就是本实验中光电比色法的依据。

本实验通过光电比色法测定下列化学反应的平衡常数。

$$Fe^{3+} + HSCN \longrightarrow FeSCN^{2+} + H^+$$

$$K_c^{\ominus} = \frac{[FeSCN^{2+}][H^+]}{[Fe^{3+}][HSCN]} \tag{5}$$

由于反应中 Fe^{3+}、HSCN 和 H^+ 都是无色,只有 $FeSCN^{2+}$ 是深红色的,所以平衡时溶液中 $FeSCN^{2+}$ 的浓度可以用已知浓度的 $FeSCN^{2+}$ 标准溶液通过比色测得,然后根据反应方程式和 Fe^{3+}、HSCN、H^+ 的初始浓度,求出平衡时各物质的浓度,即可根据式(5)算出化学平衡常数 K_c。

本实验中,已知浓度的 $FeSCN^{2+}$ 标准溶液可以根据下面的假设配制:当 $[Fe^{3+}] \gg$ [HSCN]时,反应中 HSCN 可以假设全部转化为 $FeSCN^{2+}$。因此,$FeSCN^{2+}$ 的标准溶液浓度就是所用 HSCN 的初始浓度,实验中作为标准溶液的初始浓度为:

$$[Fe^{3+}] = 0.1000 \text{mol} \cdot L^{-1}, \quad [HSCN] = 0.0002000 \text{mol} \cdot L^{-1}$$

由于 Fe^{3+} 水解会产生一系列有色离子,例如棕色 $FeOH^{2+}$,因此,溶液必须保持较大的 $[H^+]$ 以阻止 Fe^{3+} 的水解。较大的 $[H^+]$ 还可以使 HSCN 基本上保持未电离状态。

本实验中的溶液用 HNO_3 保持溶液的$[H^+] = 0.5 \text{mol} \cdot L^{-1}$。

三、仪器和试剂

1. 仪器:分光光度计,移液管,烧杯(50mL、400mL)。

2. 试剂:$Fe(NO_3)_3$($0.2000 \text{mol} \cdot L^{-1}$、$0.002000 \text{mol} \cdot L^{-1}$),KSCN($0.002000 \text{mol} \cdot L^{-1}$)。

四、实验内容

1. $FeSCN^{2+}$ 标准溶液配制

在 1 号干燥洁净烧杯中倒入 10.00mL 0.2000mol·L^{-1} Fe^{3+} 溶液、2.00mL 0.002000mol·L^{-1} KSCN 溶液和 8.00mL H_2O 充分混合,得到 $[FeSCN^{2+}]_{标准}$ = 0.000200mol·L^{-1}。

2. 在 2~5 号烧杯中,分别按下面表 1 中的剂量配制并混合均匀。

表 1 溶液配制剂量

烧杯编号	0.00200mol·L^{-1} Fe^{3+}/mL	0.00200mol·L^{-1} KSCN/mL	H_2O/mL
2	5.00	5.00	0
3	5.00	4.00	1.00
4	5.00	3.00	2.00
5	5.00	2.00	3.00

3. 在分光光度计上,用波长 447nm,测定 1~5 号溶液的吸光度。

4. 数据记录和处理

将溶液的吸光度、初始浓度和计算得到的各平衡浓度及 K_c 值记录在表 2 中。

表 2 数据记录

试管编号	吸光度 A	初始浓度/mol·L^{-1}		平衡浓度/mol·L^{-1}			
		$[Fe^{3+}]_{始}$	$[HSCN]_{始}$	$[H^+]_{平}$	$[FeSCN^{2+}]_{平}$	$[Fe^{3+}]_{平}$	$[HSCN]_{平}$
2							
3							
4							
5							

计算各平衡浓度:

$$[H^+]_{平衡} = \frac{1}{2}[HNO_3], \quad [FeSCN^{2+}]_{平衡} = \frac{A_n}{A_1}[FeSCN^{2+}]_{标准}$$

$$[Fe^{3+}]_{平衡} = [Fe^{3+}]_{始} - [FeSCN^{2+}]_{平衡}$$

$$[HSCN]_{平衡} = [HSCN]_{始} - [FeSCN^{2+}]_{平衡}$$

计算 K_c 值时,将上面求得的各平衡浓度代入平衡常数公式,求出值。

$$K_c^\ominus = \frac{[FeSCN^{2+}][H^+]}{[Fe^{3+}][HSCN]}$$

上面计算所得的 K_c 值是近似值,精确计算时,平衡时的 [HSCN] 应考虑 HSCN 的电离部分,所以:

$$[HSCN]_{始} = [HSCN]_{平衡} + [FeSCN^{2+}]_{平衡} + [SCN^-]_{平衡}$$

由于:
$$HSCN \rightleftharpoons H^+ + SCN^-$$

$$K_{HSCN} = \frac{[H^+][SCN^-]}{[HSCN]}$$

故:
$$[SCN^-]_{平衡} = K_{HSCN} \frac{[HSCN]_{平衡}}{[H^+]_{平衡}}$$

因此:
$$[HSCN]_{始} = [HSCN]_{平衡} + [FeSCN^{2+}]_{平衡} + K_{HSCN} \frac{[HSCN]_{平衡}}{[H^+]_{平衡}}$$

$$[HSCN]_{平衡} + K_{HSCN} \frac{[HSCN]_{平衡}}{[H^+]_{平衡}} = [HSCN]_{始} - [FeSCN^{2+}]_{平衡}$$

$$[\text{HSCN}]_{\text{平衡}}\left(1+\frac{K_{\text{HSCN}}}{[\text{H}^+]_{\text{平衡}}}\right)=[\text{HSCN}]_{\text{始}}-[\text{FeSCN}^{2+}]_{\text{平衡}}$$

$$[\text{HSCN}]_{\text{平衡}}=\frac{[\text{HSCN}]_{\text{始}}-[\text{FeSCN}^{2+}]_{\text{平衡}}}{1+\dfrac{K_{\text{HSCN}}}{[\text{H}^+]_{\text{平衡}}}}$$

式中，$K_{\text{HSCN}}=0.141(25℃)$。

五、思考题

1. 测定波长为什么选择447nm？

2. 吸光度 A 和透光度 $T\%$ 两者关系如何？分光光度计测定时，一般读取吸光度 A 值，该值在标尺上取什么范围好？为什么？

实验34 磺基水杨酸分光光度法测定铁含量

一、实验目的

1. 学习分光光度法测定微量物质的原理和方法。
2. 掌握磺基水杨酸作显色剂测定铁的方法。
3. 学会如何应用光吸收曲线求得最大吸收波长 $\lambda_{\max}$。
4. 了解分光光度计（如721型）的构造和使用方法。

二、方法原理

分光光度法测定微量铁，常用邻菲咯啉（又称邻二氮菲）、磺基水杨酸等作显色剂。本实验是用磺基水杨酸（以 H_2SSal 表示）作显色剂。

H_2SSal 是一种无色晶体，易溶于水，它与 Fe^{3+} 在不同酸度条件下，分别生成1∶1、1∶2、1∶3三种颜色不同的配合物，见表1。

表1 H_2SSal 与 Fe^{3+} 在不同酸度条件下生成的配合物

pH	配合物	颜色
1.8～2.5	$[\text{Fe}(\text{SSal})]^+$	紫红色
4～8	$[\text{Fe}(\text{SSal})_2]^-$	棕褐色
8～11.5	$[\text{Fe}(\text{SSal})_3]^{3-}$	黄色

当pH＞12时，配合物被破坏，生成 $Fe(OH)_3$ 沉淀，故测定时须控制好适宜的酸度，本实验采用pH＝8～11的碱性溶液测定 Fe^{3+}，此时生成黄色的配合物 $[\text{Fe}(\text{SSal})_3]^{3-}$，其最大吸收波长为420nm，摩尔吸光系数 $\varepsilon_{420}=5.5\times10^3 \text{L}\cdot\text{mol}^{-1}\cdot\text{cm}^{-1}$。

三、仪器和试剂

1. 仪器：721型分光光度计，比色皿（1cm），分析天平，容量瓶（250mL），容量瓶（50mL，9个），吸量管（5mL），烧杯（100mL），量筒（10mL），胶头滴管。

2. 试剂：铁铵矾[$NH_4Fe(SO_4)_2\cdot12H_2O$，A.R.]，$H_2SO_4$（6mol·L^{-1}），磺基水杨酸（25%），氨水（1∶1）。

四、实验步骤

1. 铁标准溶液配制（含Fe $0.100\text{mg}\cdot\text{mL}^{-1}$）

准确称取0.2158g $NH_4Fe(SO_4)_2\cdot12H_2O$ 于100mL洗净并干燥的烧杯中（用指定重量

称量法），加入 6mol·L^{-1} H$_2$SO$_4$ 溶液 25mL，加适量蒸馏水，溶解后，定量转移至 250mL 容量瓶中，以水稀释至刻度，摇匀。

2. 标准系列溶液的配制及未知试液的显色

取 50mL 容量瓶 6 个，洗净并编号为 0$^\#$、1$^\#$、2$^\#$、3$^\#$、4$^\#$、5$^\#$，依次分别加入 0.100mg·mL^{-1} Fe^{3+} 标准溶液 0.00mL、0.50mL、1.00mL、1.50mL、2.00mL、2.50mL。然后各加 25％磺基水杨酸 2.5mL，再用胶头滴管逐滴加入 1∶1 氨水，边滴边摇，至溶液由紫红色刚好变为黄色，再加 1mL 1∶1 氨水，用水稀释至刻度，摇匀，即得标准系列溶液。

另取 50mL 容量瓶 3 个，洗净编号，用吸量管吸取 2.50mL 未知铁试液于容量瓶中，加入 25％磺基水杨酸 2.5mL，滴加 1∶1 氨水至呈黄色，再加 1mL 1∶1 氨水，以水稀释至刻度，摇匀。

3. 吸收曲线的制作

用 1cm 比色皿，以标准系列中的 0$^\#$ 试剂溶液为参比，测定其 3$^\#$ 或 4$^\#$ 溶液的吸光度，波长 380～480nm，每隔 10nm 测定一次吸光度（其中在 410～430nm 之间，可间隔 5nm 测一次）。注意：每改变一次波长，都要用试剂参比调零。

以波长为横坐标，吸光度为纵坐标，绘制吸收曲线，从吸收曲线上确定测定铁的适宜波长 λ_{max}。

4. 标准曲线的绘制

以 λ_{max} 作为入射光波长，仍以 0$^\#$ 试剂溶液为参比，用 1cm 比色皿，测定 1$^\#$～5$^\#$ 溶液的吸光度，以 Fe^{3+} 浓度为横坐标，吸光度为纵坐标，绘制 A-$c_{Fe^{3+}}$ 图，即得标准曲线。

5. 未知试液中铁含量的测定

把步骤 2 中经过显色定容的未知试液，在选定的波长 λ_{max} 处，以 0$^\#$ 试剂溶液为参比，测其吸光度。从标准曲线上可查出容量瓶中经稀释后的铁含量（以 mg·mL^{-1} 表示），进而计算出原试液中铁含量。

6. 计算摩尔吸光系数 ε

选用 2$^\#$、3$^\#$、4$^\#$ 铁标准溶液，分别求出其摩尔浓度（mol·L^{-1}）及其吸光度，由 $A=\varepsilon bc$，求出 ε，并计算其平均值。

五、注意事项

1. 为防止光电管"疲劳"，预热仪器和不测定时，必须将比色皿暗箱打开，使光路切断，以延长光电管使用寿命。

2. 关于比色皿的使用

(1) 拿比色皿时，手指只能捏住比色皿的毛玻璃面，切勿触及比色皿的透光面，以免透光面被沾污或磨损。

(2) 清洗比色皿时，一般先用自来水冲，再用蒸馏水洗净。如比色皿被有机物沾污，可用盐酸-乙醇混合溶液（1∶2）浸泡片刻，再用水冲洗。不用碱液或强氧化性洗涤液洗比色皿，也不能用毛刷刷洗比色皿，以免损伤其透光面。每次做完实验，应立即洗净比色皿。

(3) 与移液管等使用方法类似，要使比色皿中测定溶液与原溶液的浓度保持一致，测定吸光度时，一定要用待装溶液洗比色皿内壁 3～4 次。另外，在测定系列标准溶液的吸光度时，通常都是按照从稀到浓的顺序测定，以减少测量误差。

(4) 倒入溶液应充至比色皿全部高度的 3/4~4/5 为宜，不宜过满，否则操作时，溶液易溅失。

(5) 比色皿在放入比色皿架前，用擦镜纸或细而软的吸水纸将其外壁的水吸干，以保护透光面。还必须检查比色皿外壁不能留有纤维，内壁不得黏附细小气泡，以免影响吸光度测量的准确性。

(6) 测量时，比色皿透光面应垂直于入射光方向。

(7) 721 型分光光度计配有厚度为 0.5cm、1.0cm、2.0cm、3.0cm 比色皿四种，常根据溶液浓度不同，选用厚度不同的比色皿，以使溶液的吸光度控制在 0.1~0.8。同一厚度的 4 个比色皿之间，其透光度相差不大于 0.5%。

六、思考题

1. 什么叫吸收曲线？什么叫标准曲线？有何实际意义？
2. 用铁铵矾 $NH_4Fe(SO_4)_2 \cdot 12H_2O$ 配制铁标准溶液时，为什么要加 H_2SO_4？加 HCl 行吗？
3. 为什么标准系列和试液最好同时进行显色、调 pH 和定容？
4. 配制 $100.0\mu g \cdot mL^{-1}$ 铁标准溶液 1L，需准确称取铁铵矾多少克？
5. 微安表（或检流计）标尺上所刻的吸光度 A 和透光度 T‰两者关系如何？分光光度计测定时，一般读取吸光度 A 值，该值在标尺上取什么范围好？为什么？如何控制被测溶液的吸光度为 0.1~0.8？

实验 35 邻菲啰啉铁配合物组成及稳定常数的测定

一、实验目的
了解吸光光度法测定配合物组成及稳定常数方面的应用。

二、实验原理
设金属离子 M 和配合剂 R 形成一种有色配合物 MR_n（电荷省略）。反应如下：

$$M + nR \Longleftrightarrow MR_n$$

测定配合物的组成，就是要确定 MR_n 中的 n。本实验采用等摩尔系列法，即用相同浓度的金属离子水溶液和配位剂的水溶液，配制一组标准系列溶液。在配制时要满足如下两个条件：①金属离子溶液用量由少到多依次递增；②每份混合溶液总体积（或总物质的量）保持不变。在这一系列溶液中，形成的配合物浓度必定是先增后减。开始时，配位剂过量，配合物的浓度取决于金属离子浓度。因此，配合物的浓度逐渐增大，溶液颜色逐渐加深，吸光度也逐渐增大。当金属离子浓度与配位剂浓度比值刚好与配合物的配位比 n 相同时，金属离子与配位剂全部形成配合物，溶液颜色最深，吸光度最大。再往后，金属离子浓度继续增大，而配位剂浓度不断降低，配合物的浓度主要取决于配位剂的浓度。因此，配合物的浓度趋势是越来越小，溶液颜色越来越浅，吸光度逐渐减少。

如果以所配溶液的吸光度为纵坐标，以所用的金属离子溶液体积（或配位剂溶液体积）为横坐标作图，将会得到一条钟形曲线。该曲线最高点对应的是配合物浓度最大值，即金属离子与配位剂全部配合，此时溶液的组成即为配合物组成：

$$n = \frac{V_R}{V_M}$$

式中，V_R 是曲线最高点对应的配位剂溶液体积；V_M 是曲线最高点对应金属离子溶液体积。

钟形曲线两边的直线部分延长得一交点，对应的吸光度为 A_1，它应是金属离子与配位剂全部形成配合物时的吸光度，而曲线最高点吸光度为 A_2，较 A_1 为小，这是由于配合物的解离引起的。设配合物的解离度为 α，则：

$$\alpha = \frac{A_1 - A_2}{A_1}$$

对于配位反应：

$$M + nR \rightleftharpoons MR_n$$

平衡时　　　　　　　　　$c\alpha$　　$nc\alpha$　　$c - c\alpha$

式中，c 为配合物的总浓度。配合物的稳定常数 K 为：

$$K = \frac{[MR_n]}{[M][R]^n} = \frac{c - c\alpha}{c\alpha (nc\alpha)^n} = \frac{1 - \alpha}{(nc)^n \alpha^{n+1}}$$

三、仪器和试剂

1. 仪器：分光光度计，烧杯（100mL），容量瓶（50mL，11 个；1L，2 个）。
2. 试剂：HCl（$1.0\text{mol} \cdot \text{L}^{-1}$），醋酸钠（$1.0\text{mol} \cdot \text{L}^{-1}$），盐酸羟胺（2%），$(NH_4)_2FeSO_4 \cdot 6H_2O$，邻菲咯啉。

四、实验内容

1. 标准溶液配制（由实验教师准备）

(1) $1.8 \times 10^{-4} \text{mol} \cdot \text{L}^{-1}$ 铁标准溶液　准确称取 0.07030g 硫酸亚铁铵[$(NH_4)_2FeSO_4 \cdot 6H_2O$]（A.R.）于 100mL 烧杯中，加入 50mL $1\text{mol} \cdot \text{L}^{-1}$ HCl 溶液，完全溶解后，移入 1L 容量瓶中，再加入 50mL $1\text{mol} \cdot \text{L}^{-1}$ HCl，并用蒸馏水稀释至刻度，混匀。

(2) $1.8 \times 10^{-4} \text{mol} \cdot \text{L}^{-1}$ 邻菲咯啉标准溶液　准确称取 0.03244g 邻菲咯啉于 100mL 烧杯中，加蒸馏水溶解，移入 1L 容量瓶中稀释至刻度，混匀。

2. 取 11 只 50mL 容量瓶，编号。按表 1 配制一系列溶液。

3. 分别配制同量试剂的空白溶液。

4. 选定波长 $\lambda = 508$nm，2cm 比色皿，将 11 份溶液的吸光度依次测出。用空白溶液作参比。然后以吸光度为纵坐标，铁标准溶液体积和邻菲咯啉标准溶液体积为横坐标，作图。从图中找出最大吸收峰值，求出配合物组成和配位常数。

表 1　铁与邻菲咯啉试剂用量　　　　　　　　　　单位：mL

试　剂	1	2	3	4	5	6	7	8	9	10	11
铁标准溶液	0.00	0.50	1.00	1.50	2.00	2.50	3.00	3.50	4.00	4.50	5.00
邻菲咯啉标准溶液	5.0	4.5	4.0	3.5	3.0	2.5	2.0	1.5	1.0	0.5	0.0
2%盐酸羟胺	2	2	2	2	2	2	2	2	2	2	2
$1\text{mol} \cdot \text{L}^{-1}$ 醋酸钠	5	5	5	5	5	5	5	5	5	5	5

五、思考题

1. 在等摩尔系列法测定配合物组成时，为什么说当溶液中金属离子的浓度与配位体浓

2. 在测吸光度时，如果温度有变化，对测得的配合物稳定常数有何影响？

实验 36 钢中铬和锰的测定

一、实验目的
1. 掌握分光光度法的基本工作原理及工作曲线的绘制方法。
2. 掌握铬和锰的分光光度测定法。
3. 学会 7230G 型可见光分光光度计的使用方法。

二、实验原理
铬和锰都是钢中常见的有益元素，尤其在合金钢中应用比较广泛，铬和锰在钢中除以金属状态存在于固溶体中之外，还以碳化物（CrC_2、Cr_5C_2、Mn_3C）、硅化物（Cr_3Si、$MnSi$、$FeMnSi$）、氧化物（Cr_2O_3、MnO_2）、氮化物（CrN、Cr_2N）、硫化物（MnS）等形式存在。

试样经酸溶解之后，生成 Mn^{2+} 和 Cr^{3+}，加入 H_3PO_4 以掩蔽 Fe^{3+} 的干扰。

在酸性条件下，以 $AgNO_3$ 作催化剂，加入过量 $(NH_4)_2S_2O_8$ 氧化剂，将 Cr^{3+}、Mn^{2+} 氧化成 $Cr_2O_7^{2-}$ 和 MnO_4^-。

$$2Cr^{3+} + 3S_2O_8^{2-} + 7H_2O = Cr_2O_7^{2-} + 6SO_4^{2-} + 14H^+$$

$$2Mn^{2+} + 5S_2O_8^{2-} + 8H_2O = 2MnO_4^- + 10SO_4^{2-} + 16H^+$$

在波长 440nm 和 530nm 处测定其吸光度，解联立方程式，即可计算 Cr、Mn 的含量。

三、仪器和试剂
1. 仪器：分析天平，移液管（25mL），容量瓶（100mL、1000mL），锥形瓶（250mL），电炉（1000W），7230G 型可见光分光光度计。
2. 试剂：K_2CrO_4（A.R.），$MnSO_4$（A.R.），$AgNO_3$（$0.5mol \cdot L^{-1}$），$(NH_4)_2S_2O_8$（A.R.），KIO_4（A.R.），H_2SO_4（浓），H_3PO_4（浓），$(NH_4)_2Fe(SO_4)_2 \cdot 12H_2O$（A.R.），二苯胺磺酸钠。

四、实验内容
1. 标准溶液的配制

(1) 铬标准溶液（$1mg \cdot mL^{-1}$） 准确称取 3.734g K_2CrO_4（预先在 105~110℃ 烘烤 1h），溶于适量水中，定量转移入 1000mL 容量瓶中，用水稀释至刻度，摇匀。必要时可进行校正：在 H_2SO_4-H_3PO_4 混合酸（H_2SO_4：H_3PO_4：H_2O = 15：15：70）介质中，用二苯胺磺酸钠作指示剂，用 $(NH_4)_2Fe(SO_4)_2$ 标准溶液标定。

(2) 锰标准溶液（$1mg \cdot mL^{-1}$） 称取 99.9% 的金属 Mn 1.000g（预先用稀 H_2SO_4 洗净表面的氧化物），以 20mL 1：4 H_2SO_4 溶解，移入 1000mL 容量瓶中，稀释至刻度，摇匀。或称 2.749g $MnSO_4$（在 400~500℃ 灼烧过），溶于适量水中，移入 1000mL 容量瓶中，稀释至刻度，摇匀。

2. 测绘吸收曲线

(1) 吸取 5mL K_2CrO_4 标准溶液，置于 100mL 容量瓶中，加入 5mL 浓 H_2SO_4 和 5mL

浓 H_3PO_4，用水冲洗至刻度，摇匀。

(2) 吸取 0.5mL 上述稀释的铬标准溶液，置于 250mL 锥形瓶中，加入 5mL 浓 H_2SO_4 和 5mL 浓 H_3PO_4，再加入 4 滴 0.5mol·L^{-1} $AgNO_3$ 溶液，加水 30mL 和 5g 固体 $(NH_4)_2S_2O_8$ 溶解，保持微沸 5min，稍冷后，加入 0.5g 固体 KIO_4，再微沸 5min，冷却，移入 100mL 容量瓶中，稀释至刻度，摇匀。

(3) 用厚度 1cm 的比色皿在 420~700nm 范围内测量 $Cr_2O_7^{2-}$ 溶液的吸光度，并绘制吸收曲线。

(4) 按上述步骤，测绘 MnO_4^- 溶液的吸收曲线。

3. Cr 和 Mn 的测定

(1) 准确称取钢样 0.5g，置于 250mL 锥形瓶中，加入 40mL H_2SO_4-H_3PO_4 混合酸，加热分解试样，如有黑色不溶物，则须小心地加入 5mL 浓 HNO_3，加热至有白烟产生，冷却后，将溶液稀释至 50mL 左右（特别要小心溶液溅出），如有沉淀，应加热溶解，冷却后，移入 100mL 容量瓶中，加水稀释至刻度，摇匀。

(2) 用移液管吸取 25mL 试样溶液（若浑浊可用干滤纸过滤后取用），置于 250mL 锥形瓶中，加入 5mL 浓 H_2SO_4，5mL 浓 H_3PO_4，再加 4 滴 0.5mol·L^{-1} $AgNO_3$ 溶液，加水 50mL，加 5g $(NH_4)_2S_2O_8$，加热至沸腾，摇动使其溶解，保持微沸 5min。稍冷后，加入 0.5g KIO_4，再加热保持微沸 5min，冷却后，移入 100mL 容量瓶中，稀释至刻度，摇匀。

(3) 用 1cm 厚的比色皿，分别在 440nm 和 530nm 波长处测定其吸光度。

五、结果计算

从两条吸收曲线上查出波长 440nm 和 530nm 处 A_{440}^{Cr}、A_{530}^{Cr} 和 A_{440}^{Mn}、A_{530}^{Mn} 值，根据标准溶液的浓度，由 $A=Kc$ 关系式，计算出 K_{440}^{Cr}、K_{530}^{Cr} 和 K_{440}^{Mn}、K_{530}^{Mn} 值。

将各 K 值和测定的 A_{440}^{Cr+Mn}、A_{530}^{Cr+Mn} 值代入下式，求出试液中铬、锰的浓度，以 $c_{未}^{Mn}$ 和 $c_{未}^{Cr}$ 表示；最后求算出试样中铬、锰质量分数。

$$c_{未}^{Mn}=\frac{K_{440}^{Cr}A_{530}^{Cr+Mn}-K_{530}^{Cr}A_{440}^{Mn+Cr}}{K_{440}^{Cr}K_{530}^{Mn}-K_{530}^{Cr}K_{440}^{Mn}}$$

$$c_{未}^{Cr}=\frac{A_{440}^{Cr+Mn}-K_{440}^{Mn}c_{未}^{Mn}}{K_{440}^{Cr}}$$

则：

$$Mn\%=\frac{M_{Mn}\times c_{未}^{Mn}\times V}{W\times 1000}\times 100\%$$

$$Cr\%=\frac{M_{Cr}\times c_{未}^{Cr}\times V}{W\times 1000}\times 100\%$$

式中，M_{Mn}、M_{Cr} 为其摩尔质量，g·mol^{-1}；V 为配制试液的总体积，mL，$V=100\times\frac{100}{25}=400$ (mL)；W 为试样质量，g；c 为测得的物质的量浓度，mol·L^{-1}。

六、思考题

1. 为什么可以用分光光度法连续测定钢中的铬和锰？
2. 试样溶解后，加 $(NH_4)_2S_2O_8$ 氧化 Cr、Mn，为什么还要加 KIO_4？试解释其作用。
3. 钢样中 Cr、Mn 含量过小（0.008%），对分析结果的可靠性有什么影响？

4. 若溶解钢样的 H_2SO_4-H_3PO_4 混合酸溶液浓度太大,对钢样中 Mn、Cr 的测定有什么影响?

实验 37 常见阳离子的分离和鉴定

一、实验目的
1. 熟悉常见的阳离子的分析特性。
2. 掌握待测阳离子的分离与鉴定条件,并能进行分离和鉴定。
3. 掌握水浴加热、离心分离和沉淀的洗涤等基本操作技术。

二、实验原理

分离和鉴定无机阳离子的方法分为系统分析法和分别分析法。系统分析法是将可能共存的(常见的 28 个)阳离子按一定顺序,用"组试剂"将性质相似的离子逐组分离,然后再将各组离子进行分离和鉴定,如硫化氢系统分析法(表 1)以及"两酸两碱"系统分析法(表 2)。分别分析法是分别取出一定量的试液,设法排除鉴定方法的干扰离子,加入适当的试剂,直接进行鉴定的方法。

利用加入某种化学试剂,使其与溶液中某种离子发生特征反应的方法来鉴别溶液中某种离子是否存在,称为该离子的鉴定。所发生的化学反应称为该离子的鉴定反应。鉴定反应总是伴随有明显的外部特征、灵敏而迅速的化学反应。如有颜色的改变、沉淀的生成和溶解、特殊气体或特殊气味的放出。

表 1 硫化氢系统分组简表

硫化物不溶于水			硫化物溶于水	
在稀酸中形成硫化物沉淀		在稀酸中不生成硫化物沉淀	碳酸盐不溶于水	碳酸盐溶于水
氯化物不溶于热水	氯化物溶于热水			
Ag^+、Pb^{2+}、Hg_2^{2+} (Pb^{2+} 浓度大时部分沉淀)	Pb^{2+}、Hg^{2+}、Bi^{3+}、As^{3+}、Cu^{2+}、As^{5+}、Cd^{2+}、Sb^{3+}、Sb^{5+}、Sn^{2+}、Sn^{4+}	Fe^{3+}、Fe^{2+}、Al^{3+}、Co^{2+}、Mn^{2+}、Cr^{3+}、Ni^{2+}、Zn^{2+}	Ca^{2+}、Sr^{2+}、Ba^{2+}	Mg^{2+}、K^+、Na^+、NH_4^+
第一组 盐酸组	第二组 硫化氢组	第三组 硫化铵组	第四组 碳酸铵组	第五组 易溶组
HCl	$0.3\ mol \cdot L^{-1}\ HCl$ H_2S	$NH_3 \cdot H_2O + NH_4Cl$ $(NH_4)_2S$	$NH_3 \cdot H_2O + NH_4Cl$ $(NH_4)_2CO_3$	—

若有干扰物质的存在,必须消除其干扰。可用分离法和掩蔽法。如常用的沉淀分离法、溶剂萃取分离法和配位掩蔽法、氧化还原掩蔽法等。如用酒石酸或 F^- 配位掩蔽 Fe^{3+},用 Zn 或 $SnCl_2$ 还原掩蔽 Fe^{3+},消除其对 Co^{2+} 和 SCN^- 鉴定反应的干扰。

有的鉴定反应的产物在水中溶解度较大或不稳定,可加入特殊有机溶剂使其溶解度降低或稳定性增加。如在 $Co(SCN)_4^{2-}$ 溶液中加入丙酮或乙醇,在 $CrO(O_2)$ 溶液中加入乙醚或戊醇。大部分无机微溶化合物在有机溶剂中的溶解度总是比水中的小。

升高温度,可以加快化学反应速率。对溶解度随温度升高而显著增加的物质,如 $PbCl_2$ 沉淀,可加热(水)使其溶解而与其它沉淀物分离。相反,若用稀 HCl 沉淀 Pb^{2+},不宜在热溶液中进行。

表 2　"两酸两碱"系统分组方案简表

氯化物难溶于水	氯化物易溶于水			
	硫酸盐难溶于水	硫酸盐易溶于水		
		氢氧化物难溶于水及氨水	在氨性条件下不产生沉淀	
			氢氧化物难溶于过量氢氧化钠溶液	在强碱性条件下不产生沉淀
$AgCl$、Hg_2Cl_2、$PbCl_2$	$PbSO_4$、$BaSO_4$、$SrSO_4$、$CaSO_4$	$Fe(OH)_3$、$Al(OH)_3$、$MnO(OH)_2$、$Cr(OH)_3$、$Bi(OH)_3$、$Sb(OH)_5$、$HgNH_2Cl$、$Sb(OH)_4$	$Cu(OH)_2$、$Co(OH)_2$、$Ni(OH)_2$、$Mg(OH)_2$、$Cd(OH)_2$	$Zn(OH)_4^{2-}$、K^+、Na^+、NH_4^+
第一组 盐酸组	第二组 硫酸组	第三组 氨组	第四组 碱组	第五组 可溶组
HCl	（乙醇）H_2SO_4	（H_2O_2）NH_3-NH_4Cl	NaOH	—

化学反应速率较慢的反应，除需加热外，还须加入适当的催化剂。如用 $S_2O_8^{2-}$ 鉴定 Mn^{2+}，加入 Ag^+ 催化剂是不可缺少的条件。

待测离子的浓度必须足够大，反应才能显著进行和有明显的特征现象。如用 HCl 溶液鉴定 Ag^+，必须 $c_{Ag^+} \cdot c_{Cl^-} > K_{sp}^{\ominus}$（AgCl），才有 AgCl 沉淀生成。有时沉淀量太少，也不易观察到。

溶液的酸碱性不仅影响反应物或产物的溶解性、稳定性和灵敏度等，更主要的是关系到鉴定反应的完全程度。如用丁二酮肟鉴定 Ni^{2+}，溶液的适宜酸度是 pH＝5～10。在强酸性溶液中，红色沉淀分解，因试剂是一种有机弱酸。在碱性溶液中，Ni^{2+} 形成 $Ni(OH)_2$ 沉淀，反应不能进行。若加入氨水过浓或过多，因生成 $Ni(NH_3)_6^{2+}$ 使灵敏度降低，甚至使沉淀难以生成。总之，每个鉴定反应所需求的适宜条件，是由待测离子、试剂和鉴定反应产物的物理、化学性质所决定的。应结合实验现象，注意分析理解。

三、仪器和试剂

1. 仪器：离心机，水浴锅，点滴板，试管，离心试管。

2. 试剂：$AgNO_3$，NaCl，Pb(NO_3)$_2$，K_2CrO_4，Hg(NO_3)$_2$，$FeCl_3$，$FeSO_4$，$K_4[Fe(CN)_6]$，$K_3[Fe(CN)_6]$，KSCN，$NiCl_2$，$MnSO_4$，$CrCl_3$，$CuSO_4$，$ZnSO_4$，$CoCl_2$，$AlCl_3$，以上试剂浓度均为 0.1mol·L^{-1}。$NH_3·H_2O$(2mol·L^{-1}、6mol·L^{-1})，NaOH(2mol·L^{-1}、6mol·L^{-1})，HCl(2mol·L^{-1}、6mol·L^{-1})，H_2SO_4(2mol·L^{-1}、3mol·L^{-1})，HAc(2mol·L^{-1})，HNO_3(2mol·L^{-1}、6mol·L^{-1})，H_2O_2(3%)，丁二酮肟(1%乙醇溶液)，乙醚或戊醇，二苯硫腙(0.01% CCl_4 溶液)，茜素磺酸钠(0.1%)，$SnCl_2$(0.2mol·L^{-1})，邻二氮菲(1%乙醇溶液)，NH_4SCN 饱和溶液，丙酮，$NaBiO_3$ 固体，pH 试纸。

四、实验内容

1. 常见阳离子的鉴定

(1) Ag^+ 的鉴定　在离心试管中加入 5 滴含 Ag^+ 试液（0.1mol·L^{-1} $AgNO_3$），滴加 0.1mol·L^{-1} NaCl 5 滴，生成白色沉淀。离心分离，弃去清液，用去离子水洗涤沉淀。若向沉淀中加 6mol·L^{-1} $NH_3·H_2O$，沉淀溶解，当用稀 HNO_3 酸化时，又有白色沉淀复出，表示有 Ag^+ 存在。

(2) Pb^{2+} 的鉴定　取 5 滴含 Pb^{2+} 试液 [0.1mol·L^{-1} Pb(NO_3)$_2$]，加入 6mol·L^{-1}

HAc 1 滴，再滴加 0.1mol·L^{-1} K$_2$CrO$_4$ 溶液，若生成黄色沉淀，表示有 Pb^{2+} 存在。

(3) Hg^{2+} 的鉴定　向 6 滴含 Hg^{2+} 试液 [0.1mol·L^{-1} HgCl$_2$ 或 Hg(NO$_3$)$_2$] 中，逐滴加入 0.2mol·L^{-1} SnCl$_2$ 溶液，若先生成白色沉淀，继而变为灰黑色沉淀，表示有 Hg^{2+} 存在。此法同样适用于 Hg$_2^{2+}$ 和 Sn^{2+} 的鉴定。

(4) Fe^{3+} 的鉴定

① 向 5 滴酸性 Fe^{3+} 试液（0.1mol·L^{-1} FeCl$_3$）中，滴加 0.1mol·L^{-1} KSCN 溶液，若溶液变为血红色，表示有 Fe^{3+} 存在。

② 向 5 滴酸性 Fe^{3+} 试液中，滴加 0.1mol·L^{-1} K$_4$[Fe(CN)$_6$] 溶液，若生成蓝色沉淀，表示有 Fe^{3+} 存在。

(5) Fe^{2+} 的鉴定

① 向 5 滴酸性 Fe^{2+} 试液（0.1mol·L^{-1} FeSO$_4$）中，滴入 0.1mol·L^{-1} K$_3$[Fe(CN)$_6$] 溶液，若生成深蓝色沉淀，表示有 Fe^{2+} 存在。

② 向 10 滴 Fe^{2+} 试液（pH=2～9）中，滴入 1% 邻二氮菲溶液，若生成橘红色沉淀，表示有 Fe^{2+} 存在。

(6) Ni^{2+} 的鉴定　向 5 滴含 Ni^{2+} 试液（0.1mol·L^{-1} NiCl$_2$）中，滴加 2mol·L^{-1} NH$_3$·H$_2$O 至生成的沉淀刚好溶解，再滴加 1% 丁二酮肟溶液，若有鲜红色沉淀产生，表示有 Ni^{2+} 存在。

(7) Mn^{2+} 的鉴定　向 2 滴含 Mn^{2+} 试液（0.1mol·L^{-1} MnSO$_4$）中，加入 10 滴 6mol·L^{-1} HNO$_3$，再加少许 NaBiO$_3$ 固体，微热，若溶液变为紫红色，表示有 Mn^{2+} 存在。

(8) Cr^{3+} 的鉴定　向 5 滴含 Cr^{3+} 试液（0.1mol·L^{-1} CrCl$_3$）中，滴加 2mol·L^{-1} NaOH 至生成的灰绿色沉淀溶解成亮绿色溶液，然后加入 6～7 滴 3% H$_2$O$_2$，在水浴上加热使溶液变为黄色。

① 将所得黄色溶液用 6mol·L^{-1} HAc 酸化后，滴加 0.1mol·L^{-1} Pb(NO$_3$)$_2$ 溶液，若生成黄色沉淀，表示有 Cr^{3+}。

② 将所得黄色溶液用 2mol·L^{-1} HAc 酸化，加入 0.5mL 乙醚（或戊醇）和 2mL 3% H$_2$O$_2$ 溶液，若乙醚层呈蓝色，表示有 Cr^{3+}。

(9) Al^{3+} 的鉴定　在试管中加入 5 滴含 Al^{3+} 试液（0.1mol·L^{-1} AlCl$_3$），用 NH$_3$·H$_2$O 调节 pH=4～9，滴加 0.1% 茜素磺酸钠溶液，若生成红色沉淀，表示有 Al^{3+} 存在。

(10) Zn^{2+} 的鉴定　向 3 滴含 Zn^{2+} 试液（0.1mol·L^{-1} ZnSO$_4$）中，依次加入 6～7 滴 2mol·L^{-1} NaOH 溶液和 0.5mL 0.01% 二硫苯腙-CCl$_4$ 溶液，搅匀后放入水浴中加热（加热过程中应经常搅动液面），若水溶液层呈粉红色（或玫瑰红色），CCl$_4$ 层绿色变为棕色，表示有 Zn^{2+} 存在。

(11) Co^{2+} 的鉴定　取 5～6 滴含 Co^{2+} 试液（0.1mol·L^{-1} CoCl$_2$），加入 2mol·L^{-1} HCl 溶液 2 滴，NH$_4$SCN 饱和溶液 5～6 滴和丙酮 10 滴，振荡，若溶液出现蓝色，表示有 Co^{2+} 存在。

以上鉴定是在没有其它干扰离子存在的情况下进行，若有其它干扰离子存在时，应先进行分离，后再鉴定。

2. 常见阳离子混合试液的离子分离和鉴定

(1) Ag$^+$、Hg$_2^{2+}$、Pb^{2+} 混合离子的分离和鉴定　Ag$^+$、Hg$_2^{2+}$、Pb^{2+} 混合离子分离和

鉴定方案如下：

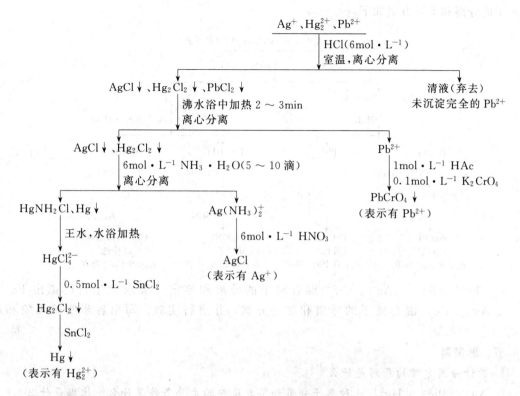

应按上图进行实验，并写出各步的实验现象和反应式。

（2）Fe^{3+}、Cr^{3+}、Mn^{2+}、Ni^{2+}混合离子的分离和鉴定　　Fe^{3+}、Cr^{3+}、Mn^{2+}、Ni^{2+}混合离子分离和鉴定方案如下：

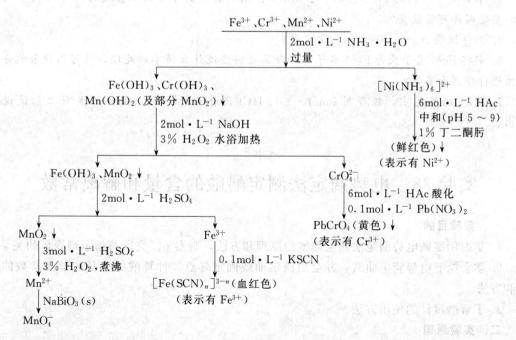

应按上图进行实验，并写出各步的实验现象和反应式。

(3) Ag^+、Pb^{2+}、Cu^{2+}、Fe^{3+}混合离子的分离和鉴定 Ag^+、Pb^{2+}、Cu^{2+}、Fe^{3+}混合离子的分离和鉴定方案如下：

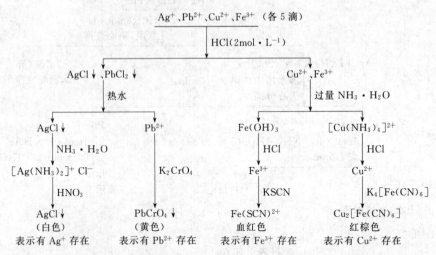

(4) Fe^{3+}、Al^{3+}、Ag^+、Cu^{2+}混合离子的分离和鉴定 要求学生自己拟出Fe^{3+}、Al^{3+}、Ag^+、Cu^{2+}混合离子的分离和鉴定方案，并进行实验。写出各步实验现象和反应式。

五、思考题

1. 设计分离方案的原则是什么？
2. Ag^+、Pb^{2+}、Hg_2^{2+}三种离子分离和鉴定反应的主要条件是什么？依据是什么？
3. 在Fe^{3+}、Fe^{2+}、Al^{3+}、Co^{2+}、Mn^{2+}、Zn^{2+}中，哪些离子的氢氧化物具有两性？哪些离子的氢氧化物不稳定？哪些能生成氨配合物？
4. 本实验中所列的Fe^{3+}、Cr^{3+}、Mn^{2+}、Ni^{2+}混合离子分离和鉴定方案中各离子的分离和鉴定顺序可否改变？
5. 怎样证明Ag^+、Pb^{2+}已沉淀完全？
6. 若将Fe^{3+}离子改为Fe^{2+}离子，在分离之前经过什么简单的处理，就可用原来的分离方案进行分离和鉴定？
7. Pb^{2+}的鉴定中，能否用$6mol \cdot L^{-1}$ HCl代替$6mol \cdot L^{-1}$ HAc？为什么？试说明理由。

实验38 电势滴定法测定醋酸的含量和解离常数

一、实验目的

1. 掌握用酸碱电势滴定法测定醋酸的原理和方法，观察pH突跃与指示剂变色的关系。
2. 学会绘制电势滴定曲线，并会由滴定曲线确定终点，计算酸的含量和解离常数的原理和方法。
3. 了解酸度计的使用方法。

二、实验原理

电势滴定法是根据滴定过程中，指示电极与参比电极之间的电势差和溶液的pH值产生

"突跃",从而确定滴定终点的一种分析方法。在酸碱电势滴定中,常用的指示电极为玻璃电极,参比电极为饱和甘汞电极(SCE)。

在醋酸的电势滴定中,是以 NaOH 标准溶液为滴定剂,将两支电极(玻璃电极和 SCE)浸入溶液中,使之组成电池,电池用符号表示为:

$$(-)\text{Ag},\text{AgCl} | \text{HCl} | \text{玻璃膜} | \text{试液} || \text{KCl(饱和)} | \text{Hg}_2\text{Cl}_2,\text{Hg}(+)$$

$$\underbrace{\qquad}_{\varphi_{膜}}\qquad\underbrace{\qquad}_{\varphi_{L}}$$

| ← 玻璃电极 → |　　| ← 甘汞电极 → |

电池电动势为:

$$E = K' + 0.059\text{pH}$$

或

$$E = K' - 0.059\lg a_{\text{H}^+}$$

随着滴定剂的不断加入,被测物 HAc 与滴定剂 NaOH 发生反应,溶液的 pH 值(或电池电动势)在不断变化。在计量点附近,电势随溶液 pH 值的突变而突变,从而确定滴定终点。即以 NaOH 溶液加入的体积(mL)为横坐标,相应的 pH 值为纵坐标作图,得滴定曲线(图 1),曲线的拐点就为滴定终点。此点可用下面的方法较准确求得:作两条与滴定曲线相切并成 45°倾斜角的切线,作两切线的平分线,它与曲线的交点(图中 P 点)即为曲线的拐点,拐点所对应的体积即为滴定至终点所需的 NaOH 的溶液体积。

则 HAc 含量为:

$$\text{HAc}(\text{g}\cdot\text{L}^{-1}) = \frac{c_{\text{NaOH}} V_{终} M_{\text{HAc}}}{V_{\text{HAc}}}$$

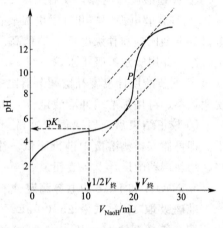

图 1　pH-V 曲线

式中,M_{HAc} 为 HAc 的摩尔质量,60.05 g·mol^{-1};V_{HAc} 为 HAc 试液的体积,mL;c_{NaOH} 为 NaOH 标准溶液的浓度,mol·L^{-1}。

由滴定曲线不仅可以确定终点,也能求得被测酸的解离常数(K_a)。HAc 在水溶液中解离如下:

$$\text{HAc} \rightleftharpoons \text{H}^+ + \text{Ac}^-$$

其解离常数为:

$$K_a = \frac{[\text{H}^+][\text{Ac}^-]}{[\text{HAc}]}$$

当 [Ac$^-$] = [HAc] 时,则有:

$$K_a = [\text{H}^+] \quad 即 \quad pK_a = \text{pH}$$

在一定温度下,如果测得醋酸溶液中 [HAc] = [Ac$^-$] 时的 pH 值,即可求得醋酸的电离常数。

当 HAc 溶液用 NaOH 溶液滴定时,若 HAc 的原有摩尔数有一半被 NaOH 中和时,则

HAc 的摩尔数正好等于生成的 Ac⁻ 的摩尔数，此时[Ac⁻]＝[HAc]，而这时 NaOH 的用量也恰好等于完全中和 HAc 时需要量的一半。在图 1 所示滴定曲线上，$1/2V_终$ 对应的 pH 值即为 pK_a 值，由此求得醋酸的解离常数 K_a。

三、仪器和试剂

1. 仪器：酸度计，碱式滴定管（50mL），移液管（25mL），磁力搅拌器，烧杯（250mL），烧杯（100mL）。

2. 试剂：NaOH 标准溶液（近似 $0.1 mol \cdot L^{-1}$，准确浓度由实验室标定），HAc 试液，酚酞指示剂（1%）。

四、实验步骤

1. 电势滴定装置

电势滴定装置如图 2 所示。

2. 仪器使用步骤

① 接通酸度计电源，仪器预热 10～15min。

② 将玻璃电极、饱和甘汞电极放在电极架上，玻璃电极的下端比饱和甘汞电极下端稍高。两支电极用蒸馏水洗净，并用吸水纸吸干水珠。

③ 调节酸度计温度补偿调节器至室温，按仪器使用说明调零，再用标准缓冲溶液定位。

④ 校正结束后，以蒸馏水冲洗电极并用吸水纸吸干。即可插入被测溶液中进行测试。注意，在测试过程中，切勿再动酸度计上各旋钮。

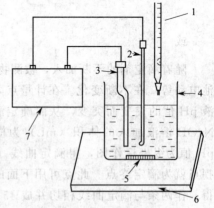

图 2　电势滴定装置
1—滴定管；2—玻璃电极；3—饱和甘汞电极；4—滴定池（烧杯）；5—搅拌棒；6—磁力搅拌器；7—酸度计

3. NaOH 和 HAc 的电势滴定

准确吸取 HAc 试液 25.00mL 于 250mL 烧杯中，用蒸馏水稀释至约 100mL，加 2～3 滴酚酞指示剂，放入搅拌棒，置于磁力搅拌器上，插入电极，开动搅拌器，用 NaOH 标准溶液滴定。开始可滴入 5.00mL 测一次 pH 值，然后每隔 2.00mL 测一次 pH 值，临近终点前后可间隔 0.20mL 或 0.1mL 测一次 pH 值，突跃过后测量间隔又可放大。同时观察并记录当指示剂颜色变化时对应的 pH 值及 NaOH 溶液体积。

五、作图和数据处理

根据所得数据，绘制 pH-V 滴定曲线，由滴定曲线确定滴定终点 $V_终$，计算醋酸含量，计算醋酸的 K_a 值并与文献值做比较。

用二次微商法计算滴定终点，并与指示剂法确定的终点和 pH-V 曲线法确定的终点做比较。

六、注意事项

1. 玻璃电极在使用前，应在蒸馏水或 $0.1 mol \cdot L^{-1}$ HCl 溶液中浸泡 24h 以上，方可使用。玻璃电极易碎，使用时应小心，安装时底部应略高于甘汞电极，以免被转动的搅拌棒碰破。测量时玻璃电极球泡部分应全部浸没在溶液中，暂时不用时，应将玻璃电极浸在蒸馏水中，以便下次使用时容易达到平衡。若长久不用，应干放保存。

2. 饱和甘汞电极使用前应检查管内是否充满饱和 KCl 溶液，管下端应有固体 KCl，以确保 KCl 溶液饱和；并且管内不应有气泡存在，否则将使溶液隔断。测量时应取掉管端的橡皮帽,并将加 KCl 溶液管口处的小橡皮塞拔去,以保持足够的液位差,这样才有少量 KCl 溶液从微孔陶瓷芯中流出,否则被测溶液会渗入而污染电极,将影响读数的重现性,从而导致测定结果不准确。甘汞电极下端的微孔陶瓷芯应保持畅通。微孔是否堵塞,检查方法如下:先将电极下端擦干,然后用滤纸贴在管端,如有溶液渗下,则证明微孔未堵塞。甘汞电极不用时,可用橡皮帽将其套住,以免电极内 KCl 溶液蒸发。

3. 安装电极时,两支电极不要彼此接触,也不要与烧杯壁接触;电极下端离杯底应有一定距离,以防搅拌时搅拌棒碰击电极下端。

4. 切勿将搅拌棒连同废液一起倒掉。

七、思考题

1. 缓冲溶液是共轭酸碱对的混合溶液,为什么邻苯二甲酸氢钾或酒石酸氢钾溶液也可作缓冲溶液?
2. 在滴定过程中,以酚酞为指示剂的终点与电势法终点是否一致?
3. 当 HAc 完全被中和时,反应终点的 pH 值是否等于 7? 为什么?
4. 电势滴定法滴定醋酸溶液,测定的是氢离子浓度,还是氢离子活度?
5. 何谓指示电极及参比电极? 电势滴定法有什么优点?

实验 39 食品总酸度的测定

一、目的要求

1. 学会用直接滴定法和电势滴定法测定食品总酸度的方法。
2. 掌握深色食品总酸度的测定方法。

二、实验原理

总酸度是食品中所有酸的总量,在用碱标准溶液滴定时,被中和生成盐类,常有两种测定方法:一种是直接滴定法,即用碱标准溶液滴定,以酚酞为指示剂确定终点,根据消耗碱标准溶液的体积,计算食品的总酸度;另一种为电势滴定法,即在滴定时,在待测的溶液中插入一个 pH 玻璃电极和一个饱和甘汞电极,使之形成一个工作电池。在一定温度时,电池电动势维持恒定。当用标准溶液滴定时,溶液的 pH 发生变化,当滴定到终点时,pH 即发生突跃,即可确定终点。然后根据消耗碱标准溶液的体积,计算食品的总酸度。

三、仪器和试剂

1. 仪器:分析天平,pHS-10B 型酸度计,231 型玻璃电极,232 型甘汞电极,磁力搅拌器,恒温水浴锅,组织捣碎机,250mL 三角瓶,250mL 锥形瓶,200mL 烧杯。
2. 试剂:NaOH(0.1000mol·L^{-1}),标准缓冲溶液(pH=9.23、pH=6.88),酚酞(1%)。

四、实验内容

1. 样品溶液的制备

(1) 一般液体样品(如牛乳、不含 CO_2 的果汁、酒等样品) 将样品均匀混合后可直接取样,必要时加适量水稀释(若样品浑浊,则需要过滤后再使用)。

(2) 含 CO_2 的饮料酒样品 将样品置于 40℃水浴上加热 30min,每隔 5min 摇动一次,

以除去 CO_2，冷却后备用。

（3）固体饮料 称取 10～15g 样品，置于 50mL 烧杯中，加少量不含 CO_2 蒸馏水，用玻璃棒搅拌使其溶解，移入 100mL 容量瓶中，定容，摇匀，备用。

（4）干鲜果蔬固体样品 将样品用粉碎机或高速组织捣碎机捣碎并混合均匀。称取适量样品加入不含 CO_2 蒸馏水中，在 75～80℃水浴上加热 30min，冷却后定容，用干燥滤纸过滤，弃去初滤液 15mL，并收集滤液备用。

2. 直接滴定法测定总酸度

（1）准确吸取上法制备样品溶液 25mL，置于 250mL 三角瓶中，加 75mL 不含 CO_2 蒸馏水，3 滴酚酞指示剂，用 $0.1000mol·L^{-1}$ NaOH 标准溶液滴定至微红色，30s 不褪色为终点，记录消耗 $0.1000mol·L^{-1}$ NaOH 标准溶液体积，平行测定 2 次，取其平均值。

（2）空白试验。用量筒取 100mL 不含 CO_2 蒸馏水，置于 250mL 锥形瓶中，加 3 滴酚酞指示剂，用 $0.1000mol·L^{-1}$ NaOH 标准溶液滴定至终点，并记录消耗 $0.1000mol·L^{-1}$ NaOH 标准溶液体积，平行测定 2 次，取其平均值。

3. 电势滴定法测定总酸度

准确吸取上法制备样品溶液 25mL，置于 200mL 烧杯中，加 75mL 不含 CO_2 蒸馏水，放入搅拌转子，将烧杯置于磁力搅拌器上，插入电极，开启磁力搅拌器。用 $0.1000mol·L^{-1}$ NaOH 标准溶液滴定至终点，并记录消耗 $0.1000mol·L^{-1}$ NaOH 标准溶液的体积，同时量取 100mL 不含 CO_2 蒸馏水作试剂。

五、思考题

1. 测定食品总酸度时，为什么要用不含 CO_2 蒸馏水？
2. 测定深色样品总酸度时，如何消除颜色干扰？

实验 40　石灰石中钙、镁含量的测定

一、实验目的

1. 掌握 EDTA 法测定钙、镁的原理和方法。
2. 掌握铬黑 T 指示剂（EBT）和钙指示剂的应用，了解金属指示剂的特点。

二、实验原理

石灰石的主要成分是 $CaCO_3$，同时也含有一定量的 $MgCO_3$ 及少量 Al、Fe、Si 等杂质，通常用酸溶解后，不经分离直接用 EDTA 标准溶液进行滴定。

试样溶解后，在 pH=10 时，以铬黑 T（或 K-B）作指示剂，用 EDTA 标准溶液滴定溶液中 Ca^{2+} 和 Mg^{2+} 两种离子总量；另一份试液中，在 pH>12 时，Mg^{2+} 生成 $Mg(OH)_2$ 沉淀，加入钙指示剂用 EDTA 标准溶液单独滴定 Ca^{2+}。

滴定前，在酸性条件下，加入三乙醇胺和酒石酸钠以掩蔽试液中 Fe^{3+}、Al^{3+}，然后再碱化；在碱性条件下可用 KSCN 掩蔽 Cu^{2+}、Zn^{2+} 等重金属离子；对于 Cu^{2+}、Ti^{4+}、Cd^{2+}、Bi^{3+} 等重金属离子的干扰不易消除，则可加入铜试剂（DDTC），掩蔽效果较好。

三、仪器和试剂

1. 仪器：分析天平，台秤，酸式滴定管（50mL），容量瓶（250mL），锥形瓶（250mL），移液管（25mL）。

2. 试剂：$Na_2H_2Y \cdot 2H_2O$(A.R.)，$CaCO_3$(A.R.)，HCl(1:1)，三乙醇胺（1:2），NaOH(20%)，NH_3-NH_4Cl(pH=10)，酒石酸钠（5%），K-B 指示剂，铬黑 T，钙指示剂。

四、实验内容

1. EDTA 标准溶液的配制及标定（$0.02\ mol \cdot L^{-1}$）

(1) EDTA 标准溶液的配制（$0.02\ mol \cdot L^{-1}$） 称取 2.0g 乙二胺四乙酸二钠盐（$Na_2H_2Y \cdot 2H_2O$）于 250mL 烧杯中，加入 100mL 蒸馏水溶解，转入 250mL 容量瓶中，用水稀释至刻度，摇匀。

(2) Ca^{2+} 标准溶液的配制（$0.02\ mol \cdot L^{-1}$） 准确称取 120℃ 干燥过的 $CaCO_3$ 0.35~0.4g（准确至 $\pm 0.1mg$）于 250mL 烧杯中，用少量水润湿，盖上表面皿，慢慢滴加 1:1 HCl 10mL，加热溶解。加少量水稀释。定量地转入 250mL 容量瓶中，用水稀释至刻度，摇匀。计算其准确浓度。

(3) EDTA 溶液的标定 移取 25.00mL Ca^{2+} 标准溶液于锥形瓶中，加入 20mL NH_3-NH_4Cl 缓冲溶液，2~3 滴 K-B 指示剂；用 $0.02\ mol \cdot L^{-1}$ EDTA 溶液滴定至溶液由紫红色变为蓝绿色，即为终点。

平行标定 3 次，计算 EDTA 的准确浓度。

2. 试样的溶解

准确称取 0.5g 左右石灰石试样于 250mL 烧杯中，加少量水润湿，盖上表面皿。取 10mL 1:1 HCl 分数次加入，小心加热使之溶解，冷却后定量地转入 250mL 容量瓶中，用水稀释至刻度，摇匀。

3. 钙、镁总量的测定

移取 25.00mL 试液于锥形瓶中，加水 20mL，加 5% 酒石酸钠和 1:2 三乙醇胺各 5mL，摇匀。加氨性缓冲溶液 10mL，摇匀。加 2~3 滴 K-B（或铬黑 T）指示剂，用 EDTA 标准溶液滴定至溶液由紫红色变成蓝绿色（或蓝色），即达终点，记下体积读数（V_1）。平行测定 3 次。

4. 钙的测定

另移取 25.00mL 试液于锥形瓶中，加水 20mL，加 5% 酒石酸钠和 1:2 三乙醇胺各 5mL，摇匀。加 20% NaOH 10mL，加 2~3 滴 K-B 指示剂（或 0.1g 钙指示剂），用 EDTA 标准溶液滴定至溶液由红色变成蓝绿色（或蓝色），即达终点，记下体积读数（V_2）。平行测定 3 次。

5. 根据 EDTA 的浓度及所消耗的体积 V_1 和 V_2，分别计算试样中 MgO 和 CaO 的质量分数。

五、思考题

1. 为什么掩蔽 Fe^{3+}、Al^{3+} 时，要在酸性条件下加入三乙醇胺？KSCN 掩蔽 Cu^{2+}、Zn^{2+} 等离子是否也可在酸性条件下进行？

2. 本实验中加入 NH_3-NH_4Cl 缓冲溶液和 NaOH 溶液各起什么作用？能否用 NH_3-NH_4Cl 缓冲溶液代替 NaOH 溶液？

3. 如试样用酸溶解不完全，残渣应如何处理？

4. 测定钙时，若形成大量 $Mg(OH)_2$ 沉淀，将吸附 Ca^{2+}，会使钙的测定结果偏低。为了克服此不利因素，常常加入什么物质基本可消除吸附现象？

实验41 氟离子选择性电极测定水中的氟

一、实验原理

将指示电极（氟离子选择性电极）和参比电极（饱和甘汞电极）同时浸入含有 F^- 的试液中，就可构成一原电池，其原电池的电动势为：

$$E=E_{(+)}-E_{(-)}=K'-0.059\lg a_{(F^-)}=K'-0.059\lg \gamma c_{(F^-)}$$

当试液中离子强度一定时，活度系数 γ 为一定值，故上式可写为：

$$E=K'-0.059\lg c_{(F^-)}$$

当 F^- 浓度在 $10^{-5} \sim 10^0$ mol·L^{-1} 范围内，E 与 $\lg c_{(F^-)}$ 呈线性关系，据此，可用标准曲线法测定试样中氟的含量。

二、试剂和仪器

1. 试剂：①氟标准溶液，将 NaF（G.R. 或 A.R.）在 120℃烘箱中烘干 2h，准确称取 0.2210g 溶于去离子水中，在 1000mL 容量瓶中定容后摇匀，即得 100μg·mL^{-1} F^- 储存液，将其储于聚乙烯塑料瓶中，取上述储备液 50mL 稀释至 250mL 得 20μg·mL^{-1} 氟标准溶液；②TISAB（总离子强度调节缓冲溶液），称取 58.8g 二水合柠檬酸钠（$Na_3C_6H_6O_7$·$2H_2O$）和 85.0g $NaNO_3$ 溶于少量水中，再加入 800mL 水，用 1:1 HCl 和 1% NaOH 调节溶液的 pH=6，稀释至 1000mL 待用。

2. 仪器：移液管（1mL、2mL、5mL、10mL），容量瓶（50mL）10支/组，烧杯（100mL），奥立龙（ORION）811 型微机处理 pH/mV 计，氟离子选择电极（电极使用前先按说明书安装，并校验斜率是否满足要求。使用前用 0.01mol·L^{-1} NaF 浸泡半小时并在蒸馏水中浸泡数小时）。氟电极内参比溶液有两种：①0.1mol·L^{-1} NaCl+0.1mol·L^{-1} NaF；②0.1mol·L^{-1} NaCl+0.001mol·L^{-1} NaF，参比电极（ORION900100），单接液，套筒式 AgCl 电极（也可用饱和甘汞电极），电磁搅拌器。

三、仪器使用

1. 接通电源

ORION811pH/mV 计接通电源，面板上功能键拨"STDBY"面板显示小数点，预热 30min。

2. 接通电极和温度探针

氟离子选择电极（指示电极）接入 811pH/mV 计后面面板"INPUT"中。参比电极接入 811pH/mV 后面面板"REF"中。温度探针接入 S11pH/mV 后面面板"ATC"中。电极及探针均固定在电极支架上，电极在使用前应用蒸馏水浸泡 2h。

3. 清洗电极

电极使用前后，必须用蒸馏水清洗电极表面，切不可用吸水纸或布擦电极。

4. 电动势测定

待测溶液中加入磁子，小心将电极和温度探针插入，将电磁搅拌器开至合适的挡位，电极表面不能有气泡，将功能键拨至"mV"挡，等压键闪亮后，读出读数。

四、实验内容

1. 标准系列

取 F^- 标准溶液 0.50mL、1.00mL、2.00mL、3.00mL、4.00mL、6.00mL、8.00mL、10.00mL 分别于 8 只 50mL 容量瓶中，各加入 10mL TISAB，用去离子水稀释至刻度。

2. 测电动势 E

将标准系列溶液由稀至浓顺次转入 100mL 烧杯中，加入磁子，放置于电磁搅拌器上，插入电极和温度探针，开启搅拌器，测定电动势并记录。

3. 绘制 $E(mV)$-$\lg c_{(F^-)}$ 标准曲线

以 $\lg c_{(F^-)}$ 为横坐标，$E(mV)$ 为纵坐标，可绘制出标准曲线。

4. 测量未知样品的 $E(mV)$ 值

吸取 25.00mL 自来水 2 份，分别置于两只 50mL 容量瓶中，各加 10mL TISAB，稀释至刻度后摇匀。在相同条件下测 $E(mV)_{未}$ 值。

5. 在标准曲线上查得 $E(mV)_{未}$ 所对应的 F^- 浓度，就可确定自来水中 F^- 的浓度。

五、思考题

1. 测定标准系列溶液的电势时，为什么要自稀至浓顺次进行？
2. 用氟离子选择性电极测 F^- 时，为什么要控制 pH 值在 5~7 之间？

实验 42　磷酸钠、磷酸氢二钠和磷酸二氢钠的制备

一、实验目的

1. 复习和巩固多元酸的解离平衡与 pH 的关系。
2. 了解工业 H_3PO_4 的提纯原理和方法。

二、实验原理

十二水合磷酸钠 $Na_3PO_4 \cdot 12H_2O$ 为无色三方晶系晶体，有吸潮性，易吸收二氧化碳，1% 水溶液的 pH 为 11.5~12.1，从水溶液中析出的温度为 55~65℃。十二水合磷酸氢二钠 $Na_2HPO_4 \cdot 12H_2O$ 为无色单斜晶系或斜方晶系晶体，有风化性，1% 水溶液的 pH 为 9.0~9.4，从水溶液中析出的温度为 0~35℃。二水合磷酸二氢钠 $NaH_2PO_4 \cdot 2H_2O$ 为无色斜方晶系晶体，$0.2mol \cdot L^{-1}$ 水溶液的 pH 为 4.2~4.6，从水中析出的温度为 0~41℃。

本实验是从工业 H_3PO_4 制备纯的磷酸盐，为了提纯 H_3PO_4，首先在工业 H_3PO_4 中加入 P_2S_5。它遇水即分解，产生 H_2S 气体，这时 H_3PO_4 中存在的杂质如砷和一些重金属离子，都生成硫化物沉淀下来。过滤后即得纯的 H_3PO_4。用 NaOH 或 Na_2CO_3 将 H_3PO_4 中和，在不同的 pH 条件下，浓缩溶液，冷却，可分别析出 $Na_3PO_4 \cdot 12H_2O$、$Na_2HPO_4 \cdot 12H_2O$ 和 $NaH_2PO_4 \cdot 2H_2O$。

三、仪器和试剂

1. 仪器：分析天平，台秤，碱式滴定管（50mL）。
2. 试剂：P_2S_5(A.R.)，NaOH($0.1mol \cdot L^{-1}$)，Na_2CO_3(A.R.)，H_3PO_4（工业），酚酞，精密 pH 试纸。

四、实验内容

1. 工业 H_3PO_4 的提纯

取 50mL 工业 H_3PO_4 于 250mL 烧杯中，用 80mL 蒸馏水稀释，加入 2g P_2S_5，搅匀后盖上表面皿。在水浴中加热至 80℃，保温 1h（以上操作要在通风橱中进行）。当 P_2S_5 水解

后，溶液中慢慢出现黄色絮状物沉淀，趁热过滤。

将纯化后的 H_3PO_4 稀释，使其总体积为 300mL，搅匀，备用。

2. $NaH_2PO_4 \cdot 2H_2O$ 的制备

取 100mL 上述 H_3PO_4 于烧杯中，加热，并缓慢地加入固体 Na_2CO_3，调节 pH 至 4.2~4.6。若加热过程水分蒸发损失，应不断补加蒸馏水，直至赶尽 CO_2 为止。然后浓缩至表面有微晶出现（此时溶液的总体积约为原体积的一半）。用冷水冷却，加入晶种，待晶体析出后，抽滤，晶体用少量无水乙醇洗涤 3 次，吸干后称重。

3. $Na_2HPO_4 \cdot 12H_2O$ 的制备

取 100mL 上述 H_3PO_4 于 500mL 烧杯中，用蒸馏水稀释至总体积为 260mL。加热，并缓慢地加入固体 Na_2CO_3，调节 pH 至 9.2。加热浓缩至表面有微晶出现，冷却，加入晶种，待晶体析出后，抽滤，吸干后称重。

4. $Na_3PO_4 \cdot 12H_2O$ 的制备

取 100mL 上述 H_3PO_4 于 500mL 烧杯中，用蒸馏水稀释至总体积为 300mL。加热，并缓慢地加入固体 Na_2CO_3，调节 pH 至 12。加热浓缩至表面有微晶出现，冷却，加入晶种，待晶体析出后，抽滤，吸干后称重。

5. $NaH_2PO_4 \cdot 2H_2O$ 的检验

（1）pH 测定　称取 0.4g 样品，加水溶解后稀释至 50mL，搅匀，用精密 pH 试纸测得的 pH 应在 4.2~4.6 之间。

（2）样品中 $NaH_2PO_4 \cdot 2H_2O$ 含量的测定　称取 0.5g（准确至 0.0002g）样品，溶于 30mL 蒸馏水中，加 2 滴酚酞指示剂，用 $0.1mol \cdot L^{-1}$ NaOH 溶液进行滴定，直至溶液呈现微红色为止。计算样品中 $NaH_2PO_4 \cdot 2H_2O$ 的含量。

五、思考题

1. 为什么选择 P_2S_5 作为纯化磷酸的试剂？
2. 试用 Na_2HPO_4、NaH_2PO_4 为例，说明酸式盐的溶液是否都具有酸性？为什么？

实验43　废定影液中金属银的回收

一、实验目的

1. 了解从废定影液中回收金属银的原理和方法。
2. 巩固无机制备的基本操作以及了解高温还原金属的方法。

二、实验原理

银是质软、延展性较好的贵金属，在水、空气中都十分稳定，但能溶于硝酸与热的浓硫酸。废定影液回收金属银不但可以变废为宝，还可以防止环境污染。

在定影过程中感光材料乳剂膜中卤化银约有 75% 溶于定影液（$Na_2S_2O_3$）中。

$$AgX + 2Na_2S_2O_3 \rightleftharpoons Na_3[Ag(S_2O_3)_2] + NaX$$

本实验是通过硫化钠法从废定影液中回收银。

向废定影液（主要成分是 $Na_3[Ag(S_2O_3)_2]$）中加入 Na_2S，生成 Ag_2S 沉淀，同时有 $Na_2S_2O_3$ 再生。

$$2Na_3[Ag(S_2O_3)_2] + Na_2S \xlongequal{} 4Na_2S_2O_3 + Ag_2S\downarrow$$

在加入 Na_2S 之前，先使废定影液呈现碱性，以避免由于酸性使加入的 Na_2S 放出 H_2S 气体。加入的 Na_2S 不能过量。

Ag_2S 沉淀在 1000℃ 左右的高温灼烧，可得到金属银，灼烧时还要加入一定量的 Na_2CO_3 和硼砂。

三、仪器和试剂

1. 仪器：台秤，吸滤瓶（500mL），布氏漏斗，蒸发皿，研钵，泥坩埚，真空泵，马弗炉。

2. 试剂：NaOH（6mol·L^{-1}），Na_2S（0.1mol·L^{-1}），$AgNO_3$（0.1mol·L^{-1}），$Na_2B_4O_7·10H_2O$（C.P.），Na_2CO_3（C.P.），废定影液。

四、实验内容

取 600mL 废定影液注入 1000mL 烧杯中，加热至 30℃ 左右，用 pH 试纸测定其 pH，然后用 6mol·L^{-1} NaOH 溶液调至微碱性（pH=8）。在不断搅拌的情况下，加入 0.1mol·L^{-1} Na_2S 至沉淀刚好完全。静置后，在上层清液中滴加 0.1mol·L^{-1} $AgNO_3$（近中性），至不再有沉淀出现为止。用倾析法倾出上层清液（回收），将 Ag_2S 转移至 250mL 烧杯中，用热水洗涤一次，抽滤，将沉淀转移至蒸发皿中，小火炒干、冷却、称重。

按 $m(Ag_2S):m(Na_2CO_3):m(Na_2B_4O_7)=3:2:1$ 比例，称取 Ag_2S、Na_2CO_3 与 $Na_2B_4O_7$ 混合均匀研细，置于泥坩埚中，放在马弗炉内于 1000℃ 下灼烧 1h，小心取出坩埚，迅速将熔化的银倒出，冷却、称重。

五、思考题

1. 废定影液中加入 Na_2S 之前，为什么要先将溶液调至碱性？
2. Ag_2S 沉淀时应如何控制条件，防止 Ag_2S 发生胶溶现象？
3. 废定影液中加入 Na_2S 后，如何确定 Ag_2S 完全沉淀？
4. 马弗炉使用时应注意哪些问题？

附 录

附录1 酸度计使用方法

1. Sartorius PB-10 型 pH 计

溶液的 pH 可通过酸度计（又称 pH 计）来进行测量。Sartorius PB-10 型 pH 计使用的电极是玻璃电极与 BNC（电极）组合成的复合电极。其外观结构如附图1所示。

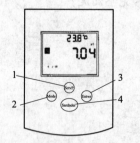 

附图1　Sartorius PB-10 型 pH 计外观结构
1—Setup（设定）键；2—Mode（转换）键；3—Enter（确认）键；4—Standardize（校正）键；
5—Power（电源插孔）；6—Input（电极插头）；7—ATC（温度探头插孔）

（1）Sartorius PB-10 型 pH 计的操作步骤如下。

① 将变压器插头与 pH 计 Power（电源）接口相连，并接好交流电。

② 将复合电极和 ATC（温度探头）输入孔连接。

③ 按 Mode（转换）键，直至显示屏上出现相应的测量方式（pH 或 mV）。

④ pH 计最多可用三种缓冲溶液校准。校准时要将电极浸入缓冲溶液中，搅拌均匀，按 Standardize（校正）键进行相应的缓冲溶液值的校准。

⑤ 显示屏显示当前 pH 或 mV 测量值。

⑥ 按 Setup（设定）键可显示经校准而得到的信息和清除或选择输入的缓冲溶液值。

（2）pH 测量方式的校准　因为电极的响应会发生变化，因此，pH 计和电极都应校准，以补偿电极的变化，越有规律地进行校准，测量就越精细。为了获得精确的测量结果，有必要每天或经常进行校准。

pH 计最多可以使用三种缓冲溶液进行自动校准。若再输入第 4 种缓冲溶液时，将替代第 1 种缓冲溶液的值。

PB-10 型 pH 计具有自动温度补偿功能。

① 将电极浸入缓冲溶液中，搅拌均匀，直至达到稳定。按 Mode（转换）键，直至显示出所需要的 pH 测量方式。用此键可以在 pH 和 mV 模式之间进行切换。

② 在进行一个新的两点或三点校准之前，要将已经存储的校准点清除。使用 Setup（设置）键和 Enter（确认）键可清除已有缓冲溶液，并选择所需要的缓冲溶液组。

③ 按 Standardize（校正）键。pH 计识别出缓冲溶液并将闪烁显示缓冲溶液值。在达到稳定状态后，或通过按 Enter（确认）键，测量值即已被存储。

④ pH 计显示的电极斜率为 100.0%。当输入第 2 种或第 3 种缓冲溶液时，仪器首先进行电极检验（见步骤 7 及以后步骤），然后显示电极的斜率。

⑤ 为了输入第 2 个缓冲溶液，将电极浸入第 2 种缓冲溶液中，搅拌均匀，并等到示值稳定之后，按 Standardize（校正）键。pH 计识别出缓冲溶液，并在显示屏上显示出第 1 和第 2 个缓冲溶液值。

⑥ 当前 pH 计正进行电极检验。系统显示，电极是完好的"OK"，是有故障的"Error"。此外，还显示出电极的斜率。

⑦ "Error"表示电极有故障。电极斜率应在 90%～105% 之间。在测量过程中产生出错报警是不允许的。按 Enter（确认）键，以便清除出错报警并从第 6 步骤处重新进行。

⑧ 为了设定第 3 个标准，将电极插到第 3 种缓冲溶液中，搅拌均匀，并等示值稳定之后，按 Standardize（校正）键，结果与在步骤 6 和 7 时一样。此时，系统显示三种缓冲溶液值。

⑨ 输入每一种缓冲溶液后，"Standardizing"显示消失，pH 计回到测量状态。

⑩ 为了校准 pH 计，至少使用两种缓冲溶液，待测溶液的 pH 应处于两种缓冲溶液 pH 之间。用磁力搅拌器搅拌，可使电极响应速度更快。

（3）Setup（设置）键使用方法　用 Setup（设置）键能清除所有已输入的缓冲溶液值，查看校准信息或选出所需要的缓冲溶液组。按 Mode（转换）键，可随时退出设置模式。

① 按 Setup（设置）键，仪表闪烁显示"Clear"，能将所有输入的缓冲溶液测量值清除。如果确实想清除，按 Enter（确认）键。pH 计将所有存储的校准点清除掉并回到测量状态。

② 再按 Setup（设置）键，即得到有关电极状态和第 1 与第 2 校准点之间斜率的信息。此外，还显示出两个缓冲溶液的数值。

③ 再按 Setup（设置）键，显示第 2 与第 3 个缓冲溶液的斜率（如果输入了第 3 个缓冲溶液的话）以及第 2 和第 3 个缓冲溶液的数值。

④ 再按 Setup（设置）键，仪表闪烁显示"Set"，并显示第一组缓冲溶液的数值。

⑤ 按 Enter（确认）键可以选择所显示的缓冲溶液组，或者通过按 Setup（设置）键在三组缓冲溶液组之间切换。

⑥ 按 Enter（确认）键选出所需要的缓冲溶液组。按 Setup（设置）键或随时按 Mode

（转换）键，都将回到测量状态。

(4) 电极的安装和维护

① 去掉电极的防护帽。建议电极在第一次使用前，或电极填充液干了，应该浸在标准溶液或 KCl 溶液中 24h 以上。

② 去掉 pH 计接头的防护帽，将电极插头接到背面的 BNC（电极）和 ATC（温度探头）输入孔。

③ ORP 及离子选择性电极的选择连接。去掉 BNC 密封盖，将电极接到 BNC 输入孔。

④ 在各次测量之前要清洗电极，吸干电极表面溶液（不要擦拭电极），用蒸馏水或去离子水或待测溶液进行冲洗。

⑤ 将玻璃电极存放在电极填充液 KCl 溶液中或电极存储液中。在测量过程中如选择可填充电解液电极，加液口应常开，在存放时关闭。并应注意在内部溶液液面较低时添加电解液。温度探头应干燥存放。

2. 雷磁 pHs-25 型 pH 计

雷磁 pHs-25 型 pH 计（附图 2）使用的电极是 E-201-C-9 复合电极。它是将测量电极（玻璃电极）和参比电极（甘汞电极）组合成一支电极进行测量。用复合电极更方便，响应更快。

雷磁 pHs-25 型 pH 计的操作步骤如下。

(1) 先将复合电极端部塑料保护套拔去，并将它浸泡在 3.3mol·L^{-1} KCl 溶液中 24h 以上。

(2) 在接通电源前，先检查电表指针是否指零（pH＝7.0），如不指零，调节电表上的机械零点使 pH＝7.0。

(3) 接上电源，打开电源开关，指示灯亮，预热 10min。

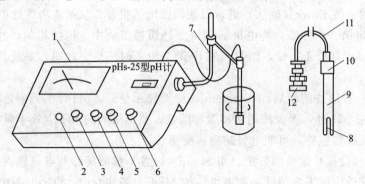

附图 2　雷磁 pHs-25 型 pH 计

1—指示表；2—指示灯；3—温度；4—定位；5—选择；6—范围；
7—电极杆；8—球泡；9—玻璃管；10—电极帽；11—电极线；12—电极插头

(4) 将短路插接在电极插口上，调节仪器零点：pH＝7.0。

(5) 拆下电极插口上的短路插，将复合电极插上。

(6) 仪器的定位。

① 将"温度"补偿旋钮旋到被测溶液的温度值。

② 将"选择"开关置于 pH 挡。

③ 选择预先配制好的标准缓冲溶液作为校正溶液。

④ 用蒸馏水冲洗复合电极，再用滤纸吸干，把电极插入缓冲溶液中。

⑤ 将"范围"开关置于与缓冲溶液相应的 pH 范围。

⑥ 调节"定位"旋钮,使指针的读数与该温度下缓冲溶液的 pH 相同。

⑦ 拔去电极插头,接上短路插,指针应回到 pH=7.0 处,如有变动,再重复④、⑤、⑥的操作,直到达到要求为止。

至此,仪器已定位好,在以后测量中,"零点"旋钮和"定位"旋钮不得再转动。

(7) 测量　取出复合电极,用蒸馏水冲洗干净,并用滤纸吸干,把电极插头插入仪器电极插口上,并把电极浸入待测溶液中,指针所指的数值就是待测溶液的 pH。

当测量时溶液的温度与定位的温度不同时,可将"温度"旋钮旋到待测溶液的温度值,然后再测量。

(8) 测量完毕,拆下复合电板,插上短路插,移走电极并冲洗电极,然后浸在 3.3mol·L^{-1} KCl 溶液中备用。

3. pHs-25C 型酸度计

pHs-25C 型酸度计(附图 3)是用电势法测定 pH 的一种仪器。它主要是通过 pH 指示电极和参比电极在不同 pH 溶液中产生不同的直流电势,并将之输入用适当的电路所组成的直流放大器,以达到指示 pH 的目的。

(1) 仪器的使用方法

① 仪器的安装　仪器电源为 220V 交流电,电源插头中黑色线表示接地线,不可弄错。将电源插头插入电源插座的孔内。

② 电极安装　把电极夹夹在电极杆上,并将玻璃电极和甘汞电极夹在电极夹上,电极引线插入各自的插口内。将甘汞电极上的小橡皮塞及下端橡皮套拔去,不用时再套回。

③ pH 的测量

a. 零点的校正。未接通电源之前检查电表指针是否在零点(pH=7)处,如不在零点,调节零点校正,使指针指在 pH=7 处。

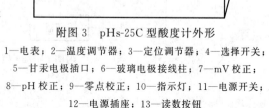

附图 3　pHs-25C 型酸度计外形

1—电表;2—温度调节器;3—定位调节器;4—选择开关;
5—甘汞电极插口;6—玻璃电极接线柱;7—mV 校正;
8—pH 校正;9—零点校正;10—指示灯;11—电源开关;
12—电源插座;13—读数按钮

b. 接通电源,开启电源开关,预热 30min。

c. 将选择开关置于"pH"位置。

d. 调节温度调节器至室温。

e. 定位。将干净的电极插入 pH=4.01 的标准缓冲溶液的烧杯中,轻轻摇动烧杯,先按下读数按钮。调节定位调节器,使指针指在标准缓冲溶液的 pH 处,放开读数按钮。定位完毕后,不要再动定位调节器,否则要重新定位。

f. 测量。移去标准缓冲溶液,用蒸馏水冲洗电极,并用滤纸吸干。将电极插入装有被测溶液的烧杯中,按下读数按钮。指针指示值即表示被测溶液的 pH。放开读数按钮。

g. 电位(mV)的测量。测量 mV 值时,将选择开关置于"+mV"或"-mV"挡。将电极插入被测溶液中,按下读数按钮,即可测出 mV 值,测量完毕,放开读数按钮。

(2) 仪器使用注意事项

① 仪器的电极插口应保持清洁,不使用时将接续器插入,以防灰尘及水汽侵入。

② 各种调节旋钮转动时不可用力过大,以防螺丝松动,影响测量的准确度。

③ 测量读数时,按下读数按钮。但当更换测量样品或停止测量需要移出电极清洗之前,必须将读数按钮放开,使指针回零。否则由于指针频繁摆动会损坏仪器。

④ 玻璃电极和甘汞电极在使用时，必须注意内电极与球泡之间及电极与陶瓷芯之间是否有气泡停留，如有，则必须除掉。

⑤ 玻璃电极球泡的玻璃很薄，勿与硬物相碰，以防球泡破碎。一般在安装电极时，玻璃电极下端的玻璃球泡应比甘汞电极的陶瓷芯稍高一些，在摇动烧杯时使球泡不会碰到杯底。

⑥ 玻璃电极球泡有裂纹或老化（久放两年以上），则应调换新电极。新电极在使用之前须用蒸馏水浸泡两天。

⑦ 玻璃电极球泡勿接触污物。如发现沾污可用医用棉花轻擦球泡部分，或用 $0.1\text{mol} \cdot \text{L}^{-1}$ HCl 清洗，最后用蒸馏水洗净浸泡。

附录 2 分光光度计使用方法

可见光分光光度计是分光光度法在可见光谱区范围（360～800nm）内，进行定量分析常用的仪器之一。分光光度法利用物质对光的选择性吸收，以朗伯-比尔定律（$A = Kbc$）为基础来进行定量测定。

1. 721 型分光光度计

721 型分光光度计由光源、单色器、吸收池和监测系统四大部分组成，全部装成一体，其结构如附图 4 所示。

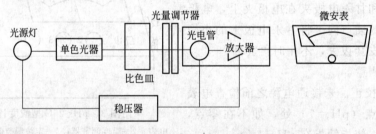

附图 4 721 型分光光度计结构

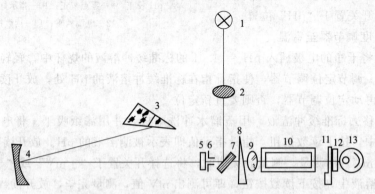

附图 5 721 型分光光度计的光学系统
1—光源；2,9—聚光透镜；3—单色光器；4—准直镜；5,12—保护玻璃；6—狭缝；
7—反射镜；8—光挡；10—比色皿；11—光门；13—光电管

721 型分光光度计光学系统如附图 5 所示，采用自准式光路，单光束。利用 12V/25W 钨丝白炽灯泡作光源。由光源 1 发出连续辐射线，经聚光透镜 2 和反射镜 7 后，成为平行光束，经入射狭缝 6 及准直镜 4 反射到单色光器（721 型分光光度计的单色器是棱镜）3，经棱镜色散后的光反射至准直镜 4，再经狭缝 6、聚光透镜 9，变成平行的单色光照射到样品池（比色皿）10，经样品池吸收后透过的光照射到光电管 13 上，光电管受光进行光电转换产生光电流，经放大器放大后输送至检流计，由表头直接显示出透光率（$T\%$）或吸光度（A）值。

准直镜 4 装在可旋转的转盘上，由波长调节器控制，转动波长调节器时，利用阿基米德螺线凸轮可带动准直镜转盘转动，从而可在出射狭缝后面得到所需波长的单色光。通过调节出射狭缝 6 的宽度，就可获得适合测量的光强。

(1) 仪器的安装及使用前检查

① 仪器应安装在干燥房间内，使用时应放置在坚固平稳的工作台上。室内照明不宜太强，夏天不能用电风扇直吹仪器，以防灯泡灯丝发光不稳而影响测量。

② 在未接上电源前，应对仪器的安全性进行检查。电源线应牢固，通地要良好，各旋钮的起始位置应正确。

③ 检查放大器及单色器的两个硅胶干燥筒，如受潮变色（干燥时为蓝色，受潮后变红色），应予更换（在仪器底部的干燥筒，可侧面竖直仪器来检查或更换）。

④ 仪器在未接通电源前，电表必须位于"0"刻度线，否则要利用电表上的校正螺丝调至"0"处。

(2) 仪器的操作方法　721 型分光光度计外形如附图 6 所示。

① 先进行"使用前检查"，一切正常后，打开比色皿暗箱盖 7，接通电源 6，预热约 20min。

② 调节波长选择旋钮（λ）2 至所需波长，灵敏度调节旋钮 1 放在"1"位置。调节"0"电位器 3，校正电表 8 指针指"0"。

③ 将装有参比溶液及待测溶液的比色皿按顺序放入比色架中，使参比溶液处于光路位置，轻轻盖上比色皿暗箱盖，使光电管受光，调节"100%"电位器 4 至电表指针至满刻度（$T100\%$ 或 $A=0$）处。

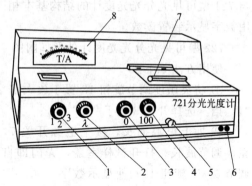

附图 6　721 型分光光度计外形
1—灵敏度调节旋钮；2—波长选择旋钮；
3—"0"电位器；4—"100%"电位器；
5—拉杆；6—电源；7—暗箱盖；8—电表

④ 如果放大器灵敏度不合适（即 3 不能调满刻度），可重新调整灵敏度调节旋钮（放大器灵敏度有 3 挡，是逐步增大的，"1"最低，其选择原则是保证能使空白时调满刻度，尽可能采用灵敏度较低挡，这样仪器将有更高的稳定性），如果灵敏度不够，可逐渐升高，但改变灵敏度后，必须按步骤③重新校正"0"和"100%"。

⑤ 按步骤③连续调整"0"和"100%"，直至稳定。至此调校完毕，即可进行测定工作。

⑥ 轻轻拉动比色皿架拉杆 5，使待测溶液置于光路位置，即可读取表头指针所指的读数（$T\%$ 或 A 值）。

⑦ 测量完毕，打开比色皿暗箱盖。

⑧ 实验结束，关闭电源，将比色皿取出洗净，用软纸擦净比色皿架及暗箱盖，盖上暗箱盖，散热后，罩好仪器罩。

(3) 注意事项

① 使用 721 型分光光度计时，连续光照光电管的时间不可太长，以避免光电管疲劳。

不测定时,必须打开暗箱盖,切断光路,以延长光电管的使用寿命。

② 根据需要选择使用不同厚度的比色皿,同一厚度的一套比色皿应检查使用。方法是使一套比色皿盛装同一种有色溶液,测其透光率相对值,该值最大相差不应超过0.5%。

③ 拿取比色皿时,只能用手捏毛玻璃面,切不可用手捏透光面,以免污损而影响透光性能。比色皿外壁的水珠应用镜头纸或柔软的吸水纸轻轻揩擦,不可用硬纸或用力擦拭。

④ 比色皿盛装溶液时,以装满2/3为宜,不可过满或太浅,以防拉动比色皿架时溅出或影响测定。对系列溶液的测量,应按从稀到浓顺序依次进行,以减小误差。

⑤ 比色皿应用盐酸-乙醇(1∶2)混合液或 1∶1 HNO_3 溶液浸泡,再用自来水、蒸馏水洗涤,不可用碱液、氧化性强的洗涤液(如铬酸洗液)洗涤,以防腐蚀或造成粘接缝开裂。也不能用毛刷刷洗,以免损坏其透光面,更不能在炉子、火焰上或烘箱内加热干燥。

⑥ 在分析工作中,根据有色溶液浓度的大小选择合适规格的比色皿,以使溶液吸光度控制在0.2~0.8范围内,以减小测量误差。

2. 722型可见光分光光度计

722型可见光分光光度计是以碘钨灯为光源、衍射光栅为色散元件的数显式可见光分光光度计。使用波长范围为330~800 nm,波长精度为±2 nm,试样架可放置4个吸收池,单色光的带宽为6nm。

本仪器由光源室、单色器、试样室、光电管暗盒、电子系统及数字显示器等部件组成。与721型可见光分光光度计的结构基本相同,主要不同在于:722型是以光栅为单色器,并用数字显示装置读数。

722型可见光分光光度计外形如附图7所示。

使用方法如下。

① 将灵敏度调节旋钮13置于放大倍率最小的"1"挡。选择开关3置于"T"挡。

② 插上电源插头,按下电源开关7,指示灯亮,调节波长。打开试样室盖,光门即自动关闭,调节0%T旋钮12,使显示数字"00.0"。仪器预热 5~15min。

仪器预热结束前,盖上试样室盖,检查显示数字是否稳定。若不稳定,仪器可在显示 70~100(%T)状态下,再预热至显示数字稳定。

③ 打开试样室盖,调节0%T旋钮12使显示为"00.0"。

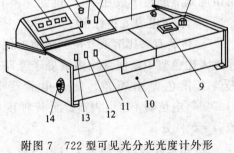

附图7 722型可见光分光光度计外形
1—数字显示器;2—吸光度调零旋钮;
3—选择开关;4—吸光度调斜率的电位器;
5—浓度旋钮;6—光源室;7—电源开关;
8—波长手轮;9—波长刻度窗;10—试样架拉手;11—100%T旋钮;12—0%T旋钮;
13—灵敏度调节旋钮;14—干燥器

④ 将盛参比溶液的吸收池置于试样架第一格内,盛试样的吸收池置于第二格内,盖上试样室盖,即打开光门,使光电管受光。将参比溶液推入光路,调节100%T旋钮,使显示为"100.0"。如果显示不到"100.0",则增大灵敏挡,再调节100%T旋钮,直到显示为"100.0"。

⑤ 重复操作③和④,直到仪器显示稳定。

⑥ 当显示"100.0"透光率时,将选择开关置于A挡,吸光度应显示为".000",若不是,则调节吸光度调零旋钮2,使显示为".000"。然后将试样拉入光路,这时,显示值为试样的吸光度。

在使用过程中,参比溶液不要拿出试样室,可随时将其置于光路,观察吸光度零点是否有变化。如不是".000",不要先调节旋钮2,而应将选择开关置于"T"挡,用100%T旋钮调至"100.0",再将选择开关置于"A"挡,这时如不是".000",方可调节旋钮2。

⑦ 仪器使用完毕,关闭电源,洗净吸收池。

3. 723型可见光分光光度计

723型可见光分光光度计是装配有专用微处理器,用于可见光谱区的光吸收测量仪器。

仪器外形如附图8所示。

操作面板如附图9所示。

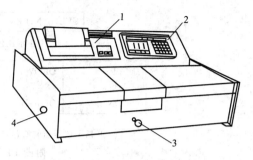

附图8　723型可见光分光光度计整机外形
1—绘图打印机；2—键盘显示；
3—试样槽拉杆；4—干燥器

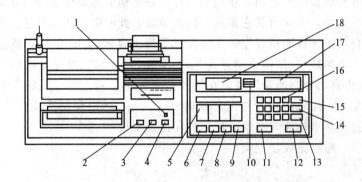

附图9　723型可见光分光光度计操作面板（7、8两项功能在仪器扩展功能中实现）

1—电源指示灯；2—绘图仪换笔键（按此键笔架转向,靠右边换笔位置）；3—绘图仪走纸键（按此键,记录纸走纸）；4—绘图仪记录笔换色键（按此键,记录笔转换颜色）；5—仪器工作状态指示灯（附图10）；6— T/A 键（设定仪器T、A、C三种状态,用相应数字1、2、3设定,仪器开机后,初始状态为吸光度ABS）；7— T/A RANGE 键（设定仪器绘图时T或A的坐标）；8— λ(nm) RANG 键（设定仪器扫描绘图时起始和结束波长）；9— MOD 键〔设定仪器工作方式,有扫描（SCAN）、数据（DATA）和定时打印（TIME）三种方式,分别用1、2、3数字 λ(nm) GOTO 来设定,仪器开机初始状态为数据（DATA）方式〕；10— ABS. O 100%T 键〔按此键自动调整仪器零及满度,当比色皿架处于参比（R）位置时,按此键,四孔全部相对参考调零和调满度,当比色皿架处于S1～S3位置时,按此键仅各相对应S1～S3单孔调零和调满度〕；11— START/STOP 键〔仪器选择数据（DATA）方式和定时打印（TIME）方式时,按此键仪器立即打印输出数据,测定次数编号从#1～#99自动递增,仪器选择扫描（SCAN）方式时,按此键仪器开始自动扫描,在绘图打印机上输出扫描图谱〕；12— ENTER 键（按此键能将设定的各项功能 T/A RANGE 或 λ(nm) RANGE 参数输入内存,设定结束时按此键,能终止本次键盘设定）；13— CE 键（按此键可清除设定数字,以便重新输入数字,但此项清除功能仅在键按下 ENTER 前有效）；14— FUNC 键（按此键可选择仪器各项基本功能以及扩展功能）；15— λ(nm) GOTO 键（按此键可选择仪器波长）；16—数字键（0～9十个数字键以及小数点负 · 号键,用于设置各项参数及选择功能,数字键必须在 T/A 、 MOD 、 FUNC 键按过后输入才有效,所有输入数字都应符合各项参数规定范围,否则本次设定无效）；17—波长显示窗（有四位LED数码管,显示仪器当前波长,从320.0～820.0nm范围内选择,在各功能键按下后,显示仪器各项功能的相应数字或各项参数值）；18—数据显示窗〔有四位LED数码管,显示仪器各项测定数据（T或A）,在能量方式时显示能量〕

```
┌─────────────────────────────────────────┐
│ CELL NO  o R   o S1   o S2   o S3       │
└─────────────────────────────────────────┘
```
Ⅰ 指示比色皿架当前所处位置

①%T	○LOW	○START	①SCAN
②ABS			②DATA
③CON	○HIGH	○END	③TIME

Ⅱ 指示仪器当前所置工作状态或表示键盘设定工作状态

附图10 工作状态指示灯

(1) 仪器的使用及维护 使用仪器时，应首先了解仪器的结构和工作原理。对照仪器或仪器外形图（附图10）熟悉各个操作旋钮及键盘中各键的功能。在未通电之前，应先检查仪器的安全性，电源线接线要牢固，接地要良好，各旋钮的起始位置应该正确，再检查仪器样品室内除比色皿架外，不应有其它东西。接通电源，此时电源指示灯应点亮，绘图仪画出四色方块，仪器自动进入自测试程序，在波长显示窗上显示723C字样，数据显示窗上显示仪器能量值（十六进制数）。仪器自动寻找"0"级光。当"0"级光找到后，仪器自动进入100%线校正及相应自动控制能量增益，在波长显示窗上显示320.0，表示从320.0nm开始校正仪器100%线，每隔1nm进行校正，直到820.0nm，然后仪器波长自动返回500.0nm，表示仪器顺利通过自测试功能，在绘图仪上打印出开工信号。

(2) 使用说明 略（见仪器说明书）。

附录3 常用试剂溶液的配制

试剂名称	浓度	配制方法
铁氰化钾 $K_3[Fe(CN)_6]$	$0.25 mol \cdot L^{-1}$	取 $K_3[Fe(CN)_6]$ 8.2g 溶于少量水后稀释至 100mL
亚铁氰化钾 $K_4[Fe(CN)_6]$	$0.25 mol \cdot L^{-1}$	取 $K_4[Fe(CN)_6]$ 10.6g 溶于少量水后稀释至 100mL
硫氰酸汞铵 $(NH_4)_2Hg(SCN)_4$	$0.15 mol \cdot L^{-1}$	取 8g $HgCl_2$ 和 9g NH_4SCN 溶于 100mL 水中
三氯化锑 $SbCl_3$	$0.1 mol \cdot L^{-1}$	取 22.8g $SbCl_3$ 溶于 330mL $6mol \cdot L^{-1}$ HCl 中，加水稀释至 1L
三氯化铋 $BiCl_3$	$0.1 mol \cdot L^{-1}$	取 31.6g $BiCl_3$ 溶于 330mL $6mol \cdot L^{-1}$ HCl 中，加水稀释至 1L
氯化亚锡 $SnCl_2$	$0.1 mol \cdot L^{-1}$	取 22.6g $SnCl_2 \cdot 2H_2O$ 溶于 330mL $6mol \cdot L^{-1}$ HCl 中，加水稀释至 1L，加入几粒纯锡，以防氧化
三氯化铁 $FeCl_3$	$1 mol \cdot L^{-1}$	取 90g $FeCl_3 \cdot 6H_2O$ 溶于 80mL $6mol \cdot L^{-1}$ HCl 中，加水稀释至 1L
三氯化铬 $CrCl_3$	$0.5 mol \cdot L^{-1}$	取 44.5g $CrCl_3 \cdot 6H_2O$ 溶于 40mL $6mol \cdot L^{-1}$ HCl 中，加水稀释至 1L
硫酸亚铁 $FeSO_4$	$0.1 mol \cdot L^{-1}$	取 69.5g $FeSO_4 \cdot 7H_2O$ 溶于适量水中，缓慢加入 5mL 浓 H_2SO_4，再用水稀释至 1L，并加入数枚小铁钉，以防氧化
氯化汞 $HgCl_2$	$0.2 mol \cdot L^{-1}$	取 54g $HgCl_2$ 溶于适量水后稀释至 1L
硝酸亚汞 $Hg_2(NO_3)_2$	$0.1 mol \cdot L^{-1}$	取 56.1g $Hg_2(NO_3)_2 \cdot 2H_2O$ 溶于 250mL $6mol \cdot L^{-1}$ HNO_3 中，加水稀释至 1L，并加入少量金属 Hg

续表

试剂名称	浓度	配制方法
硫化钠 Na_2S	$1mol \cdot L^{-1}$	取 240g $Na_2S \cdot 9H_2O$ 和 40g NaOH,溶于适量水中,稀释至1L,混匀
硫化铵 $(NH_4)_2S$	$3mol \cdot L^{-1}$	在 200mL 浓氨水中通入 H_2S 气体至饱和,再加入 200mL 浓氨水稀释至 1L,混匀
硫代乙酰胺	$50g \cdot L^{-1}$	溶解 5g 硫代乙酰胺于 100mL 水中
碳酸铵 $(NH_4)_2CO_3$	$1mol \cdot L^{-1}$	将 96g $(NH_4)_2CO_3$ 研细,溶于 1L $2mol \cdot L^{-1}$ 氨水中
硫酸铵 $(NH_4)_2SO_4$	饱和	溶解 50g $(NH_4)_2SO_4$ 于 100mL 热水中,冷却后过滤
钼酸铵 $(NH_4)_2MoO_4$	$0.1mol \cdot L^{-1}$	取 124g $(NH_4)_2MoO_4$ 溶于 1L 水中,然后将所得溶液倒入 1L $6mol \cdot L^{-1}$ HNO_3 中,放置 24h,取其清液
氯化铵 NH_4Cl	$3mol \cdot L^{-1}$	160g NH_4Cl 溶于适量水后稀释至 1L
醋酸铵 NH_4Ac	$3mol \cdot L^{-1}$	235g NH_4Ac 溶于适量水后稀释至 1L
醋酸钠 NaAc	$3mol \cdot L^{-1}$	408g $NaAc \cdot 3H_2O$ 溶于 1L 水中
氯水		在水中通入氯气至饱和,氯在 25℃时溶解度为 199mL/100gH_2O
溴水		将 50g(约 16mL)液溴注入盛有 1L 水的磨口瓶中,剧烈振荡 2h。每次振荡之后将塞子微开,将溴蒸气放出。将清液倒入试剂瓶中备用。溴在 20℃的溶解度为 3.58g/100gH_2O
碘水	$0.01mol \cdot L^{-1}$	取 2.5g 碘和 3g KI,加入尽可能少的水中,搅拌至碘完全溶解,加水稀释至 1L
淀粉溶液	$5g \cdot L^{-1}$	将 1g 可溶性淀粉加入 100mL 冷水调和均匀。将所得乳浊液在搅拌下倾入 200mL 沸水中,煮沸 2~3min 使溶液透明,冷却即可
KI-淀粉溶液		淀粉溶液中含有 $0.1mol \cdot L^{-1}$ KI
镁试剂	$0.01g \cdot L^{-1}$	取 0.01g 镁试剂(对硝基苯偶氮间苯二酚)溶于 1L $1mol \cdot L^{-1}$ NaOH 溶液中
铝试剂	$1g \cdot L^{-1}$	溶解 1g 铝试剂于 1L 水中
镍试剂	$10g \cdot L^{-1}$	溶解 10g 镍试剂(丁二酮肟)于 1L 95% 乙醇溶液中
邻菲咯啉	$20g \cdot L^{-1}$	取 2g 邻菲咯啉溶于 100mL 水中

附录 4 常用酸碱溶液的相对密度、质量分数、质量浓度和物质的量浓度

化学式(20℃)	相对密度	质量分数/%	质量浓度/$g \cdot cm^{-3}$	物质的量浓度/$mol \cdot L^{-1}$
浓 HCl	1.19	38.0		12
稀 HCl			10	2.8
稀 HCl	1.10	20.0		6
浓 HNO_3	1.42	69.8		16
稀 HNO_3			10	1.6
稀 HNO_3	1.2	32.0		6
浓 H_2SO_4	1.84	98		18

续表

化学式(20℃)	相对密度	质量分数/%	质量浓度/g·cm^{-3}	物质的量浓度/mol·L^{-1}
稀 H_2SO_4			10	1
稀 H_2SO_4	1.18	24.8		3
浓 HAc	1.05	90.5		17
HAc	1.045	36~37		6
$HClO_4$	1.47	74		13
H_3PO_4	1.689	85		14.6
浓 $NH_3·H_2O$	0.90	25~27(NH_3)		15
稀 $NH_3·H_2O$		10(NH_3)		6
稀 $NH_3·H_2O$		2.5(NH_3)		1.5
NaOH	1.109	10		2.8

附录5　实验室常用洗液

洗液名称	配制方法	洗液特点	注意事项
铬酸洗液	洗液为红褐色，一般浓度为5%~12%。配制5%洗液：重铬酸钾或重铬酸钠20g溶于40mL水中，慢慢加入360mL工业浓硫酸	强酸性，具有很强氧化力，用于去除油污	腐蚀性极强，使用时要特别小心，废液不可随便排放，要进行处理，洗液若呈现绿色，则表示已失效
碱性高锰酸钾洗液	4g高锰酸钾溶于少量水中，加入100mL 10%氢氧化钠溶液	作用缓慢，适于洗涤油腻及有机物	洗后玻璃器皿上留有二氧化锰沉淀物，可用浓盐酸或亚硫酸钠溶液处理
氢氧化钠乙醇溶液	120g NaOH溶于150mL水中，用95%乙醇稀释至1L	用于洗涤油污及某些有机物	
盐酸	取 HCl(C.P.)与水以1∶1体积混合，也可加入少量 $H_2C_2O_4$	还原性强酸性洗涤剂，可洗去多种金属氧化物及金属离子	

附录6　常用指示剂的配制

1. 酸碱指示剂

名称	pH变色范围	颜色变化	配制方法
百里酚蓝	1.2~2.8	红~黄	0.1g指示剂溶于100mL 20%乙醇中
甲基黄	2.9~4.0	红~黄	0.1g指示剂溶于100mL 90%乙醇中
甲基橙	3.1~4.4	红~黄	0.1g甲基橙溶于100mL热水
溴酚蓝	3.0~4.6	黄~紫	0.1g溴酚蓝溶于100mL 20%乙醇中或0.1g溴酚蓝与3mL 0.05mol·L^{-1} NaOH溶液混匀，加水稀释至100mL
溴甲酚绿	3.8~5.4	黄~蓝	1g·L^{-1}的20%乙醇溶液或1g溴甲酚绿与20mL 0.05mol·L^{-1} NaOH溶液混匀，加水稀释至100mL
甲基红	4.4~6.2	红~黄	0.1g甲基红溶于100mL 60%乙醇中
溴百里酚蓝	6.2~7.6	黄~蓝	0.1g溴百里酚蓝溶于100mL 20%乙醇中
中性红	6.8~8.0	红~黄橙	0.1g中性红溶于100mL 60%乙醇中

续表

名称	pH 变色范围	颜色变化	配制方法
酚酞	8.2~10.0	无色~红	1g 酚酞溶于 100mL 90%乙醇中
百里酚蓝	8.0~9.6	黄~蓝	0.1g 百里酚蓝溶于 100mL 20%乙醇中
百里酚酞	9.4~10.6	无色~蓝	0.1g 百里酚酞溶于 100mL 90%乙醇中

2. 氧化还原指示剂

名称	变色电势 $E^{\ominus}/V$	颜色（氧化态）	颜色（还原态）	配制方法
二苯胺	0.76	紫	无色	将 1g 二苯胺在搅拌下溶于 100mL 浓硫酸和 100mL 浓磷酸,储于棕色瓶中
二苯胺磺酸钠	0.85	紫	无色	将 0.5g 二苯胺磺酸钠溶于 100mL 水中,必要时过滤
邻苯氨基苯甲酸	0.89	紫红	无色	将 0.2g 邻苯氨基苯甲酸加热溶解在 100mL 2g·L^{-1} Na$_2$CO$_3$ 溶液中,必要时过滤
邻二氮菲硫酸亚铁	1.06	浅蓝	红	将 0.5g FeSO$_4$·7H$_2$O 溶于 100mL 水中,加 2 滴 H$_2$SO$_4$,加 0.5g 邻二氮杂菲

3. 金属指示剂

名称	颜色（游离态）	颜色（化合物）	配制方法
铬黑 T(EBT)	蓝	酒红	①将 0.5g 铬黑 T 溶于 100mL 水中;②将 1g 铬黑 T 与 100g NaCl 研细、混匀
钙指示剂	蓝	红	将 0.5g 钙指示剂与 100g NaCl 研细、混匀
二甲酚橙(XO)	黄	红	将 0.1g 二甲酚橙溶于 100mL 水中
磺基水杨酸	无色	红	将 1g 磺基水杨酸溶于 100mL 水中
吡啶偶氮萘酚(PAN)	黄	红	将 0.1g 吡啶偶氮萘酚溶于 100mL 乙醇中
钙镁试剂(Calmagite)	红	蓝	将 0.5g 钙镁试剂溶于 100mL 水中

附录 7 常用基准试剂的准备

国家标准编号	名称	主要用途	使用前的干燥方法
GB 1253-89	氯化钠	标定 AgNO$_3$ 溶液	500~600℃ 灼烧至恒重
GB 1254-90	草酸钠	标定 KMnO$_4$ 溶液	105℃±2℃ 干燥至恒重
GB 1255-90	无水碳酸钠	标定 HCl,H$_2$SO$_4$ 溶液	270~300℃ 灼烧至恒重
GB 1256-90	三氧化二砷	标定 I$_2$ 溶液	H$_2$SO$_4$ 干燥器中干燥至恒重
GB 1257-89	邻苯二甲酸氢钾	标定 NaOH、HClO$_4$ 溶液	105~110℃ 干燥至恒重
GB 1258-90	碘酸钾	标定 Na$_2$S$_2$O$_3$ 溶液	180℃±2℃ 干燥至恒重
GB 1259-89	重铬酸钾	标定 Na$_2$S$_2$O$_3$、FeSO$_4$ 溶液	120℃±2℃ 干燥至恒重
GB 1260-90	氧化锌	标定 EDTA 溶液	800℃ 灼烧至恒重
GB 12593-90	乙二胺四乙酸二钠	标定金属离子溶液	硝酸镁饱和溶液恒湿器中放置 7 天
GB 12594-90	溴酸钾	标定 Na$_2$S$_2$O$_3$ 溶液、配制标准溶液	180℃±2℃ 干燥至恒重
GB 12595-90	硝酸银	标定卤化物及硫氰酸盐溶液	H$_2$SO$_4$ 干燥器中干燥至恒重
GB 12596-90	碳酸钙	标定 EDTA 溶液	110℃±2℃ 干燥至恒重

附录 8　常用缓冲溶液的配制

pH 值	配 制 方 法
1.0	$0.1\text{mol}\cdot\text{L}^{-1}$ HCl
2.0	$0.01\text{mol}\cdot\text{L}^{-1}$ HCl
2.1	一氯乙酸 100g,溶于 200mL 水中,加无水 NaAc 10g,溶解,稀释至 1L
2.3	氨基乙酸 150g,溶于 500mL 水中,加浓 HCl 80mL,稀释至 1L
2.5	$Na_2HPO_4\cdot 12H_2O$ 113g,溶于 200mL 水中,加柠檬酸 387g,溶解,过滤,稀释至 1L
2.8	一氯乙酸 200g,溶于 200mL 水中,加 NaOH 40g,溶解,稀释至 1L
2.9	邻苯二甲酸氢钾 500g,溶于 500mL 水中,加浓 HCl 80mL,稀释至 1L
3.6	$NaAc\cdot 3H_2O$ 8g,溶于适量水中,加 $6\text{mol}\cdot\text{L}^{-1}$ HAc 134mL,稀释至 500mL
3.7	甲酸 95g 和 NaOH 40g,溶于 500mL 水中,稀释至 1L
4.0	$NaAc\cdot 3H_2O$ 20g,溶于适量水中,加 $6\text{mol}\cdot\text{L}^{-1}$ HAc 134mL,稀释至 500mL
4.2	无水 NaAc 32g,用水溶解后,加冰 HAc 50mL,稀释至 1L
4.5	$NaAc\cdot 3H_2O$ 32g,溶于适量水中,加 $6\text{mol}\cdot\text{L}^{-1}$ HAc 68mL,稀释至 500mL
4.7	无水 NaAc 83g,用水溶解后,加冰 HAc 60mL,稀释至 1L
5.0	$NaAc\cdot 3H_2O$ 50g,溶于适量水中,加 $6\text{mol}\cdot\text{L}^{-1}$ HAc 34mL,稀释至 500mL
5.4	六亚甲基四胺 40g,溶于 200mL 水中,加浓 HCl 10mL,稀释至 1L
5.5	无水 NaAc 200g,用水溶解后,加冰 HAc 14mL,稀释至 1L
5.7	$NaAc\cdot 3H_2O$ 100g,溶于适量水中,加 $6\text{mol}\cdot\text{L}^{-1}$ HAc 13mL,稀释至 500mL
6.0	NH_4Ac 600g,用水溶解后,加冰 HAc 20mL,稀释至 1L
7.0	NH_4Ac 77g,用水溶解后,稀释至 500mL
7.5	NH_4Cl 60g,溶于适量水中,加 $15\text{mol}\cdot\text{L}^{-1}$ 氨水 1.4mL,稀释至 500mL
8.0	NH_4Cl 50g,溶于适量水中,加 $15\text{mol}\cdot\text{L}^{-1}$ 氨水 3.5mL,稀释至 500mL
8.2	Tris 试剂[三羟甲基氨基甲烷,$CNH_2\equiv(HOCH_2)_3$]25g,用水溶解后,加浓 HCl 18mL,稀释至 1L
8.5	NH_4Cl 40g,溶于适量水中,加 $15\text{mol}\cdot\text{L}^{-1}$ 氨水 8.8mL,稀释至 500mL
9.0	NH_4Cl 70g,溶于适量水中,加 $15\text{mol}\cdot\text{L}^{-1}$ 氨水 48mL,稀释至 1L
9.2	NH_4Cl 54g,溶于适量水中,加 $15\text{mol}\cdot\text{L}^{-1}$ 氨水 63mL,稀释至 1L
9.5	NH_4Cl 54g,溶于适量水中,加 $15\text{mol}\cdot\text{L}^{-1}$ 氨水 126mL,稀释至 1L
10.0	NH_4Cl 54g,溶于适量水中,加 $15\text{mol}\cdot\text{L}^{-1}$ 氨水 350mL,稀释至 1L
10.5	NH_4Cl 9g,溶于适量水中,加 $15\text{mol}\cdot\text{L}^{-1}$ 氨水 175mL,稀释至 500mL
11.0	NH_4Cl 3g,溶于适量水中,加 $15\text{mol}\cdot\text{L}^{-1}$ 氨水 207mL,稀释至 500mL
12.0	$0.01\text{mol}\cdot\text{L}^{-1}$ NaOH
13.0	$0.1\text{mol}\cdot\text{L}^{-1}$ NaOH

附录 9　常见离子的检出方法

1. 25 种阳离子的检出方法

离子	试剂	现象	条件
Ag^+	$HCl,NH_3\cdot H_2O,HNO_3$	白色沉淀($AgCl$)	酸性介质
Pb^{2+}	K_2CrO_4	黄色沉淀($PbCrO_4$)	HAc 介质
Hg_2^{2+}	$HCl,NH_3\cdot H_2O$	沉淀由白色(Hg_2Cl_2)变灰色($HgNH_2Cl+Hg$)	

续表

离子	试剂	现象	条件
Hg^{2+}	$SnCl_2$	沉淀由白色(Hg_2Cl_2)变灰黑色(Hg)	酸性介质
Cu^{2+}	$K_4[Fe(CN)_6]$	红棕色沉淀 $Cu_2[Fe(CN)_6]$	中性、弱酸性介质
Cd^{2+}	Na_2S 或 $(NH_4)_2S$	黄色沉淀(CdS)	弱酸性介质
Bi^{3+}	$Na_2Sn(OH)_4$	黑色沉淀(Bi)	强碱性介质
As(Ⅲ)	Zn 粒、$AgNO_3$	沉淀由黄色($Ag_3As \cdot AgNO_3$)变黑色(Ag)	强碱性介质
Sb^{3+}	Sn 片	黑色沉淀(Sb)	酸性介质
Sn^{2+}	$HgCl_2$	沉淀由白色(Hg_2Cl_2)变灰黑色(Hg)	酸性介质
Al^{3+}	铝试剂	红色沉淀	$HAc-NH_4Ac$ 介质,加热
	茜素-S(茜素磺酸钠)	红色沉淀	pH = 4~9
Cr^{3+}	$NaOH$、H_2O_2、$Pb(Ac)_2$	黄色沉淀($PbCrO_4$)	
Fe^{3+}	NH_4SCN	血红色 $Fe(SCN)_6^{3-}$	酸性介质
	$K_4[Fe(CN)_6]$	蓝色沉淀 $Fe_4[Fe(CN)_6]_3$	酸性介质
Fe^{2+}	$K_3[Fe(CN)_6]$	蓝色沉淀 $Fe_3[Fe(CN)_6]_2$	酸性介质
	邻二氮菲	红色	酸性介质
Co^{2+}	饱和$(NH_4)SCN$、丙酮	蓝色 $Co(SCN)_4^{2-}$	中性、弱酸性介质
Ni^{2+}	丁二酮肟	鲜红色沉淀(丁二酮肟镍)	NH_3 介质
Mn^{2+}	$NaBiO_3$	紫色(MnO_4^-)	HNO_3 或 H_2SO_4 介质
Zn^{2+}	二苯硫腙	水层呈粉红色	强碱性
	$(NH_4)_2Hg(SCN)_4$	白色沉淀 $ZnHg(SCN)_4$	HAc 介质
Ba^{2+}	K_2CrO_4	黄色沉淀($BaCrO_4$)	$HAc-NH_4Ac$ 介质
Sr^{2+}	浓$(NH_4)_2SO_4$	白色沉淀($SrSO_4$)	
	玫瑰红酸钠	红棕色沉淀	
Ca^{2+}	$(NH_4)_2C_2O_4$	白色沉淀(CaC_2O_4)	$NH_3 \cdot H_2O$ 介质
	GBHA	红色沉淀	碱性介质
Mg^{2+}	$(NH_4)_2HPO_4$	白色沉淀($MgNH_4PO_4 \cdot 6H_2O$)	$NH_3 \cdot H_2O-NH_4Cl$ 介质
	镁试剂	蓝色沉淀	强碱性介质
K^+	$Na_3[Co(NO_2)_6]$	黄色沉淀 $K_2Na[Co(NO_2)_6]$	中性、弱酸性介质
	$NaB(C_6H_5)_4$	白色沉淀 $KB(C_6H_5)_4$	
Na^+	醋酸铀酰锌	淡黄色沉淀 $NaAc \cdot Zn(Ac)_2 \cdot 3UO_2(Ac)_2 \cdot 9H_2O$	中性、弱酸性介质
	$KSb(OH)_6$	白色沉淀 $NaSb(OH)_6$	中性、弱碱性介质
NH_4^+	$NaOH$	湿 pH 试纸变蓝紫色(NH_3)	强碱性介质
	奈斯勒试剂	红棕色沉淀(OHg_2NH_2I)	碱性介质

2.11 种阴离子的检出方法

离子	试剂	现象	条件
SO_4^{2-}	$BaCl_2$	白色沉淀($BaSO_4$)	酸性介质
PO_4^{3-}	$(NH_4)_2MoO_4$	黄色沉淀(磷钼酸铵)	HNO_3 介质,过量试剂
S^{2-}	稀 HCl 或 H_2SO_4	$PbAc_2$ 试纸变黑($PbS\downarrow$)	酸性介质
	$Na_2[Fe(CN)_5NO]$	紫色 $Na_4[Fe(CN)_5NOS]$	碱性介质

续表

离子	试剂	现象	条件
$S_2O_3^{2-}$	稀 HCl 或 H_2SO_4	溶液变白色浑浊(S↓)	酸性介质
	$AgNO_3$	沉淀由白色($Ag_2S_2O_3$)变黄、棕、黑色(Ag_2S)	
SO_3^{2-}	$BaCl_2$、H_2O_2	白色沉淀($BaSO_4$)	酸性介质
	$Na_2[Fe(CN)_5NO]$、$ZnSO_4$、$K_4[Fe(CN)_6]$	红色沉淀 $Zn_2[Fe(CN)_5NOSO_3]$	
CO_3^{2-}	$Ba(OH)_2$	$Ba(OH)_2$溶液变浑浊($BaCO_3$)	酸化试液,气室法
Cl^-	$AgNO_3$、$NH_3 \cdot H_2O$、HNO_3	白色沉淀(AgCl)	酸性介质
Br^-	氯水、CCl_4	CCl_4层呈黄色或橙黄色(Br_2)	
I^-	氯水、CCl_4	CCl_4层呈紫红色(I_2)	
NO_2^-	KI、CCl_4	CCl_4层呈紫红色(I_2)	HAc介质
	对氨基苯磺酸、α-萘胺	红色染料	HAc介质
NO_3^-	$FeSO_4$、浓 H_2SO_4	棕色环	硫酸介质
	二苯胺	蓝色环	硫酸介质

附录10　主要干燥剂与可用来干燥的气体

干燥剂	可干燥的气体								
$CaCl_2$	N_2	O_2	H_2	HCl	H_2S	CO_2	CO	SO_2	CH_4
P_2O_5	N_2	O_2	H_2			CO_2	CO	SO_2	CH_4
H_2SO_4(浓)	N_2	O_2	H_2	Cl_2		CO_2	CO	SO_2	
CaO(碱石灰)	NH_3								
KOH	NH_3								
$CaBr_2$				HBr					
CaI_2				HI					

附录11　我国高压气体钢瓶常用的标记

气体类别	瓶身颜色	标字颜色	腰带颜色
氮气 N_2	黑色	黄色	棕色
氧气 O_2	天蓝色	黑色	—
氢气 H_2	深绿色	红色	—
空气	黑色	白色	—
氨气 NH_3	黄色	黑色	—
二氧化碳气 CO_2	黑色	黄色	绿色
氯气 Cl_2	黄绿色	黄色	绿色
乙炔气 C_2H_2	白色	红色	—
其它一切可燃气体	黑色	黄色	—
其它一切非可燃气体	红色	白色	—

注：1. 钢瓶应放在阴凉、干燥、远离热源（如阳光、暖气、炉火）的地方。盛可燃性气体钢瓶必须与氧气分开存放。

2. 绝对不可使油或其它易燃物、有机物沾在气体钢瓶上（特别是气门嘴和减压器处）。也不得用棉、麻等物堵漏，以防燃烧引起事故。

3. 使用钢瓶中的气体时，要用减压器（气压表）。可燃性气体钢瓶的气门是逆时针拧紧的，即螺纹是反扣的（如氢气、乙炔气）。非燃或助燃性气体钢瓶的气门是顺时针拧紧的，即螺纹是正扣的。各种气体的气压表不得混用。钢瓶内的气体绝对不能全部用完！

4. 为了避免把各种气瓶混淆而用错气体（这样会发生很大事故），通常在气瓶外面涂以特定的颜色以便区别，并在瓶上写明气体的名称。

附录12　我国化学试剂（通用）的等级标志

级别	一级品	二级品	三级品	四级品	
中文标志名称	保证试剂优级纯	分析试剂分析纯	化学纯	实验试剂	医用生物试剂
符号	G.R.	A.R.	C.P.	L.R.	B.R. 或 C.R.
瓶签颜色	绿色	红色	蓝色	浅紫色或黑色	黄色或其它颜色
适用范围	最精确的分析和研究工作	精确分析和研究工作	一般工业分析	普通实验及制备实验	

附录13　危险药品的分类、性质和管理

危险药品是指受光、热、空气、水或撞击等外界因素的影响，可能引起燃烧、爆炸的药品或具有强腐蚀性、剧毒性的药品。常用危险药品按危害性可分为以下几类来管理。

类别		举例	性质	注意事项
爆炸品		硝酸铵、苦味酸、三硝基甲苯	遇高热、摩擦、撞击,引起剧烈反应,放出大量气体和热量,产生猛烈爆炸	存放于阴凉、低温处。轻拿、轻放
易燃品	易燃品	丙酮、乙醚、甲醇、乙醇、苯等有机溶剂	沸点低、易挥发,遇火则燃烧,甚至引起爆炸	存放于阴凉处,远离热源。使用时注意通风,不得有明火
	易燃固体	赤磷、硫、萘、硝化纤维	燃点低,受热、摩擦、撞击或遇氧化剂,可引起剧烈连续燃烧、爆炸	存放于阴凉处,远离热源。使用时注意通风,不得有明火
	易燃气体	氢气、乙炔、甲烷	因受热、撞击引起燃烧。与空气按一定比例混合,则会爆炸	使用时注意通风,如为钢瓶气,不得在实验室存放
	遇水易燃品	钾、钠	遇水剧烈反应,产生可燃性气体并放出热量,此反应热会引起燃烧	保存于煤油中,切勿与水接触
	自燃品	黄磷、白磷	在适当温度下被空气氧化、放热,达到燃点而引起自燃	保存于水中
氧化剂		硝酸钾、氯酸钾、过氧化氢、过氧化钠、高锰酸钾	具有强氧化性,遇酸、受热、与有机物、易燃品、还原剂等混合时,因反应引起燃烧或爆炸	不得与易燃品、爆炸品、还原剂等一起存放
剧毒品		氰化钾、三氧化二砷、升汞	剧毒,少量侵入人体（误食或接触伤口)引起中毒,甚至死亡	专人、专柜保管,现用现领,用后的剩余物,不论是固体或液体都要交回保管人,并应设有使用登记制度
腐蚀性药品		强酸、氟化氢、强碱、溴、酚	具有强腐蚀性,触及物品造成腐蚀、破坏,触及人体皮肤,引起化学烧伤	不要与氧化剂、易燃品、爆炸品放在一起

附录14 相对分子质量

化合物	相对分子质量	化合物	相对分子质量	化合物	相对分子质量
AgBr	187.772	COOHCH$_2$COOH	104.06	HNO$_2$	47.014
AgCl	143.321	COOHCH$_2$COONa	126.04	H$_2$O	18.015
Ag$_2$CrO$_4$	331.730	CCl$_4$	153.82	H$_2$O$_2$	34.015
AgI	234.772	CoCl$_2$	129.83	H$_3$PO$_4$	97.995
AgNO$_3$	169.873	Co(NO$_3$)$_2$	182.94	H$_2$S	34.082
AlCl$_3$	133.340	CoS	91.00	H$_2$SO$_3$	82.080
Al$_2$O$_3$	101.961	CoSO$_4$	154.99	H$_2$SO$_4$	98.080
Al(OH)$_3$	78.004	Co(NH$_2$)$_2$	60.06	Hg(CN)$_2$	252.63
Al$_2$(SO$_4$)$_3$	342.154	CrCl$_3$	158.35	HgCl$_2$	271.50
As$_2$O$_3$	197.841	Cr(NO$_3$)$_3$	238.01	Hg$_2$Cl$_2$	472.09
As$_2$O$_5$	229.840	Cr$_2$O$_3$	151.99	HgI$_2$	454.40
As$_2$S$_3$	246.041	CuCl	98.999	Hg$_2$(SO$_3$)$_2$	525.19
BaCO$_3$	197.336	CuCl$_2$	134.45	Hg(NO$_3$)$_2$	324.60
BaC$_2$O$_4$	225.347	CuSCN	121.63	HgO	216.59
BaCl$_2$	208.232	CuI	190.45	HgS	232.66
BaCrO$_4$	253.321	Cu(NO$_3$)$_2$	187.55	HgSO$_4$	296.65
BaO	153.326	CuO	79.545	Hg$_2$SO$_4$	497.24
Ba(OH)$_2$	171.342	Cu$_2$O	143.09	KAl(SO$_4$)$_2$·12H$_2$O	474.39
BaSO$_4$	233.391	CuS	95.612	KB(C$_6$H$_5$)$_4$	358.33
BiCl$_3$	315.338	CuSO$_4$	159.61	KBr	119.00
BiOCl	260.432	FeCl$_2$	126.75	KBrO$_3$	167.00
CO$_2$	44.010	FeCl$_3$	162.20	KCl	74.551
CaO	56.077	Fe(NO$_3$)$_3$	241.86	KClO$_3$	122.54
CaCO$_3$	100.087	FeO	71.844	KClO$_4$	138.54
CaC$_2$O$_4$	128.098	Fe$_2$O$_3$	159.68	KCN	65.116
CaCl$_2$	110.983	Fe$_3$O$_4$	231.53	KSCN	97.182
CaF$_2$	78.075	Fe(OH)$_3$	106.86	K$_2$CO$_3$	138.20
Ca(NO$_3$)$_2$	164.087	FeS	87.911	K$_2$CrO$_4$	194.19
Ca(OH)$_2$	74.093	Fe$_2$S$_3$	207.87	K$_2$Cr$_2$O$_7$	294.18
Ca$_3$(PO$_4$)$_2$	310.177	FeSO$_4$	151.90	K$_3$Fe(CN)$_6$	329.246
CaSO$_4$	136.142	Fe$_2$(SO$_4$)$_3$	399.88	K$_4$Fe(CN)$_6$	368.347
CdCO$_3$	172.420	H$_3$AsO$_3$	125.94	KHC$_2$O$_4$·H$_2$O	146.141
CdCl$_2$	183.316	H$_3$AsO$_4$	141.94	KHC$_2$O$_4$·H$_2$C$_2$O$_4$·2H$_2$O	254.20
CdS	144.477	H$_3$BO$_3$	61.833	KHC$_4$H$_4$O$_6$	188.178
Ce(SO$_4$)$_2$	332.2	HBr	80.912	KHSO$_4$	136.170
CH$_3$COOH	60.05	HCN	27.026	KI	166.003
CH$_3$OH	32.04	HCOOH	46.03	KIO$_3$	214.001
CH$_3$COCH$_3$	58.08	H$_2$CO$_3$	62.025	KIO$_3$·HIO$_3$	389.91
C$_6$H$_5$COOH	122.12	H$_2$C$_2$O$_4$	90.04	KMnO$_4$	158.034
C$_6$H$_5$COONa	144.11	H$_2$C$_2$O$_4$·2H$_2$O	126.06	KNaC$_4$H$_4$O$_6$·4H$_2$O	282.221
C$_6$H$_4$COOHCOOK	204.22	H$_2$C$_4$H$_4$O$_6$(酒石酸)	150.09	KNO$_3$	101.103
CH$_3$COONH$_4$	77.08	HCl	36.461	KNO$_2$	85.104
CH$_3$COONa	82.03	HClO$_4$	100.45	K$_2$O	94.196
CH$_3$COONa·3H$_2$O	136.08	HF	20.006	KOH	56.105
C$_6$H$_5$OH	94.11	HI	127.91	K$_2$SO$_4$	174.261
(C$_9$H$_7$N)$_3$H$_3$PO$_4$·12MoO$_3$ (磷钼酸喹啉)	2212.7	HIO$_3$	175.91	MgCO$_3$	84.314
		HNO$_3$	63.013	MgCl$_2$	95.210

续表

化合物	相对分子质量	化合物	相对分子质量	化合物	相对分子质量
$MgC_2O_4 \cdot 2H_2O$	148.355	$Na_2CO_3 \cdot 10H_2O$	286.14	PbO	223.2
$Mg(NO_3)_2 \cdot 6H_2O$	256.406	$Na_2C_2O_4$	134.00	PbO_2	239.2
$MgNH_4PO_4$	137.82	$NaCl$	58.443	Pb_3O_4	685.6
MgO	40.304	$NaClO$	74.442	$Pb_3(PO_4)_2$	811.5
$Mg(OH)_2$	58.320	NaI	149.89	PbS	239.3
$Mg_2P_2O_7 \cdot 3H_2O$	276.600	NaF	41.988	$PbSO_4$	303.3
$MgSO_4 \cdot 7H_2O$	246.475	$NaHCO_3$	84.007	SO_3	80.064
$MnCO_3$	114.947	Na_2HPO_4	141.95	SO_2	64.065
$MnCl_2 \cdot 4H_2O$	197.905	NaH_2PO_4	119.99	$SbCl_3$	228.11
$Mn(NO_3)_2 \cdot 6H_2O$	287.040	$Na_2H_2Y \cdot 2H_2O$	372.24	$SbCl_5$	299.02
MnO	70.937	$NaNO_2$	68.996	Sb_2O_3	291.51
MnO_2	86.937	$NaNO_3$	84.995	Sb_2S_3	339.71
MnS	87.004	Na_2O	61.979	SiO_2	60.085
$MnSO_4$	151.002	Na_2O_2	77.979	$SnCO_3$	178.82
NO	30.006	$NaOH$	39.997	$SnCl_2$	189.61
NO_2	46.006	Na_3PO_4	163.94	$SnCl_4$	260.52
NH_3	17.031	Na_2S	78.046	SnO_2	150.70
$NH_3 \cdot H_2O$	35.046	Na_2SiF_6	188.05	SnS	150.77
NH_4Cl	53.492	Na_2SO_3	126.04	$SrCO_3$	147.63
$(NH_4)_2CO_3$	96.086	$Na_2S_2O_3$	158.11	SrC_2O_4	175.64
$(NH_4)_2C_2O_4$	124.10	Na_2SO_4	142.04	$SrCrO_4$	203.61
$NH_4Fe(SO_4)_2 \cdot 12H_2O$	482.194	$NiC_8H_{14}O_4N_4$(丁二酮肟合镍)	288.92	$Sr(NO_3)_2$	211.63
$(NH_4)_3PO_4 \cdot 12MoO_3$	1876.35			$SrSO_4$	183.68
NH_4SCN	76.122	$NiCl_2 \cdot 6H_2O$	237.68	TiO_2	79.866
$(NH_4)_2HCO_3$	79.056	NiO	74.692	$UO_2(CH_3COO)_2 \cdot 2H_2O$	422.13
$(NH_4)_2MoO_4$	196.04	$Ni(NO_3)_2 \cdot 6H_2O$	290.79	WO_3	231.84
NH_4NO_3	80.043	NiS	90.759	$ZnCO_3$	125.40
$(NH_4)_2HPO_4$	132.05	$NiSO_4 \cdot 7H_2O$	280.86	$ZnC_2O_4 \cdot 2H_2O$	189.44
$(NH_4)_2S$	68.143	P_2O_5	141.94	$ZnCl_2$	136.29
$(NH_4)_2SO_4$	132.14	$PbCO_3$	267.2	$Zn(CH_3COO)_2$	183.48
Na_3AsO_3	191.89	PbC_2O_4	295.2	$Zn(NO_3)_2$	189.40
$Na_2B_4O_7$	201.22	$PbCl_2$	278.1	$Zn_2P_2O_7$	304.72
$Na_2B_4O_7 \cdot 10H_2O$	381.37	$PbCrO_4$	323.2	ZnO	81.39
$NaBiO_3$	279.96	$Pb(CH_3COO)_2$	325.3	ZnS	97.46
$NaBr$	102.89	$Pb(CH_3COO)_2 \cdot 3H_2O$	427.3	$ZnSO_4$	161.45
$NaCN$	49.008	PbI_2	461.0		
$NaSCN$	81.074	$Pb(NO_3)_2$	331.2		

附录15 国际相对原子质量表

元素符号	名称	相对原子质量	元素符号	名称	相对原子质量	元素符号	名称	相对原子质量	元素符号	名称	相对原子质量
Ac	锕	[227.03]	As	砷	74.92160	Be	铍	9.012182	C	碳	12.0107
Ag	银	107.8682	At	砹	[209.99]	Bh	铍	[264.12]	Ca	钙	40.078
Al	铝	26.981538	Au	金	196.96655	Bi	铋	208.98038	Cd	镉	112.411
Am	镅	[243.06]	B	硼	10.811	Bk	锫	[247.07]	Ce	铈	140.116
Ar	氩	39.948	Ba	钡	137.327	Br	溴	79.904	Cf	锎	[251.08]

续表

元素符号	名称	相对原子质量	元素符号	名称	相对原子质量	元素符号	名称	相对原子质量	元素符号	名称	相对原子质量
Cl	氯	35.453	Hs	镙	[265.13]	O	氧	15.9994	Si	硅	28.0855
Cm	锔	[247.07]	I	碘	126.90447	Os	锇	190.23	Sm	钐	150.36
Co	钴	58.933200	In	铟	114.818	P	磷	30.973761	Sn	锡	118.710
Cr	铬	51.9961	Ir	铱	192.217	Pa	镤	231.03588	Sr	锶	87.62
Cs	铯	132.90545	K	钾	39.0983	Pb	铅	207.2	Ta	钽	180.9479
Cu	铜	63.546	Kr	氪	83.798	Pd	钯	106.42	Tb	铽	158.92534
Db	𨧀	[262.11]	La	镧	138.9055	Pm	钷	[144.91]	Tc	锝	[97.907]
Dy	镝	162.500	Li	锂	6.941	Po	钋	[208.98]	Te	碲	127.60
Er	铒	167.259	Lr	铹	[260.11]	Pr	镨	140.90765	Th	钍	232.0381
Es	锿	[252.08]	Lu	镥	174.967	Pt	铂	195.078	Ti	钛	47.867
Eu	铕	151.964	Md	钔	[258.10]	Pu	钚	[244.06]	Tl	铊	204.3833
F	氟	18.9984032	Mg	镁	24.3050	Ra	镭	[226.03]	Tm	铥	168.93421
Fe	铁	55.845	Mn	锰	54.938049	Rb	铷	85.4678	U	铀	238.02891
Fm	镄	[257.10]	Mo	钼	95.94	Re	铼	186.207	V	钒	50.9415
Fr	钫	[223.02]	Mt	䥑	[266.13]	Rf	𬬻	[261.11]	W	钨	183.84
Ga	镓	69.723	N	氮	14.0067	Rh	铑	102.90550	Xe	氙	131.293
Gd	钆	157.25	Na	钠	22.989770	Rn	氡	[222.02]	Y	钇	88.90585
Ge	锗	72.64	Nb	铌	92.90638	Ru	钌	101.07	Yb	镱	173.04
H	氢	1.00794	Nd	钕	144.24	S	硫	32.065	Zn	锌	65.409
He	氦	4.002602	Ne	氖	20.1797	Sb	锑	121.760	Zr	锆	91.224
Hf	铪	178.49	Ni	镍	58.6934	Sc	钪	44.955910			
Hg	汞	200.59	No	锘	[259.10]	Se	硒	78.96			
Ho	钬	164.93032	Np	镎	[237.05]	Sg	𬭳	[263.12]			

注：表中数据引自 2003 年国际相对原子质量表，以 $^{12}C=12$ 为基准，[ ] 中为稳定同位素。

参 考 文 献

[1] 王传胜. 无机化学实验. 北京：化学工业出版社，2009.
[2] 刘利柏等. 无机化学实验. 北京：化学工业出版社，2010.
[3] 倪静安等. 无机及分析化学实验. 北京：高等教育出版社，2007.
[4] 李巧云，庄虹. 无机及分析化学实验. 南京：南京大学出版社，2010.
[5] 魏琴，盛永丽. 无机及分析化学实验. 北京：科学出版社，2008.
[6] 马全红. 分析化学实验. 南京：南京大学出版社，2009.
[7] 胡广林. 分析化学实验. 北京：化学工业出版社，2010.
[8] 印永嘉. 大学化学手册. 济南：山东科学技术出版社，1985.
[9] 李慎安等. 新编法定计量单位应用手册. 北京：机械工业出版社，1996.
[10] 杭州大学化学系分析化学教研室. 分析化学手册. 第 2 版. 北京：化学工业出版社，1997.

补充实验1 主族元素化合物的性质

一、实验目的
1. 比较主族元素化合物的酸碱性及氧化还原特征。
2. 了解元素离子的鉴定方法。

二、试剂和材料

1. 试剂：KCl，KBr，KI，PbO_2，$KClO_3$，$NaBiO_3$，S 粉（以上试剂均为 AR）。H_2SO_4（$1mol·L^{-1}$、$2mol·L^{-1}$、1:1、浓），HCl（$2mol·L^{-1}$、$6mol·L^{-1}$、浓），HNO_3（$2mol·L^{-1}$、$6mol·L^{-1}$），NaOH（$2mol·L^{-1}$），氨水（$6mol·L^{-1}$），KI（饱和、$0.1mol·L^{-1}$），NaCl（$0.1mol·L^{-1}$），KBr（$0.1mol·L^{-1}$），$KClO_3$（饱和），$AgNO_3$（$0.1mol·L^{-1}$），$KMnO_4$（$0.01mol·L^{-1}$），$FeCl_3$（$0.1mol·L^{-1}$），$Na_2S_2O_3$（$0.1mol·L^{-1}$），Na_2S（$0.5mol·L^{-1}$），$Pb(Ac)_2$（$0.1mol·L^{-1}$），$NaNO_2$（$0.1mol·L^{-1}$），$Pb(NO_3)_2$（$0.1mol·L^{-1}$），$SnCl_2$（$0.1mol·L^{-1}$），$BiCl_3$（$0.1mol·L^{-1}$），$HgCl_2$（$0.1mol·L^{-1}$），$MnSO_4$（$0.1mol·L^{-1}$），$SbCl_3$（$0.1mol·L^{-1}$），$FeCl_3$（$0.1mol·L^{-1}$），K_2CrO_4（$0.1mol·L^{-1}$），氯水，I_2 水，溴水，淀粉溶液，品红溶液（0.1%），CCl_4，H_2O_2（3%），SO_2 水溶液，H_2S 水溶液。

2. 材料：pH 试纸，滤纸条，蓝色石蕊试纸，红色石蕊试纸。

三、实验内容

1. 卤素

（1）卤化氢还原性的比较（应在通风橱中操作）　取三支试管，在第一支试管中加入 KCl 晶体数粒、再加数滴浓 H_2SO_4，微热。观察试管中的颜色有无变化，并用 pH 试纸、KI-淀粉试纸和 $Pb(Ac)_2$ 试纸分别试验试管中产生的气体。在第二支试管中加入 KBr 晶体数粒，在第三支试管中加入 KI 晶体数粒，分别进行与第一支试管相同的实验。根据实验结果，比较 HCl、HBr、HI 的还原性。写出相应反应的方程式。

（2）次氯酸盐的氧化性　取 2mL 氯水加入试管中，逐滴加入 $2mol·L^{-1}$ NaOH 至溶液呈碱性为止（用 pH 试纸检验），将所得溶液分盛于 3 支试管中。在第一支试管中加入数滴 $2mol·L^{-1}$ HCl，用 KI-淀粉试纸检验放出的气体。在第二支试管中加入 KI 溶液，再加淀粉溶液数滴，观察现象。在第三支试管中加入数滴品红溶液，观察现象。

根据上面的试验，说明 NaClO 具有什么性质。

思考：如果在溴水中逐滴加入 NaOH 溶液至碱性为止，再用上面的方法试验，是否也有相似的现象出现？

（3）氯酸盐的氧化性

① 在 10 滴饱和 $KClO_3$ 溶液中，加入 2~3 滴浓 HCl，检验所产生的气体。

② 取 2 滴 $0.1mol·L^{-1}$ KI 溶液于试管中，加入少量饱和 $KClO_3$ 溶液，再逐滴加入出 1:1 H_2SO_4，并不断振荡试管，观察溶液颜色的变化。加入过量 $KClO_3$ 溶液时，溶液颜色又将如何变化？

③ 取绿豆大小干燥的 $KClO_3$ 晶体与硫粉在纸上均匀混合（$KClO_3$ 和 S 的质量比约是 2：3），用纸包好，在室外用锤锤打，观察现象。

(4) 卤素离子的鉴定

① Cl^- 的鉴定　取 2 滴 $0.1mol\cdot L^{-1}$ NaCl 溶液倒入试管中，加入 1 滴 $2mol\cdot L^{-1}$ HNO_3，再加 2 滴 $0.1mol\cdot L^{-1}$ $AgNO_3$，观察沉淀的颜色。离心沉降后，弃去清液，在沉淀中加入数滴 $6mol\cdot L^{-1}$ 氨水，振荡后，观察沉淀消失，然后再加入 $6mol\cdot L^{-1}$ HNO_3 酸化，又有白色沉淀析出（或再加入 $0.1mol\cdot L^{-1}$ KI 溶液，又有黄色沉淀析出）。此两种方法均可鉴定 Cl^- 的存在。

② Br^- 的鉴定　取 2 滴 $0.1mol\cdot L^{-1}$ KBr 溶液倒入试管中，加入新配制的氯水，边加边摇，若 CCl_4 层出现棕色至黄色，表示有 Br^- 存在。

③ I^- 的鉴定

a. 取 2 滴 $0.1mol\cdot L^{-1}$ KI 溶液和 5～6 滴 CCl_4 滴入试管中，然后逐滴加入氯水，边加边摇荡，若 CCl_4 层出现紫色，表示有 I^- 存在（若加入过量氯水，紫色又褪去，因生成 IO_3^-）。

b. 取 2 滴 $0.1mol\cdot L^{-1}$ KI 溶液滴入试管中，加入 1 滴 $2mol\cdot L^{-1}$ H_2SO_4 和 1 滴淀粉溶液，然后加入 1 滴 $0.1mol\cdot L^{-1}$ $NaNO_2$，出现蓝色表示有 I^- 存在。

2. 氧族元素化合物的性质

(1) 过氧化氢的性质

① 在试管中加入 10 滴 $0.1mol\cdot L^{-1}$ KI 溶液，酸化后再加入 5 滴 3% H_2O_2 溶液和 10 滴 CCl_4，充分摇荡，观察溶液颜色，写出离子反应方程式。

② 取 5 滴 $0.01mol\cdot L^{-1}$ $KMnO_4$ 溶液，酸化后滴加 3% H_2O_2 溶液，观察现象。写出离子反应方程式。

(2) 硫化氢的还原性

① 在 10 滴 $0.01mol\cdot L^{-1}$ $KMnO_4$ 溶液中，加入数滴 $1mol\cdot L^{-1}$ H_2SO_4 酸化后，再加入 1ml 硫化氢水溶液，观察现象。写出反应方程式。说明 H_2S 显示什么性质。

② 在 10 滴 $0.1mol\cdot L^{-1}$ $FeCl_3$ 溶液中，加入 1mL H_2S 水溶液，观察现象。写出反应方程式。

(3) H_2SO_3 的性质

① 用蓝色石蕊试纸检验 SO_2 饱和溶液。

② 在 10 滴品红溶液中，加入 SO_2 饱和溶液，加热。

③ 在 10 滴 H_2S 饱和溶液中，滴加 SO_2 饱和溶液。

(4) 硫代硫酸及其盐的性质

① $H_2S_2O_3$ 的性质　在 10 滴 $0.1mol\cdot L^{-1}$ $Na_2S_2O_3$ 溶液中，加入 10 滴 $2mol\cdot L^{-1}$ HCl，片刻后，观察溶液是否变为浑浊，有无 SO_2 的气味。写出反应方程式。并说明 $H_2S_2O_3$ 具有什么性质。

② $Na_2S_2O_3$ 的性质　在 10 滴碘水中逐滴加入 $0.1mol\cdot L^{-1}$ $Na_2S_2O_3$ 溶液，观察碘水颜色是否褪去。写出反应方程式，并说明 $Na_2S_2O_3$ 具有什么性质。

③ $S_2O_3^{2-}$ 的鉴定　在点滴板上滴加 2 滴 $0.1mol\cdot L^{-1}$ $Na_2S_2O_3$，加入 $0.1mol\cdot L^{-1}$ $AgNO_3$，直至产生白色沉淀，观察沉淀颜色的变化（由白→黄→棕→黑）。利用 $Ag_2S_2O_3$ 分

解时颜色的变化可以鉴定 $S_2O_3^{2-}$ 的存在。

3. 氮化合物的性质

(1) 亚硝酸的生成和性质　在试管中加入 10 滴 $1 mol \cdot L^{-1} NaNO_2$（如果室温较高，应放在冰水中冷却），然后滴入 1∶1 H_2SO_4。观察溶液的颜色和液面上方气体的颜色，解释这种现象，写出反应方程式。

(2) 亚硝酸盐的氧化性和还原性

① 在 $0.1 mol \cdot L^{-1} NaNO_2$ 溶液中加入 $0.1 mol \cdot L^{-1} KI$，观察现象。然后用 1∶1 H_2SO_4 酸化，观察现象，并证明是否有 I_2 产生？写出反应方程式。

② 如果用 Na_2SO_3 代替 KI 来证明 $NaNO_2$ 具有氧化性，应该怎么进行实验？

③ 在 $0.1 mol \cdot L^{-1} NaNO_2$ 中加入 $0.01 mol \cdot L^{-1} KMnO_4$，观察紫色是否褪去。然后用 $1 mol \cdot L^{-1} H_2SO_4$ 酸化，观察现象，写出反应方程式。

4. 锡、铅、锑、铋

(1) Sn^{2+} 和 Pb^{2+} 的氢氧化物的酸碱性

① 在 10 滴 $0.1 mol \cdot L^{-1} SnCl_2$ 溶液中，逐滴加入 $2 mol \cdot L^{-1} NaOH$，直至生成的白色沉淀，经振荡后不再溶解为止。将沉淀分装于两支试管中，分别加入 $2 mol \cdot L^{-1} NaOH$ 和 $6 mol \cdot L^{-1} HCl$，振荡试管。沉淀是否溶解？写出反应方程式。

② 试从 $Pb(NO_3)_2$ 溶液制得 $Pb(OH)_2$ 沉淀，用实验证明 $Pb(OH)_2$ 是否两性（注意：试验其碱性应该用什么酸？）写出反应方程式。

(2) Sn^{2+} 的还原性和 Pb^{4+} 的氧化性

① 在 10 滴 $0.1 mol \cdot L^{-1} HgCl_2$ 溶液中，逐滴加入 $0.1 mol \cdot L^{-1} SnCl_2$，观察沉淀颜色的变化（$Hg_2Cl_2$ 为白色，Hg 为黑色）。写出反应方程式。

② 在亚锡酸钠溶液中（自己制），加入 2 滴 $0.1 mol \cdot L^{-1} BiCl_3$ 溶液，观察现象，并解释，写出反应方程式。

上述两个反应常用来鉴定 Hg^{2+} 和 Bi^{3+}，相反也可以用来鉴定 Sn^{2+} 的存在。

③ 铅盐的难溶性。在 5 支试管中各加入 10 滴 $0.1 mol \cdot L^{-1} Pb(NO_3)_2$ 溶液，然后分别加入数滴 $2 mol \cdot L^{-1} HCl$、$2 mol \cdot L^{-1} H_2SO_4$、$0.1 mol \cdot L^{-1} KI$、$0.1 mol \cdot L^{-1} K_2CrO_4$、$0.5 mol \cdot L^{-1} Na_2S$ 溶液。观察沉淀的生成，并记录各种沉淀的颜色。

(3) PbO_2 的氧化性　在试管中放入少量 PbO_2 粉末，加入 1mL $6 mol \cdot L^{-1} HNO_3$ 和 3 滴 $0.1 mol \cdot L^{-1} MnSO_4$ 溶液，加热，静置片刻，使溶液逐渐澄清。观察溶液的颜色。试解释之，并写出反应方程式。

(4) Sb^{3+} 和 Bi^{3+} 的氢氧化物的酸碱性　试用 $0.1 mol \cdot L^{-1} BiCl_3$ 和 $0.1 mol \cdot L^{-1} SbCl_3$ 试验 Sb^{3+} 和 Bi^{3+} 的氢氧化物的酸碱性。得出结论并写出反应方程式。

(5) Bi^{5+} 的氧化性　在试管中加入 2 滴 $0.1 mol \cdot L^{-1} MnSO_4$ 溶液和 1mL $6 mol \cdot L^{-1} HNO_3$，再加入 $NaBiO_3$ 固体，振荡，并微热，观察溶液的颜色。解释现象，写出反应方程式。

(6) Sb^{3+} 和 Bi^{3+} 的硫化物

① 在试管中加入 10 滴 $0.1 mol \cdot L^{-1} SbCl_3$，加入 5~6 滴 $0.5 mol \cdot L^{-1} Na_2S$ 溶液，观察沉淀的颜色，静置片刻离心沉降，吸去上层清液，用少量蒸馏水洗涤沉淀，离心分离，将沉淀分为两份，分别逐滴加入 $6 mol \cdot L^{-1} HCl$ 和 $0.5 mol \cdot L^{-1} Na_2S$ 溶液，振荡，观察沉淀是否溶解？在加入 Na_2S 溶液的试管中，再逐滴加入 $2 mol \cdot L^{-1} HCl$，观察沉淀是否产生？

解释观察到的现象，写出反应方程式。

② 在试管中加入 10 滴 $0.1\text{mol}\cdot\text{L}^{-1}$ $BiCl_3$，用上面相同的方法，试验 $BiCl_3$ 在 $6\text{mol}\cdot\text{L}^{-1}$ HCl 和 $0.5\text{mol}\cdot\text{L}^{-1}$ Na_2S 中的溶解情况。并和 Sb_2S_3 比较有什么区别。

四、思考题

1. 卤化氢的还原性有什么变化规律？实验中怎么验证？
2. 次氯酸有哪些主要性质？怎样验证？
3. 在水溶液中氯酸盐的氧化性与介质有何关系？
4. 怎样验证硫化氢的还原性？
5. 实验中硫代硫酸及其盐的主要性质是怎样验证的？
6. 怎样制备亚硝酸？亚硝酸是否稳定？怎样验证亚硝酸盐的氧化性和还原性？
7. Sb^{3+} 和 Bi^{3+} 的硫化物是否能溶于稀盐酸和硫化钠中？如果溶于硫化物中，生成什么？
8. 根据实验如何说明 Sn^{2+} 和 Pb^{2+} 的氢氧化物具有两性？在证明 $Pb(OH)_2$ 具有碱性时，应该用什么酸？

补充实验 2　过渡元素化合物的性质

一、实验目的
1. 了解过渡元素离子的特征。
2. 掌握离子的鉴定方法。
3. 了解离子配合物的生成及性质。

二、试剂
$FeSO_4 \cdot 7H_2O$，KSCN，MnO_2，$NaBiO_3$（以上试剂均为 AR）。H_2SO_4（3mol·L^{-1}），HNO_3（2mol·L^{-1}、6mol·L^{-1}），NaOH（2mol·L^{-1}、6mol·L^{-1}、40％）、氨水（2mol·L^{-1}、6mol·L^{-1}），$FeSO_4$（0.1mol·L^{-1}），$CrCl_3$（0.1mol·L^{-1}），$K_2Cr_2O_7$（0.1mol·L^{-1}），Na_2SO_3（0.1mol·L^{-1}），$MnSO_4$（0.1mol·L^{-1}），$KMnO_4$（0.01mol·L^{-1}），$K_4[Fe(CN)_6]$（0.1mol·L^{-1}），$K_3[Fe(CN)_6]$（0.1mol·L^{-1}），KI（0.1mol·L^{-1}、饱和），$CoCl_2$（0.1mol·L^{-1}、0.5mol·L^{-1}），$NiSO_4$（0.1mol·L^{-1}、0.5mol·L^{-1}），$FeCl_3$（0.1mol·L^{-1}），NH_4Cl（1mol·L^{-1}），KSCN（饱和），$CuSO_4$（0.1mol·L^{-1}），$AgNO_3$（0.1mol·L^{-1}），NaCl（0.1mol·L^{-1}），$Zn(NO_3)_2$（0.1mol·L^{-1}），$Cd(NO_3)_2$（0.1mol·L^{-1}），$Hg(NO_3)_2$（0.1mol·L^{-1}），$HgCl_2$（0.1mol·L^{-1}），$SnCl_2$（0.1mol·L^{-1}），H_2O_2（3％），乙醚，二乙酰二肟，丙酮，H_2S饱和溶液，二苯硫腙溶液。

三、实验内容
1. 铬、锰

(1) 氢氧化铬的制备和性质　用$CrCl_3$溶液制备氢氧化铬沉淀。观察沉淀的颜色。用实验证明 $Cr(OH)_3$ 显两性，并写出反应方程式。

(2) Cr^{3+}的氧化　在少量 $CrCl_3$ 溶液中，加入过量的 NaOH 溶液，再加入 H_2O_2 溶液，加热，观察溶液颜色的变化。解释现象，并写出反应方程式。

(3) Cr^{6+}的氧化性

① 用 Na_2SO_3 溶液试验 $K_2Cr_2O_7$ 在酸性溶液中的氧化性，写出反应方程式。

② $K_2Cr_2O_7$是否能将盐酸氧化产生氯气？并用实验证明之，写出反应方程式。

(4) Mn^{4+}化合物的生成　在 10 滴 0.01mol·L^{-1} $KMnO_4$ 溶液中，滴加 0.1mol·L^{-1} $MnSO_4$ 溶液，观察棕色沉淀的生成，写出反应方程式。

(5) MnO_4^{2-}（Mn^{6+}）的生成　在 2mL 0.01mol·L^{-1} $KMnO_4$ 溶液中加入 10mL 40％的 NaOH，然后加入少量的 MnO_2 固体，微热，搅动后静置片刻，离心沉降，上层清液即显 Mn^{6+} 的特征绿色。

取上层绿色溶液，加入 3mol·L^{-1} H_2SO_4 酸化，观察溶液颜色的变化和沉淀的析出。写出反应方程式。

(6) 高锰酸钾的还原产物和介质的关系　在酸性、中性和碱性溶液中，$KMnO_4$ 和 Na_2SO_3 溶液反应，还原的产物各是什么？根据实验现象得出结论，写出反应方程式。

(7) Cr^{3+}、Mn^{2+}的鉴定

① Cr^{3+}的鉴定　取1~2滴含有Cr^{3+}的溶液，加入$2mol\cdot L^{-1}$NaOH，使Cr^{3+}转化为CrO_2^-后，再过量2滴，然后加入3滴3‰H_2O_2，微热至溶液呈浅黄色。待试管冷却后，加入0.5mL乙醚，然后慢慢滴入$6mol\cdot L^{-1}HNO_3$酸化，再加2~3滴3‰H_2O_2，振荡试管，在乙醚层中出现深蓝色，表示Cr^{3+}存在。

② Mn^{2+}的鉴定　取5滴$0.1mol\cdot L^{-1}MnSO_4$溶液倒入试管中，加入数滴$6mol\cdot L^{-1}$ HNO_3，加入少许$NaBiO_3$固体，振荡，离心沉降后，上层清液呈紫色，表示有Mn^{2+}存在。

2. 铁、钴、镍

(1) 铁盐的性质

① Fe^{2+}的还原性　在$FeSO_4$溶液中加入$0.01mol\cdot L^{-1}KMnO_4$检验其还原性。观察现象。写出反应方程式。

② Fe^{3+}的氧化性　用$0.1mol\cdot L^{-1}KI$来试验$0.1mol\cdot L^{-1}FeCl_3$的氧化性，观察现象。写出反应方程式。

(2) 铁、钴、镍的配位化合物

① 铁的配位化合物

a. Fe^{2+}的配位化合物　在$K_4[Fe(CN)_6]$($0.1mol\cdot L^{-1}$)溶液中，滴加$2mol\cdot L^{-1}$ NaOH数滴，是否有$Fe(OH)_2$沉淀产生，试解释之。

在$0.1mol\cdot L^{-1}FeCl_3$溶液中，滴加1~2滴$K_4[Fe(CN)_6]$($0.1mol\cdot L^{-1}$)溶液，观察现象。写出反应方程式（这个反应可以用来鉴别Fe^{3+}）。

b. Fe^{3+}的配位化合物　在$K_3[Fe(CN)_6]$($0.1mol\cdot L^{-1}$)溶液中，滴加$2mol\cdot L^{-1}$ NaOH数滴。是否有$Fe(OH)_3$沉淀产生，试解释之。

在试管中加入几粒$FeSO_4\cdot 7H_2O$晶体。用水溶解后，滴加1~2滴$K_3[Fe(CN)_6]$ ($0.1mol\cdot L^{-1}$)溶液，观察现象。写出反应方程式（这个反应可以用来鉴别Fe^{2+}）。

② 钴的配位化合物

a. Co^{2+}的配位化合物。在$0.5mol\cdot L^{-1}CoCl_2$溶液中，加入几滴$1mol\cdot L^{-1}NH_4Cl$溶液和过量的$6mol\cdot L^{-1}$氨水。观察二氯化六氨合钴$[Co(NH_3)_6]Cl_2$溶液的颜色。静置片刻，观察颜色的变化，加以解释，并写出反应方程式。

b. 试管中加入5滴$0.1mol\cdot L^{-1}CoCl_2$溶液，加入少量固体KSCN，再加丙酮数滴，由于生成的配位离子$[Co(NCS)_4]^{2-}$溶于丙酮而呈现蓝色（这个反应可以用来鉴定Co^{2+}的存在）。

③ 镍的配位化合物　在$0.5mol\cdot L^{-1}NiSO_4$溶液中，加入几滴$2mol\cdot L^{-1}$氨水，微热，观察绿色碱式盐沉淀的生成，然后加入几滴$2mol\cdot L^{-1}$氨水和几滴$1mol\cdot L^{-1}NH_4Cl$，观察碱式盐沉淀溶解和溶液的颜色。写出反应方程式。

在5滴$0.1mol\cdot L^{-1}NiSO_4$溶液中，加入5滴$2mol\cdot L^{-1}$氨水，再加入1滴1‰二乙酰二肟，由于Ni^{2+}和二乙酰二肟生成稳定的螯合物而产生红色沉淀（这个反应可以用来鉴定Ni^{2+}的存在）。

3. 铜、银

(1) 铜、银与氨的配位化合物

① 用$0.1mol\cdot L^{-1}CuSO_4$溶液制取少量$Cu(OH)_2$沉淀，离心分离后，试验沉淀是否能溶于$2mol\cdot L^{-1}$氨水。解释原因，写出反应方程式。

② 用 0.1mol·L^{-1} AgNO$_3$ 溶液制取少量 AgCl 沉淀。离心分离后，试验沉淀是否能溶于 2mol·L^{-1} 氨水。解释原因，写出反应方程式。

（2）Cu^{2+} 的氧化性和 Cu$^+$ 的配位化合物　在 5 滴 0.1mol·L^{-1} CuSO$_4$ 溶液中，加入 20 滴 0.1mol·L^{-1} KI 溶液，离心沉降后，分离清液和沉淀，在清液中检验是否有 I$_2$ 存在。把沉淀（Cu$_2$I$_2$）洗涤三次，观察沉淀的颜色。

把洗干净的沉淀分成两份，一份加入饱和 KI 溶液至沉淀刚好溶解。取此溶液数滴加蒸馏水稀释，观察沉淀的产生。根据上面实验现象说明 Cu^{2+} 和 Cu$^+$ 的性质，写出每一步反应的方程式。另一份沉淀加入饱和 KSCN 溶液至沉淀刚好溶解，然后再用水稀释，观察又有沉淀析出，试解释之。

（3）Cu^{2+} 的鉴定　取 2 滴 Cu^{2+} 的溶液，加入 2 滴 K$_4$[Fe(CN)$_6$]（0.1mol·L^{-1}）溶液，红棕色沉淀表示有 Cu^{2+} 存在。

4．锌、镉、汞

（1）锌、镉、汞氢氧化物的制备和性质

① 在 0.1mol·L^{-1} Zn(NO$_3$)$_2$ 溶液中，滴加少量 2mol·L^{-1} NaOH 溶液，以制取 Zn(OH)$_2$ 沉淀，检验 Zn(OH)$_2$ 是否具有两性？写出反应方程式。

② 在 0.1mol·L^{-1} Cd(NO$_3$)$_2$ 溶液中，滴加少量 2mol·L^{-1} NaOH 溶液，以制取 Cd(OH)$_2$ 沉淀，检验 Cd(OH)$_2$ 是否具有两性？写出反应方程式。

③ 在 0.1mol·L^{-1} Hg(NO$_3$)$_2$ 溶液中，滴加少量 2mol·L^{-1} NaOH 溶液，观察沉淀的生成和颜色。把沉淀分成两份，分别加入 2mol·L^{-1} HNO$_3$ 和过量的 NaOH 溶液，观察沉淀是否都能溶解。HgO 是否具有两性？写出反应方程式。

（2）锌、镉、汞的盐类和氨水的反应

① 在 10 滴 0.1mol·L^{-1} Zn(NO$_3$)$_2$ 溶液中，滴加 2mol·L^{-1} 氨水。观察沉淀的生成。然后加入过量的 2mol·L^{-1} 氨水。观察沉淀是否溶解，写出反应方程式。

② 取 10 滴 0.1mol·L^{-1} Cd(NO$_3$)$_2$ 溶液中，滴加 2mol·L^{-1} 氨水。观察沉淀的生成。然后加入过量的 2mol·L^{-1} 氨水。观察沉淀是否溶解，写出反应方程式。

③ 在 10 滴 0.1mol·L^{-1} HgCl$_2$ 溶液中，滴加 2mol·L^{-1} 氨水。观察沉淀的生成。然后加入过量的 6mol·L^{-1} 氨水。观察沉淀是否溶解，写出反应方程式。

（3）锌、镉、汞的鉴定

① Zn^{2+} 的鉴定　在 2 滴 0.1mol·L^{-1} Zn(NO$_3$)$_2$ 溶液中，加入 5 滴 6mol·L^{-1} NaOH，再加入 10 滴二苯硫腙，搅动，并在水浴中将溶液加热，溶液呈粉红色表示有 Zn^{2+} 的存在。CCl$_4$ 层则由绿色变为棕色。

② Cd^{2+} 的鉴定　在 10 滴 0.1mol·L^{-1} Cd(NO$_3$)$_2$ 溶液中，加入饱和 H$_2$S 溶液，若有黄色 CdS 沉淀产生，表示有 Cd^{2+} 存在。

③ Hg^{2+} 的鉴定　在 10 滴 HgCl$_2$ 溶液中，滴入 0.1mol·L^{-1} SnCl$_2$ 溶液，若有白色 Hg$_2$Cl$_2$ 沉淀产生，继而转变为灰黑色的 Hg 沉淀，表示有 Hg^{2+} 的存在。写出反应方程式。

四、思考题

1．实验中是通过哪些内容证明 Cr^{3+} 的还原性和 Cr^{6+} 的氧化性？

2．KMnO$_4$ 的氧化性与介质有什么样的关系？实验中是怎样验证的？

3．写出鉴定 Cr^{3+} 过程中的反应方程式。

4．实验室中如何配制 FeSO$_4$ 水溶液？说明理由。

5. 鉴定 Co^{2+} 时，若溶液中存在 Fe^{3+} 对其鉴定有无干扰？如何消除？

6. 实验中怎样证明 Cu^{2+} 的氧化性？根据实验现象你能对 Cu^+ 的稳定性得出什么结论吗？

7. 锌、镉、汞氢氧化物的酸碱性变化的规律是什么？你能从极化的角度解释吗？